FENXI YANGPIN YUCHULI
JI FENLI JISHU

分析样品预处理及分离技术

◎ 杨铁金　主编
◎ 高立娣　郑茹娟　副主编

第2版

化学工业出版社
·北京·

全书对样品的预处理和分离方法作了比较系统的讲述，主要内容有分析样品的准备与预处理、沉淀分离技术、萃取分离技术、离子交换分离技术、液相色谱分离技术、电泳分离技术、膜分离技术、泡沫浮选分离技术。此次修订增加了实际样品处理技术、生物样品的沉淀分离技术、溶剂萃取新技术、微萃取技术与加压及旋转薄层色谱分离技术等内容，也对第一版中部分内容作了适当的修订。但由于书中篇幅有限，书中只原则性介绍了相关内容，具体样品的处置还需进一步参考相关文献或技术手册。

本书适用于各层次的分析测试工作者，也可供从事其他有关专业的工程技术人员和科研人员参考。

图书在版编目（CIP）数据

分析样品预处理及分离技术/杨铁金主编 . —2 版 .
北京：化学工业出版社，2017.9
ISBN 978-7-122-30175-8

Ⅰ.①分… Ⅱ.①杨… Ⅲ.①化学分析-分离法
Ⅳ.①O652.4

中国版本图书馆 CIP 数据核字（2017）第 164150 号

责任编辑：仇志刚　　　　　　　　文字编辑：向　东
责任校对：边　涛　　　　　　　　装帧设计：刘丽华

出版发行：化学工业出版社（北京市东城区青年湖南街 13 号　邮政编码 100011）
印　　装：北京虎彩文化传播有限公司
710mm×1000mm　1/16　印张 15¾　字数 340 千字　2018 年 1 月北京第 2 版第 1 次印刷

购书咨询：010-64518888　　　　　　　售后服务：010-64518899
网　　址：http://www.cip.com.cn
凡购买本书，如有缺损质量问题，本社销售中心负责调换。

定　　价：58.00 元

前言
FOREWORD

《分析样品预处理及分离技术》自 2007 年出版以来，已经历经了十年时间。本次修订，第一章增加了实际样品处理技术；第二章增加了生物样品的沉淀分离技术；第三章增加了溶剂萃取新技术和微萃取技术，并将原书第九章的内容调整到该章；第五章中增加了加压及旋转薄层色谱技术；第六章的内容作了适当的调整。

此次修订，第一、第二、第五、第七、第八章由杨铁金执笔，第三章由郑茹娟执笔，第四章由杨郦执笔，第六章由高立娣执笔，并由杨铁金负责全书统稿。编者力图结合多年来的教学科研经验，将本书编好，但限于学术水平及资料收集有限，书中不尽如人意之处在所难免，恳请读者批评指正。

编者
2017 年 5 月

第一版前言
FOREWORD

分析测试涉及各行各业，各学科的发展大都离不开分析测试。分析测试的样品来自方方面面，组成和结构也各不相同，复杂程度可想而知。分析样品的复杂性要求样品在分析测试前必须进行预处理。随着科学技术的不断发展和学科间的交叉，许多新的分离方法和分离技术相继出现，为选择分离方法创造了良好的条件。对一项分析任务而言，分析方法一旦确立，就要采用对应的样品处理方法，使处理后的样品不含或少含干扰组分。预处理方法合适与否，不但关系到处理成本、处理环境和处理的烦琐程度，也关系到样品预处理的速度和质量，从而决定了分析测试的速度和准确度。

全书对分离方法做了比较系统的讲述，共分九部分，主要内容有分析样品的采集与预处理、沉淀分离技术、萃取分离技术、离子交换分离技术、液相色谱分离技术、电泳分离技术、膜分离技术、泡沫浮选分离技术和固相萃取及固相微萃取技术。书中介绍了各种分离方法的基本原理、适用范围和使用注意事项，并介绍了一定的应用实例。本书出版的目的在于将最基本的样品前处理方法做综合讲述，对于实际工作中的样品处理个案，还要读者根据具体情况查阅相关参考文献或技术手册。愿本书的出版能够对即将步入分析行业和正在从事分析工作的人员有所裨益，激发对分析工作的兴趣，起到抛砖引玉的作用。本书适合初步涉猎分析领域的本科生和技术人员使用，也可供其他相关专业的工程技术人员和科研工作者参考。

本书第一、第五、第七、第八、第九章由杨铁金编写，第二章由杨铁金与王伟华共同编写，第三章由郑茹娟编写，第四章由杨郦编写，第六章由高立娣编写。全书由杨铁金统稿完成。编者力图结合多年来的教学科研经验，将本书编好，但限于学术水平及资料收集有限，书中不尽如人意之处在所难免，恳请读者批评指正。

编者

2007 年 5 月

目录

CONTENTS

第三章 萃取分离技术 / 055

第六章 电泳分离技术 / 197

第七章 膜分离技术 / 213

第八章 泡沫浮选分离技术 / 233

第一章
分析样品的准备与预处理

第一节 概　述

一、样品采集与处理的基本原则

试样的采集、处理和分解是复杂物质分析中首先要碰到的问题。实际工作中物料存在方式各不相同，因此试样的采集、处理和分解方法也各不相同，相关行业均有执行标准，这里仅就一些原则性的问题做简单的介绍。

试样的采集（sampling）十分重要。在进行分析前，首先要保证所取得的试样具有代表性，即试样的组成和被分析物料整体的平均组成相一致，这是采样的基本原则。否则，分析工作即使做得十分认真，十分准确，也是没有意义的。因为在这种情况下，分析结果只不过代表了所取试样的组成，并不能代表被分析物料整体的平均组成。更严重的是错误的分析数据可能导致科研工作上的错误结论、生产上的报废、材料上的损失，给实际工作带来了难以估计的不良后果，因此有必要简要地讨论一下采样方法。

实际工作中要分析的物料各种各样，有矿石原料、金属材料、煤炭、石油、天然气、中间产品、化工产品以及各种废气、废水、废渣等。有的物料组成极不均匀，有的比较均匀。对于组成比较均匀的物料，试样的采集比较容易；对于组成不均匀的物料，要取得具有代表性的试样，使所采集样品的平均组成与整批物料的平均组成相接近，是一件比较困难的事情。显然，采样技术与物料的物理状态、贮存情况以及数量多少等条件有关。

为使分析结果准确可靠，样品采集必须遵循以下三个基本原则：

① 样品必须具有代表性，即样品的平均组成与整批物料的平均组成在误差允许范围内。

② 根据样品的性质和测定要求确定采样数量。

③ 样品储存、运输方式合理，避免被测定组分存在形态或含量发生变化。

一般而言，样品采集和处理所产生的误差常大于分析测试过程中所产生的误差。对于组成不均匀的物料，改进样品采集方法来降低采样误差要比改进分析方法的效果更显著。

(一) 固体样品的采集

固体物料的均匀性要比液体和气体物料差很多，采样的要求也更加严格和困难。由于固体物料存在形态、硬度和组成的差异，样品采集的数量、份数就要有所增加，应从物料的不同部位、不同深度分别采集，表面的、内部的、上层的、底层的、颗粒大的和颗粒小的物料均要采集到。

对于土壤样品，要根据分析测试的目的和分析项目来确定样品采集的方法。如要了解农作物种植土壤的肥料背景或农药残留，只须采集 0～20cm 耕作层土壤，对于种植林木的土壤，就要采集 0～60cm 的耕作土壤。

如果物料包装成桶、袋、箱、捆等，则首先应从一批包装中选取若干件，然后用适当的取样器从每件中取出若干份。这类取样器一般都可以插入各种包装的底部，以便从不同深度采集试样。

固体样品的采集数量与采集样品的准确度、物料的不均匀性有关。试样中组分的含量和整批物料中组分平均含量间所容许的误差愈小，采样单元应愈多；物料愈不均匀，采样单元应愈多。当然，在讨论采样数量时，也应同时考虑以后在试样处理上所花费的人力、物力。显然，应选用能达到预期准确度的最经济的采样单元。

(二) 液体物料的样品采集

对于液体物料的样品采集应注意以下两点：①采样工具及容器不应使样品污染，取样前应用被采集物料冲洗。②在取样过程中要注意勿使被分析组分的存在形式和含量发生任何改变；对于水样 pH 值、溶解氧、生化耗氧量、余氯、微生物等测试项目，宜于短时间内完成测量；样品采集过程中，要将物料中的任何固体微粒或不混溶的其他液体的微滴采入试样中；采样时勿把空气带入试样中等。取得的试样应保存在密闭的容器中，如果试样见光后有可能发生反应，则应将它贮于棕色容器中，在保存和送去分析途中要注意避光等。

液体物料一般说来组成比较均匀，采样也比较容易，采样数量可以较少。但是也要考虑到可能存在的任何不均匀性。事实上，这种不均匀性往往是存在的。例如湖水中的含氧量，在湖水表面和数米深处，往往可能相差 1000 倍以上。为此，对于液体试样的采集也要注意使其具有代表性。

如果液体物料贮于较小的容器中，例如分装于一批瓶中或桶中，采样前应选取数瓶或数桶，取样前要将物料混合均匀，然后取样。如果物料贮存于大的容器中，或无法使其混合时，应用取样器从容器上部、中部和下部分别采集试样。这样采得的试样可以分别进行分析，这时的分析结果分别代表这些部位物料的组成；也可以把取得的各份试样混合后进行分析，这时的分析结果才代表物料的平均组成。

可用特制的取样器采集液体物料试样，也可以用下垂重物的瓶子采样。用后者采样时，在瓶颈和瓶塞上系以绳子或链条，塞好瓶塞，浸入物料中的一定部位后，将绳子猛地一拉打开瓶塞，让这一部位的物料充满于取样瓶中。取出瓶子，倾去少许，塞上瓶塞，揩擦干净，贴上标签，送去分析。从较小的容器中取样时，可用特制的取样管取样，也可用一般的移液管，插入液面下一定深度处，汲取试样。如果贮存物料的容器装有取样开关，就可以从取样开关处采集试样。显然，较大的贮器，例如液槽，应至少装有三只取样开关，位于不同的高度，以便从不同的高度处取得试样。

（三）气体试样的采集

气体的扩散作用使其组成较液体和固体均匀，因而要取得具有代表性的气体试样，主要不在于物料的均匀性，而在于取样时怎样防止杂质的进入。

气体取样装置由取样探头、试样导出管和贮样器组成。取样探头应伸入输送气体的管道或贮存气体的容器内部。贮样器可由金属或玻璃制成，也可由塑料袋制成，大小形状不一。

气体可以在取样后直接进行分析。如果欲测定的是气体试样中的微量组分，需将气体样品中的微量组分通过吸收液富集，这时的贮样器常采用盛有一定体积吸收液的不同类型的气体吸收管。如欲测定的是气体中的粉尘、烟等固体微粒，可采用滤膜式采样夹，以阻留固体微粒，达到浓缩和富集的目的。

气体采样装置有时还需备有流量计和简单的抽气装置。流量计用以测量所采集的气体的体积；抽气装置常用电动抽气泵。

（四）生物样品的采集

生物样品通常是指植物的花、叶、茎、根、种子等，动物（包括人）的体液（如尿液、血液、唾液、胆汁、胃液、淋巴液及生物体的其他分泌液等）、毛发、肌肉和一些组织器官（如胸腺、胰腺、肝、肺、脑、胃、肾等）以及各种微生物。欲分析的组分常有植物体内的营养成分、农药残留等，动物体内的药物及代谢产物，糖类及有关化合物，脂类及长链脂肪酸化合物，维生素及辅酶类化合物，核苷、核苷酸及其衍生物，磷酸酯类化合物，固醇类化合物，胺、酰胺、氨基酸、多肽、蛋白质及其衍生物和某些生物大分子（分子量在数千到数百万的生物大分子）。这些欲测组分大多数可用色谱方法进行分析测定，其中用得最多的是高效液相色谱法（HPLC）、凝胶渗透色谱法（GPC）、电泳和毛细管电泳（CE）分析。一些小分子化合物也可直接或衍生化后用气相色谱法（GC）分析。当欲测组分存在于体液或细胞外时，可采用各种萃取方法将欲测组分提取后制备成适合色谱分析的样品；也可将干扰组分（如蛋白质、DNA、多糖等）沉淀除去，然后再将欲测组分制成适合色谱分析的样品。当欲测组分在生物细胞内时，首先要将细胞破碎，将欲测组分释放出来后，再采用萃取或沉淀等方法将欲测组分制备成适合分析的样品。

由于生物样品来自于动、植物活体，故生物样品与自然界中的其他样品有所不同，采集样品的方法也有所不同，一般可采用注射器吸取、用手术器械切割等方法采集。采集生物样品时要注意以下几个问题：

① 生物样品的采集有时是在活体上采样，采样量不可能很大，如体液，有时只能采集几微升，最多也就几毫升，器官组织有时也只能采集几毫克。由于样品量很少，所以特别要注意样品的代表性。同时，又由于生物活体总在新陈代谢，要注意采样的时机。

② 要注意采样部位的准确，特别是动物的器官组织，确保检材无误。

③ 生物样品一般都有一定的生物活性，样品采集后要立即加以处理，如取好血样后要立即加抗血凝剂，取好某些器官组织后要立即加一些防腐剂，或者立即加以速冻处理（动物样品常用）或脱水处理（植物样品常用）。

④ 生物样品的采集大部分可在实验室内进行，采样工具要经过消毒，最好是在无菌的条件下采样。

二、样品制备与处理的注意事项

样品制备（样品处理或样品预处理）是样品分析测试过程中最费时、最容易产生误差和劳动强度最大的环节之一。制备分析样品，需要具备一定的化学和分析方面的专业知识与经验。无论样品复杂还是简单，样品制备必须遵循以下五个基本原则。

① 样品制备过程中不能损失任何被分析组分。样品制备过程中，不允许有被分析组分的丢失，否则，要采取措施弄清楚损失的数量。试样处理后，所得有效组分占原有组分的百分数称作样品处理的回收率。

② 在样品制备过程中，应将被分析组分转变成适用于分析方法的最佳化学形态。不同的分析方法要求分析样品的形态不同，有的需要固体，有的需要液体，有的需要气体。如需改变样品形态，必须由具备专业知识的分析人员来完成。样品的处理往往是与分析方法密不可分的有机组成部分。分析结果误差的大小与样品预处理方式的正确与否息息相关。有些分析方法要求元素以原子态而不是离子态存在，因此改变物质存在状态在样品处理过程中是必要的。

③ 样品制备过程包括除掉基体中干扰物的分离过程。所有的分析方法在不同程度上受到各种分子、原子、离子等不同形态干扰物的影响。受被分析物以外的其他组分干扰较小的分析方法被认为是选择性好的分析方法。分析方法的有效性与样品的制备密不可分。当分析方法的选择性有所改善时，样品的处理过程便可显著简化。

④ 样品制备过程中不能引入其他干扰物。选择适当的样品处理方法，避免所用试剂和容器所带来的干扰物。在此过程中，最容易产生的干扰就是试样的交叉污染，当用残留了前一个样品组分的容器处理后续样品时，前一个样品的组分或多或少被带入后续样品，样品交叉污染便产生，尤其是前者组分含量显著高于后者时，污染程度就更严重。样品污染在分析过程中的任何一步都可能产生。

⑤ 样品制备应包含采用浓缩或稀释手段，使被分析物质的浓度落在分析方法的最佳浓度范围内。每个分析方法都有一个最佳浓度范围，如果浓度过高或过低，分析结果会有较大的误差。在保证相同精密度和准确度的前提下，能分析横跨三个数量级浓度范围样品的分析方法尚少见。

上述五个要求相互制约，如采用待测组分回收率高的样品处理方法，可能干扰物同样会被富集。样品处理还需要考虑另外两个因素：一个是样品处理时间，另一个是处理过程的环境代价。样品的制备速度与分析方法的自动化程度有关，分析速度越快，要求样品处理速度越快；样品处理尽可能采用环境友好、处置容易、购置费用低的试剂或溶剂。溶剂萃取用于样品处理比较常见，将萃取后的有机溶剂再次利用是过去比较常用的样品处理方法之一，现在已经被吸附柱色谱所代替，将含有机组分的样品通过一个填满适当极性吸附介质的色谱柱，有机组分被截流在吸附剂表面，然后用少量的有机溶剂洗脱吸附上去的有机物或加热脱附使有机组分解吸并直接与分析仪器联用。

第二节 试样的处理

试样处理是将分析试样制成组成均一、适用于分析方法的存在形式。大多数分析方法要求样品以液态形式存在，而 X 射线荧光光谱分析和发射光谱分析等要求样品以均匀的固态形式存在。样品处理的目的之一是将被分析的组分与干扰物质分离开来，其次对低浓度的组分进行浓缩富集，使测试组分的浓度落在分析方法的最适宜范围，处理过程同时也将组分由不可测形式转变成可测形式。不同形式的样品处理方法也有所不同。下面对无机、有机、生物样品的处理方法分别进行论述。

一、无机样品的处理

1. 固体试样的处理

由于固体试样颗粒大小不均，组成差异较大，因此要获得有代表性的样品，需采集足够量的固体样品。要将其制备成符合分析要求的试样，必须对样品适当处理，使之数量缩减，制成组成均匀、颗粒细小的样品。这种处理方式使分析试样的组成与整批物料的平均组成相接近，颗粒细小可以增加与试剂的接触面积，加快样品的溶解或消解速率。固体试样的处理包括破碎、过筛、混合和缩分四步，反复进行。

（1）样品的破碎 试样破碎可以采用各种破碎机，也可以采用人工研磨的方式进行。较硬的试样可用颚式轧碎机，中等硬度的或较软的可用锤磨机把大块试样击碎。为了把试样进一步粉碎，对于较硬的试样可用滚磨机，一般不太硬的试样可用球磨机。球磨机的作用原理是把试样和瓷球一起放入球磨机的容器中，盖紧后使之不断转动，由于瓷球不断地翻腾、滚动，把试样逐步地磨细，同时也起到混合的作用。

破碎可以使样品更均匀，比表面积更大，可以直接压片供 X 射线荧光光谱和红外吸收光谱等使用固体试样的分析技术使用。

破碎过程可能导致试样组成的改变，原因有以下几方面：①试样中水分含量的改变。②破碎机表面的磨损会将杂质引入样品，如果这些杂质恰巧是要分析测定的某种微量组分，问题就更为严重。③破碎、研磨试样过程中常常会发热，使试样温度升高，引起某些挥发性组分的逸去；由于试样粉碎后表面积大大增加，某些组分易被空气氧化。④试样中质地坚硬的组分难以破碎，锤击时容易飞溅逸出；较软的组分容易粉碎成更小的颗粒而损失，这样都将引起试样组成的改变。因此，试样只要磨细到能保证组成均匀和容易为试剂所分解即可，研磨过细是不必要的。

对于橡胶类质地较软的样品，可以通过液氮冷冻后迅速破碎。

（2）过筛 试样破碎后，应使全部样品通过同一孔径的筛网，切不可将难破碎的粗粒试样丢弃。试样筛网有金属材质和高分子材质两种，要根据测试组分选择不易污染试样的筛网。硬度不同的颗粒往往组成不同，丢弃了难破碎的粗颗粒，将引起试样组成的改变。在试样破碎过程中，应经常过筛。先用较粗的筛子过筛，随着试样颗粒逐渐地减小，筛孔目数应相应地增加。不能通过筛孔的试样粗颗粒应反复破碎，直至能全部通过为止。因为难破碎的粗颗粒和容易破碎的细颗粒的组成往往是不同的。

（3）混合　对破碎、过筛后的试样还要进行充分混合，使其组成更均匀。对于机械破碎的样品，样品组成比较均匀，但人工粉碎的样品还需充分混合；对于较大量的试样，可用锹将试样堆成圆锥，堆时每一锹都应倒在圆锥顶上。当堆好后，用锹将试样堆成另一个圆锥，如此反复进行，直至混合均匀；对于较少量的试样，可将试样放在光滑的纸上，依次地提起纸张的一角，使试样不断地在纸上来回滚动，以达到混合的目的。

（4）缩分　缩分的目的是使破碎后的样品质量减小，并保证缩分后试样中的组分含量与原样品的组成相同。常用的缩分方法是四分法，如图 1-1 所示。将试样堆成圆锥形，将圆锥形试样堆压平成为扁圆堆。然后用相互垂直的两直径将试样堆平分为四等分。弃去对角的两份，把其余的两份收集混合。这样经过一次四分法处理，就把试样量缩减一半。反复用四分法缩分，最后得到数百克均匀、粉碎的试样，密封于瓶中，贴上标签，送分析室。近年来采用格槽缩样器来缩分试样。格槽缩样器能自动地把相间的格槽中的试样收集起来，与另一半试样分开，以达到缩分目的。

图 1-1　四分法缩分试样

试样中的水分含量会随着试样处理方式的不同发生改变。试样中常常含有水分，其含量往往随湿度、温度及试样的分散程度不同而改变，从而使试样的组成因所处环境及处理方法的不同而发生波动。为了解决这个问题，可以选用下述各种措施：

① 在称量试样前，先在一定温度下把试样烘干，驱除水分，然后称样进行分析。

② 把试样中水分的含量保持恒定，使分析结果能有较好的重现性。

③ 在进行分析测定的同时，测定试样的水分含量，试样中各组分的含量可以折算为"干基"（dry basis）时的含量。

2. 固体试样的分解和溶解

对于采用固体试样进行测试的分析方法，样品制备过程比较简单，即首先对样品进行切割，然后对表面进行抛光，对粉末状的固体试样进行压片。对合金等金属样品，需熔融后快速冷却铸型或常温冷铸。大多数分析方法其测定工作是在水溶液中进行的，因此将试样分解，使之转变为水溶性的物质，溶解成试液，也是一个重要的问题。对使用少量溶剂便可以将样品中的被测组分完全转移至液相的样品处理方法，可以不必将样品完全溶解。对于一些难溶的试样，就要考虑采用溶解与熔融技术相结合的方法处理样品。对溶解不完全所剩余的残渣，切不可丢弃，一定要保证样品的完全转移。样品溶解通常选用纯度较高的试剂，且试剂种类以少为宜。

选用试剂时，除溶解能力外还应考虑其是否会影响后续测定，如有可能，分解试样最好能与干扰组分的分离相结合，以使分析测定更简单、快速。例如矿石中铬的测定，如用 Na_2O_2 作为熔剂进行熔融，熔块以水浸取，这时铬氧化成铬酸根转入溶液，可直接用氧化还原法测定。铁、锰、镍等组分形成氢氧化物沉淀，可避免干扰。

尽量避免使用可能引入干扰组分和使被测组分含量发生改变的处理方法，例如测定试样中的 Br^- 时，应避免选用 HCl 作溶剂，否则大量 Cl^- 的存在影响 Br^- 的测定。试剂中杂质的引入常常会影响分析结果，尤其是痕量组分的测定，这个问题尤为突出。样品的溶解常常会导致许多挥发性组分的损失，例如，用酸处理试样，会使二氧化碳、二氧化硫、硫化氢、硒化氢、碲化氢等挥发损失，如果用碱性试剂处理会使氨损失。用氢氟酸处理试样，会使硅和硼生成氟化物逸去；如果含卤素的试样用强氧化剂处理，会使之氧化成游离的氯、溴、碘而损失。如果用强还原剂处理试样，则会使砷、磷、锑生成相应的氢化物而逸去等。

为了分解固体试样，一般可用溶解、熔融和烧结法，下面对这些方法做简单讨论。

（1）溶解法　溶解试样所用的溶剂有稀酸、浓酸、混合酸、氧化剂与酸的混合物等。只有处理铝合金等样品时才使用氢氧化钠或氢氧化钾溶液。常用溶剂的性质见表 1-1。

表 1-1　常用溶剂的性质

溶剂	性　　质
盐酸	最高沸点 108℃，强酸性，弱还原性，其中 Cl^- 具有一定络合能力，除银、铅、亚汞、亚铜等外，大多数氯化物均溶于水，高温下许多氯化物有挥发性，如铋、硼、锌、碲、铊、锑、砷、铬、锗、锇、铼、钌、锡等的氯化物，单独用盐酸分解试样时，砷、磷、硫会生成氢化物挥发
硝酸	最高沸点 121℃，强酸性，浓酸具有强氧化性，会使铝、铬、铁等金属表面钝化，几乎所有硝酸盐均溶于水，但锡、锑、钨、铌等在硝酸中会形成不溶性氢氧化物。用硝酸溶解试样后，溶液中往往含有 HNO_2 和氮的其他低价氧化物，常能破坏某些有机试剂，因而应用高沸点酸如硫酸或高氯酸煮沸溶液将它们除去
硫酸	最高沸点 338℃，强酸性，热的浓硫酸是强氧化剂，具有强脱水能力，能使有机物炭化，碱土金属及铅的硫酸盐不溶于水，利用其高沸点，加热至冒三氧化硫白烟可以除去磷酸之外的其他酸类和挥发性组分
磷酸	最高沸点 213℃，强酸性，磷酸根具有一定配位能力，热的浓磷酸具有很强分解能力，能分解很难溶的铬铁矿、金红石、钛铁矿、铌铁矿等，尤其适用于钢铁试样的分解，许多金属的正磷酸盐不溶于水
高氯酸	最高沸点 203℃（含 $HClO_4$ 72%），最强的酸，热的浓高氯酸是最强的氧化剂和脱水剂，除 K^+、NH_4^+ 等少数离子以外，一般的高氯酸盐都易溶于水，高氯酸与有机物反应容易发生爆炸，使用中必须严格遵守操作规程

续表

溶剂	性 质
氢氟酸	最高沸点120℃,对硅、铝、铁等具有很强络合能力,主要用于分解含硅试样,与硅形成挥发性的SiF_4,对玻璃器皿腐蚀严重,须在铂金或聚四氟乙烯容器中处理,与砷、硼、钼、锇、碲等也能形成挥发性的氟化物
混合溶剂混酸	由一份浓硝酸和三份浓盐酸混合配成的王水,反应生成新生态氯和NOCl,具有强烈的氧化性;王水中的大量Cl^-具有络合作用,从而使王水能溶解金、铂等贵金属及HgS等难溶化合物。由一份浓盐酸和三份浓硝酸混合配成的混合溶剂称逆王水,氧化能力较王水稍弱,也是溶解汞、钼、锑等金属及某些矿样的常用溶剂。硝酸和高氯酸、硝酸和硫酸配成的混合溶剂也有类似的作用。在钢铁分析中常用硫酸和磷酸的混合溶剂,在硅酸盐分析中则用硫酸和氢氟酸的混合溶剂等
酸＋氧化剂	在矿物酸中加入溴、高氯酸钾或H_2O_2,常常可以加强矿物酸的溶解能力,并能迅速氧化破坏试样中可能存在的有机物质

(2) 熔融法　某些试样,例如硅酸盐(当需要测定硅含量时)、天然氧化物、少数铁合金等,用酸作溶剂很难使它们溶解,常常用熔融法或溶解与熔融相结合的方法使它们分解。熔融法是利用酸性或碱性熔剂,在高温下与试样发生复分解反应,从而生成易于溶解的反应产物。由于熔融时反应物浓度和温度(300~1000℃)都很高,因而分解能力很强。常见的熔剂如表1-2所示。

表 1-2　常用熔剂及性质

熔剂	性 质
硫酸氢钾或焦硫酸钾	硫酸氢钾加热脱水变为焦硫酸钾,高于370℃开始分解出三氧化硫,酸性熔剂,氧化能力弱,熔融时温度不宜过高
铵盐熔剂	用作熔剂的铵盐有氯化铵、氟化铵、硝酸铵、硫酸铵,其分解温度分别为>370℃、>110℃、>190℃、>350℃,分别分解出HCl、HF、HNO_3、H_2SO_4,具有很强分解能力
氢氧化钠	熔点327℃,强碱性,高温下具有强氧化能力,熔融过程中使试样转变为可溶性盐类,对瓷质器皿腐蚀严重
碳酸钠	熔点851℃,性质同氢氧化钠
过氧化钠	熔点460℃,强碱性,具有强氧化能力,与有机物或硫有爆炸性反应
碳酸钠＋氧化镁(或氧化锌)	半熔法熔剂,强碱性,强氧化性,因氧化镁(熔点2500℃以上)存在,熔融过程中仍保持疏松状态,有利于反应生成气体逸出,尤其适用于含硫、卤素试样的分解

但熔融法具有以下缺点:

① 熔融时常需用大量的熔剂(一般熔剂质量约为试样质量的10倍),因而可能引入较多的杂质。

② 由于应用了大量的熔剂,在以后所得的试液中盐类浓度较高,可能会对分析测定带来困难。

③ 熔融时需要加热到高温,会使某些组分的挥发损失增加。

④ 熔融时所用的容器常常会受到熔剂不同程度的侵蚀,从而使试液中杂质含量增加。

因而当试样可用酸性溶剂(或碱性溶剂)溶解时,总是尽量避免应用熔融法。

如果试样的大部分组分可溶于酸,仅有小部分难以溶解,则最好先用溶剂使试样的大部分溶解。然后过滤,分离出难以溶解部分,再用较少量的熔剂熔融。熔块冷却、溶解后,将所得溶液合并,进行分析测定。

熔融一般在坩埚中进行。先将少量熔剂放入洁净的坩埚中,加热熔融,转动坩埚使熔剂在坩埚底部凝固，将一定量磨细、混匀的试样置于坩埚中，覆盖一定量的熔剂，盖上坩埚盖，置于高温炉中，开始时缓缓升温，进行熔融。此时必须小心注意，不要加热过猛，否则水分或某些气体的逸出会引起飞溅，从而使试样损失。然后渐渐升高温度，直到试样分解。应当避免温度过高，否则会使熔剂分解，也会使坩埚的腐蚀增加。熔融所需时间一般在数分钟到一小时左右，随试样种类而定。当熔融进行到整个坩埚呈现通透的红色无暗斑时，表示分解作用已经进行完全，熔融可以停止。但熔融物是否澄清，有时不明显，难以判断，在这种情况下分析者只能根据以往分析同类试样时的经验，从加热时间判断是否已经完全熔融。熔融完全后，让坩埚渐渐冷却，待熔融物将要开始凝结时，转动坩埚，使熔融物凝结成薄层，均匀地分布在坩埚内壁，以便其熔解。熔解所得熔融物，应仔细观察其中是否残留未分解的试样微粒；如果分解不完全，试验应重做。

二、有机样品的处理

有机试样的处理包括有机试样的分解和溶解两部分内容。有机试样分解的目的是为了测定有机试样中所含有的常量或痕量的元素。这时所需测定的元素应能定量回收，又应使之转变为易于测定的存在形态，同时又不能引入干扰组分。有机试样溶解的目的是为了测定有机试样中某些组分的含量、试样的物理性质，鉴定或测定其功能团。

1. 有机试样的分解

有机试样的分解分干法与湿法两种。具体处理方法见本章第四节有机及生物样品处理技术部分内容。

2. 有机试样的溶解

为了测定有机试样中某些组分的含量，测定试样的物理性质，鉴定或测定其功能团，应选择适当的溶剂将有机试样溶解。这时一方面要根据试样的溶解度来选择溶剂；另一方面还必须考虑所选用的溶剂是否影响以后的分离测定。

根据有机物质的溶解度来选择溶剂时，"相似相溶"原则往往十分有用。一般讲来，非极性试样易溶于非极性溶剂中，极性试样易溶于极性溶剂中。分析化学中常用的有机溶剂种类极多，包括各种醇类、丙酮、丁酮、乙醚、甲乙醚、乙二醇、二氯甲烷、三氯甲烷、四氯化碳、二噁烷、氯苯、乙酸乙酯、乙酸、乙酸酐、吡啶、乙二胺、二甲基甲酰胺等。还可以应用各种混合溶剂，例如甲醇与苯的混合溶剂、乙二醇和醚的混合溶剂等。混合溶剂的组成又可以调节改变，因此混合溶剂更具有广泛适用的特性。

有机溶剂的选择必须和以后的分离、测定方法结合起来加以考虑。若试样中各组分是用色谱分析法分离后进行测定的，则所选用的溶剂应不妨碍色谱分离的进行；若用紫外分光光度法测定试样的某些组分，则所用溶剂应不吸收紫外线；若进行非水溶液中酸碱滴定，则应根据试样的相对酸碱性选用溶剂等。因此有机试样溶剂的选择常常要结合具体的分离和分析方法而定。

三、生物样品的处理

生物样品的处理方法与测定对象有关，测定对象不同，采用的样品处理方法也不同。如果测定生物样品中的微量元素，可以采用溶剂萃取的方法，也可以采用消化法。使用萃取法时，要保证被萃取组分是以游离态存在的，否则要采取一定方式使非游离态的组分游离出来。消化法是将全部的生物样品消化，除掉生物样品中的有机基体，使元素以离子态存在，然后加以测量。如果测定的是非元素状态的分子态物质，就不能采用消化方法处理样品。

（一）生物组织细胞的破碎方法

当待测组分存在于生物体细胞内及多细胞生物组织中时，需在测定前使细胞和组织破碎，将这些待测组分释放到溶液中去。不同的生物体或同一生物体的不同组织，其细胞破碎的难易程度不同，使用的方法也不完全相同。如动物内脏、脑组织一般比较柔软，用普通的匀浆器研磨即可，肌肉及心脏组织较韧，需预先绞碎再进行匀浆。植物肉组织可用一般研磨方法，含纤维较多的组织则必须在捣碎器内破碎或加砂研磨。许多微生物均具有坚韧的细胞壁，常用自溶、冷热交替、加砂研磨、超声波和加压处理等方法进行破碎。总之，破碎细胞的目的就是破坏细胞的外壳，使细胞内待测组分有效地释放出来。细胞破碎的方法很多，按照是否存在外加作用力可分为机械法和非机械法两大类。机械法包括珠磨法、压榨法、高压匀浆法和超声波破碎法；非机械法包括酶溶法、化学法和物理法等。

转速可高达 20000r/min 的高速组织捣碎机和匀浆器是机械破碎的常用仪器，后者的细胞破碎效率比前者高。对于细菌及植物材料，常用研钵研磨处理。研磨时，加入少量的玻璃砂效果更好。反复冷冻，然后缓慢融化，反复操作，大部分动物细胞及细胞内的颗粒可被破碎。在细菌或病毒中提取蛋白质和核酸时可使用冷热交替法，将材料放入沸水中，在 90℃ 左右维持数分钟，立即置于冰浴中，使之迅速冷却，绝大部分细胞被破坏。微生物材料的处理可以采用超声波处理法。应用超声波处理时应注意避免溶液中沉淀的存在，一些对超声波敏感的核酸及酶应慎重使用。细胞破碎可以采用加压破碎法，即加气压或水压至 20～35MPa 时，可使 90% 以上细胞被压碎。

化学及生物化学法主要是通过化学试剂或酶破坏细胞壁而使细胞破碎，常用自溶法、溶菌酶处理法、表面活性剂处理法等进行处理。将待破碎的新鲜生物样品存放在 pH 值一定和温度适当的环境中，利用组织细胞中自身的酶系将细胞破坏，使细胞内含物释放出来的方法称为自溶法，使用自溶法时，要加入适当的防腐剂防止外界细菌的污染；用蛋清或微生物发酵方法制得的溶菌酶，具有只破坏细菌细胞壁的功能。溶菌酶选择性作用强，适用于多种微生物，人们较喜欢使用。使用表面活性剂处理法处理生物样品也可以使细胞壁破碎。

（二）蛋白质的提取与去除

蛋白质是由 20 种 α-氨基酸通过酰胺键（肽键）连接而成的长链高分子化合物，分子量从数千到数百万。虽然蛋白质的种类以千万计，但是按其功能可分成两大类：第一类为活性蛋白，包括酶、激素蛋白、运输和储存蛋白、运动蛋白、防御蛋白和病毒外壳蛋白、受体蛋白、毒蛋白及控制生长和分化的蛋白等；第二类为非活性蛋白，包括胶原蛋白、角蛋白等。蛋白质存在于生物体的细胞内，细胞破碎后，蛋白质就容易提取出来了。大部分蛋白质都是可溶于水、稀盐、稀酸或稀碱溶液的，少数与脂类结合的蛋白质则溶于乙醇、丙醇、丁醇等有机溶剂中。蛋白质在不同溶剂中的溶解度差异主要取决于蛋白质分子中非极性疏水基团与极性亲水基团的比例，其次取决于这些基团的排列和偶极矩，所以，分子结构是不同蛋白质溶解度差异的内因，温度、pH 值、离子强度等因素是影响蛋白质溶解度的外界条件。可以对这些内外因素综合加以利用，将所需要的蛋白质从已破碎的细胞中提取出来。

1. 蛋白质的提取

由于大部分蛋白质都能溶于水、稀盐、稀酸或稀碱溶液中，所以，蛋白质的提取一般是以水溶液为主，其中盐溶液和缓冲溶液对蛋白质的稳定性好、溶解度大，是提取蛋白质最常用的溶剂。当细胞粉碎后，用盐溶液或缓冲溶液提取蛋白质时，应注意所用盐的浓度和缓冲溶液的酸度。常用等渗盐溶液，尤其以 0.15mol/L 氯化钠溶液和 0.02～0.05mol/L 磷酸缓冲溶液和碳酸缓冲溶液居多。但有些蛋白质在低盐浓度下溶解度较低，需用浓度较高的盐溶液，如脱氧核糖核蛋白需用 1mol/L 以上的氯化钠溶液提取；另一些蛋白质则在低盐浓度溶液或水中溶解度较高，如某些霉菌中的脂肪酶用水提取效果更好。因此，在用水溶液提取蛋白质时，需根据所要提取的蛋白质来选择不同种类和不同浓度的盐溶液。溶液的 pH 值对蛋白质的溶解度和稳定性影响很大，因此 pH 值的选择对蛋白质的提取十分重要。提取蛋白质时，提取溶液的 pH 值应选定在该蛋白质的稳定范围，在该蛋白质等电点的两侧，提取碱性蛋白质时要选在偏酸一侧，提取酸性蛋白质时要选在偏碱一侧，以增大蛋白质的溶解度，提高提取的效率。

2. 蛋白质的去除

生物试样中含有的蛋白质可能影响组分的测定。为此，在测定前，需使蛋白质破坏或沉淀，根据分析方法的特点，可采用不同的蛋白质去除法。如用原子吸收光谱法测定试样中的微量元素时，要对分析的生物试样进行消化处理，使蛋白质等有机物破坏，微量元素转化为无机离子后予以测定。若用色谱法测定血液试样中某一化学成分，为防止蛋白质污染固定相，降低柱的分离度，必须在测定前使生物试样中的蛋白质沉淀，使与蛋白质结合的物质释放出来，以便测定其总浓度。试样除去蛋白质后，有利于萃取过程中减少乳化现象，使提取液澄清。去除蛋白质的方法很多，超速离心可除尽蛋白质；但一般实验室常用沉淀法，操作简便易行。常见的沉淀剂有三氯乙酸（TCA）、高氯酸、溶于硫酸的钨酸盐、乙腈、丙酮、乙醇、甲醇、硫酸铵饱和溶液等。其中 TCA 是强有力的蛋白质沉淀剂，但其中常含有杂质，致使空白值增高；TCA 能溶于乙醚，在用 TCA 沉淀蛋白质后，若用乙醚萃取被测组分，则 TCA 也进入乙醚相，当用色谱法以电子捕获器检测时，TCA 的存在就会对被测组分产生干扰。高氯酸也是一种常用蛋白质沉淀剂，沉淀效率高，过量的高氯酸可加钾盐除去。

当用蛋白质沉淀法难以使蛋白质结合的被测组分释放时，也可使用酸消化法、酶消化法或光辐射消化法等。具体沉淀方法见沉淀分离技术中生物样品的沉淀分离技术相关内容。

第三节　微波及超声波在样品处理中的应用

一、微波在样品处理中的应用

1. 微波及微波特性

微波是一种电磁波，是频率在 300MHz～300GHz 的电磁波，即波长在100cm～1mm 的电磁波，也就是说波长在远红外线与无线电波之间。微波波段中，波长在 1～25cm 的波段专门用于雷达，其余部分用于电信传输。为了防止民用微波功率对无线电通信、广播、电视和雷达等造成干扰，国际上规定工业、科学研究、医学及家用等民用微波的频率为（2450±50）MHz。因此，微波消解仪器所使用的频率基本上都是 2450MHz，家用微波炉也如此。

微波对不同材料具有不同的吸收特性。金属材料不吸收微波，只能反射微波，如铜、铁、铝等。用金属（不锈钢板）作微波炉的炉腔，来回反射作用在加热物质上。不能将金属容器放入微波炉中，反射的微波对磁控管有损害。绝缘体可以透过微波，它几乎不吸收微波的能量。如玻璃、陶瓷、塑料（聚乙烯、聚苯乙烯）、聚四氟乙烯、石英、纸张等，它们对微波是透明的，微波可以穿透它们向前传播。这些物质都不会吸收微波的能量或吸收微波极少。物质吸收微波的强弱实际上与该物质的复介电常数有关，即损耗因子越大，吸收微波的能力越强。家用微波炉容器大都是塑料制品。微波密闭消解溶样罐用的材料是聚四氟乙烯、工程塑料等。极性分子的物质会吸收微波（属损耗因子大的物质），如水、酸等。它们的分子具有永久偶极矩（即分子的正负电荷的中心不重合）。极性分子在微波场中随着微波的频率而快速变换取向，来回转动，使分子间相互碰撞摩擦，吸收了微波的能量而使温度升高。食物中都含有水分，水是强极性分子，因此能在微波炉中加热。下面进一步介绍微波消解试样的原理。

2. 微波消解试样的过程和原理

称取 0.2～1.0g 的试样置于消解罐中，加入约 2mL 的水，加入适量的酸。通常选用 HNO_3、HCl、HF、H_2O_2 等，把罐盖好，放入炉中。当微波通过试样时，极性分子随微波频率快速变换取向，对于 2450MHz 的微波，分子每秒钟变换方向 $2.45×10^9$ 次，分子来回转动，与周围分子相互碰撞摩擦，分子的总能量增加，使试样温度急剧上升。同时，试液中的带电粒子（离子、水合离子等）在交变的电磁场中，受电场力的作用而来回迁移运动，也会与邻近分子撞击，使试样温度升高。这种加热方式与传统的电炉加热方式截然不同。

（1）整体加热　电炉加热是通过热辐射、对流与热传导传送能量，热由外向内通过器壁传给试样，通过热传导的方式加热试样。微波加热是一种直接的加热方式，微波可以穿入试液的内部，在试样的不同深度，微波所到之处同时产生热效应，这不仅使加热更快速，而且更均匀，大大缩短了加热的时间。如氧化物或硫化物在微波（2450MHz、800W）作用下，在1min内就能被加热到几百摄氏度。又如 1.5g 二氧化锰在 650W 微波炉中加热 1min 可升温到 920K，可见升温的速率非常之快。传统的加热方式（热辐射、热传导与对流）中热能的利用率低，许多热量都发散到周围环境中，而微波加热直接作用到物质内部，因而提高了能量利用率。

（2）过热现象　微波加热还会出现过热现象（即比沸点温度还高）。电炉加热时，热由外向内通过器壁传导给试样，在器壁表面上很容易形成气泡，因此就不容易出现过热现象，温度保持在沸点上，因为汽化要吸收大量的热。而在微波场中，其"供热"方式完全不同，能量在体系内部直接转化。由于体系内部缺少形成气泡的"核心"，因而对一些低沸点的试剂，在密闭容器中就很容易出现过热现象。可见，密闭溶样罐中的试剂能提供更高的温度，有利于试样的消化。

（3）搅拌　由于试剂与试样的极性分子都在 2450MHz 电磁场中快速地随变化的电磁场变换取向，分子间互相碰撞摩擦，相当于试剂与试样的表面都在不断更新、试样表面不断接触新的试剂，促使试剂与试样的化学反应加速进行。交变的电磁场相当于高速搅拌器，每秒钟搅拌 2.45×10^9 次，提高了化学反应的速率，使消化速度加快。

微波加热速度快、均匀、过热、不断产生新的接触表面，有时还能降低反应活化能，改变反应动力学状况，使微波消解能力增强，能消解许多传统方法难以消解的样品。

由此可知，加热的快慢和消解的快慢不仅与微波的功率有关，还与试样的组成、浓度以及所用试剂的种类和用量有关。要把一个试样在短时间内消解完，应该选择合适的酸、合适的微波功率与时间。利用微波的穿透性和激活反应能力加热密闭容器内的试剂和样品，可使制样容器内压力增加、反应温度提高，从而大大提高了反应速率，缩短了样品制备的时间。并且可控制反应条件，使制样精度更高。减少对环境的污染和改善实验人员的工作环境。

传统方法采用多孔消化器或消煮炉，样品的消化时间通常需要数小时以上。即使选用较先进的传统消化器，内配尾气吸收装置，也很难保证消化中尾气不泄漏、不产生很呛人的气味。采用微波消解系统制样，消化时间只需数十分钟。消化中因消化罐完全密闭，不会产生尾气泄漏，且不需有毒催化剂及升温剂。密闭消化避免了因尾气挥发而使样品损失的情况，可称得上是样品前处理上的一次绿色革命。微波消解系统制样可用于原子吸收（AA）、电感耦合等离子体发射光谱（ICP-AES）、等离子光谱与质谱联机（ICP-MS）、气相色谱（GC）、气质联用（GC-MS）及其他仪器的样品制备。

3. 微波在样品消解处理中的应用

微波消解在许多领域均有应用。

（1）微波消解技术在生物医学及药物分析中的应用　微量元素是相对宏观元素而言的，它虽然只占人体重量的 0.05%，但与人体的生理功能关系密切，微量元素的缺乏会导致多种疾病。微波消解以其独特的优势在微量元素分析的前处理过程中有广泛的应用。

生物样品的消解是微波应用最早的领域，处理样品包括动物、植物、食品和医学样品等，微波消解克服了传统干法或湿法的高温、使易挥发元素损失、费时等缺点，结合众多分析手段（如原子吸收光谱法、ICP-AES、ICP-MS、FAAS 等），可以对微量元素及痕量元素进行分析。微量元素与人体健康的研究成为当代医学中引人注目的新领域，采用微波消解人发样本，测定元素包括 Al、Bi、Ca、Cd、Cr、Cu、Fe、Ge、Hg、Mg、Mn、Mo、Ni、Pb、Se、Sr、Zn 及稀土元素。我国是稀土大国，稀土的储量及产量均占世界首位。稀土元素参与了自然界的生物链，随着环境中稀土元素浓度增加，人体内稀土元素浓度也相应发生变化。通过人发中稀土元素的含量测定，可以了解不同环境中人群头发中稀土量值的实际水平和变化，因此，人发是研究环境与人体生命科学的良好的指示性生物样品。用微波消解样品，采用土壤标准样品（GBW07403）进行质控，采用 ICP-MS 法测定人发标准样品（GBW07601）中 15 种超痕量稀土元素，测得值与标准值及参考值有很好的一致性，证明本法准确可靠，填补了原标准样品中仅 La、Ce 和 Y 有标准值，其余 12 种稀土元素无分量值的空白。

测定生物样品中的痕量元素时，样品的制备是一个重要的课题。近年来迅速发展起来的微波密封消解技术，利用微波辐射引起的内加热和吸收极化作用及所达到的较高温度和压力使消解速度大大加快，不仅可以减少对样品的污染和易挥发元素的损失，而且样品分解彻底，操作过程简便容易，使样品前处理效率大大提高。

测定中药中微量元素的含量及其对人类正常生理功能的影响，对考察中药微量元素的药理活性及建立中药微量元素质量控制标准有重大的意义。微波制样技术则为中药中微量元素的提取提供了一种很好的方法，配合 ICP-AES、ICP-MS、冷原子吸收、FI-HG-AFS 等对微量元素进行分析。采用微波样品处理系统结合 ICP 法对连翘中无机元素的含量进行了测定，该法在 30min 内即可完成试样的消解，测定结果令人满意。微波消解技术加速了样品的分解，改进了传统的消化模式，改善了工作环境以及减轻了分析人员的劳动强度。

（2）微波消解技术在食品及化妆品分析中的应用　采用微波消解植物、动物食品样品，利用国家标准物质验证方法的可靠性，测得微量元素的回收率为 92%～103%，RSD 为 1.2%～8%。微波对食品样品的消解主要包括传统的敞口式、半封闭式、高压密封罐式，以及近几年发展起来的聚焦式，配合之后的分析检测手段如 AES、原子荧光法（AFS）、毛细管电泳（CE）、ICP-MS 等。在各类食品中有些含有对人体有害的重金属元素，如 Pb、As、Hg、Cd 等，采用传统的干法或湿法消解很容易损失，Al 及营养元素 Ca、Zn、Fe 等在环境、试剂、器皿中含量很高，易造成污染，这样使微波消解在食品及卫生检验领域的应用越加广泛。利用微波消解-氢化物原子吸收光谱法测定食品中的铅，取得良好效果。采用微波密闭溶样系统结合冷原子吸收测定微量的汞，仅用 10min 左右即可将有机物消化完全，并可同时消化多个样品。实验重现性好，回收率达 90% 以上。

化妆品是与人们生活密切相关的轻化工产品，其配方中含有很多有机和无机成分。其中某些金属元素的存在将损害皮肤，有的元素甚至可以沿毛孔和呼吸道进入体内，对人体健康产生严重危害。化妆品中有害金属元素含量是评价化妆品质量的重要卫生指标，对化妆品中的有害金属元素含量必须严格限制，其中 As、Pb、

Cd、Cr、Bi 五种微量元素危害最大。对这五种元素的分析方法有比色法、原子吸收法和 ICP-AES 法。由于乳状化妆品基体复杂，这五种元素的含量又极低，一般采用比色法和火焰 AAS 法很难准确测定，水平管炬的 ICP-AES 由于其灵敏度可达 ng/mL 级，基体干扰小，一次进样可以同时测定五种元素，是一种较好的分析方法。微波消解技术可以在较短的时间内对有机成分进行快速消解，由于容器密闭，金属挥发组分不损失，是一种很好的化妆品分析前处理方法。

（3）微波消解技术在环境试样分析中的应用　在环境样品分析中，采样和样品预处理所耗时间及费用约占整个分析过程投资的 60%，因此，改进传统消解方法的弊端，从整体上提高环境分析的速度和质量尤为重要。微波消解在环境试样分析方面的应用很广，涉及的环境试样包括土壤、固体垃圾、核废料、煤灰、大气颗粒物、水系沉积物、淤泥、废水、污水悬浮物和油等。微波消解可以用来测定环境试样中的 As、Al、Ba、Be、Ca、Cd、Co、Cr、Cu、Fe、Hg、K、Li、Mn、Mg、Na、Ni、Pb、Sb、Si、Sr、Se、Ti、Tl、V、Zn、Zr 和稀土等金属元素，总磷、总氮、无机硫等非金属及废水的 COD 值等。

（4）微波消解技术在地质冶金分析中的应用　地质试样主要指岩石、矿物、土壤、水系沉积物等样品。一些微量元素共存时的存在形态和行为与它们单独存在时不尽一致，使地质试样的分解显得比其他样品要困难得多。采用 Teflon 密封容器，采用氢氟酸与王水分解花岗岩和海洋沉积物样品，溶样 60s，采用火焰和石墨炉原子吸收光谱法测定其中的 Cr、Al、Zn 含量，回收率大于 97%。用王水、氢氟酸微波分解硅酸盐，用 ICP-AES 测定多种元素含量也得到较好的效果。

由于煤灰化学成分复杂而且含有大量的 SiO_2 和 Al_2O_3，试样处理及分析测试均比较困难。传统的熔融法和湿法消化操作中引入的污染经常干扰分析测定过程，而且样品需要分别处理，如测 Si 的国标方法是将样品和 NaOH 混合在 700℃熔融，再分别用热水和 HCl 溶解；测 Al、Ca、Fe、Mg、Ti、Mn、K 的国标方法是将样品分别用 $HClO_4$、HF 和 HCl 加热消解；测 Pb、Cr 的国标方法是将样品分别用 $HClO_4$、HF 和 HNO_3 加热消解。微波消解方法可以用于煤灰试样中多元素的同时消解和测定。

钢中铝的溶解一直是钢铁分析长期存在的问题之一。传统方法是采用 $NaHSO_4$ 熔融，但会引入大量易电离元素，不适合随后的光谱测定。采用 HNO_3/HCl/HF 消解的高压弹法，虽可避免挥发损失并得到无盐基体，但需要 80℃加热 1h。采用微波加热只需要 80s。微波消解还特别适用于低温焊接、非铁基耐热合金、硅酸盐材料等。

微波样品处理的优势促进了微波处理设备的开发研制，这对解决长期困扰 AAS、AFS、ICP、ICP-MS、LC、HPLC 等仪器分析的样品制备问题起了革命性的推动作用。采用微波样品处理设备，用酸少，空白低、检出限低，易挥发元素几乎没有损失，结果准确、能耗低，同时也减少了对人和环境的危害。

二、超声波在样品处理中的应用

固体物质的溶解和消解速度也与化学反应类似，受物质的浓度控制。如果不搅拌溶液，固体的溶解只能通过扩散的方式从固体表面脱离而进入溶液。搅拌可以使扩散速度加快，从而减少溶解或消解所用的时间，搅拌常采用磁力搅拌器或手动搅拌方式，也可以采用超声波来完成。超声波萃取是利用超声波辐射压强产生强烈空化效应、机械振动、扰动效应、高的加速度、乳化、扩散、击碎和搅拌作用等多级效应，增大物质分子运动频率和速度，增加溶剂穿透力，从而加速目标成分进入溶剂，促进提取的进行。

1. 超声波辅助溶解和消解

超声波（频率介于 20kHz～1MHz）是一种弹性机械振动波，本质上与电磁波不同。因为电磁波（包括无线电波、红外线、可见光、紫外线、X 射线和 γ 射线等）能在真空中传播，而超声波必须在介质中才能传播，其穿过介质时，形成包括膨胀和压缩的全过程。

超声波能产生并传递强大的能量，给予介质如固体小颗粒极大的加速度。这种能量作用于液体里，振动处于稀疏状态时，超声波在某些样品如植物组织细胞里比电磁波穿透更深，停留时间更长。在液体中，膨胀过程形成负压。如果超声波能量足够强，膨胀过程就会在液体中生成气泡或将液体撕裂成很小的空穴。这些空穴瞬间即闭合，闭合时产生高达 3000MPa 的瞬间压力，称为空化作用，整个过程在 400μs 内完成。这种空化作用可细化各种物质以及制造乳液，加速目标成分进入溶剂，极大地提高提取率。除空化作用外，超声波的许多次级效应也都利于目标成分的转移和提取。

1894 年 Thomycroft 等首次描述了成穴现象。成穴现象的重要意义不在于气泡是怎样形成的，而在于气泡破裂时所发生的一切。在某些点位，气泡不再有效吸收超声波能量，于是产生内爆。气泡或空穴里的气体和蒸气快速绝热压缩产生极高的温度和压力。Suslick 等估计热点的温度高达 5000℃，压强约 100MPa。由于气泡体积相对液体总体积来说极微，因此产生的热量瞬间散失，对环境条件不会产生明显影响；空穴或气泡破裂后的冷却速率约为 10^{10}℃/s。超声空穴提供能量和物质间独特的相互作用，产生的高温高压能导致游离基和其他组分的形成。当空穴在紧靠固体表面的液体中发生时，空穴破裂的动力学明显发生改变。在纯液体中，空穴破裂时，由于它周围条件相同，因此总保持球形；然而紧靠固体边界处，空穴的破裂是非均匀的，从而产生高速液体喷流，使膨胀气泡的势能转化成液体喷流的动能，在气泡中运动并穿透气泡壁。已观察到液体喷流朝固体表面的喷射速度为 400km/h。喷射流在固体表面的冲击力非常强，能对冲击区造成极大的破坏，从而产生高活性的新鲜表面。破裂气泡形变在固体表面产生的冲击力比气泡谐振产生的冲击力要大数倍。

利用超声波的上述效应，从不同类型的样品中提取各种目标成分是非常有效的。施加超声波，在有机溶剂（或水）和固体基质接触面上产生的高温（增大溶解度和扩散系数）高压（提高渗透率和传输率），加之超声波分解产生的自由基的氧化能等，从而提供了萃取能。

2. 超声波辅助溶剂萃取

与常规萃取技术相比，超声波辅助萃取快速、价廉、高效。在某些情况下，其至比超临界流体萃取和微波辅助萃取效果还好。与索氏萃取相比，其主要优点有：①成穴作用增强了系统的极性，包括萃取剂、分析物和基体，这些都会提高萃取效率，使之达到或超过索氏萃取的效率；②超声萃取允许添加共萃取剂，以进一步增大液相的极性；③适合不耐热的目标成分的萃取，这些成分在索氏萃取的工作条件下要改变状态；④操作时间比索氏萃取短。在以下两个方面，超声萃取优于超临界流体萃取：①仪器设备简单，萃取成本低得多；②可提取很多化合物，无论其极性如何，超声萃取可用任何一种溶剂。超临界流体萃取事实上只能用 CO_2 作萃取剂，因此仅适合非极性物质的萃取。超声萃取优于微波辅助萃取，体现在：①在某些情况下，比微波辅助萃取速度快；②湿法酸消解中，超声萃取比常规微波辅助萃取安全；③多数情况下，超声萃取操作步骤少，萃取过程简单，不易对萃取物造成污染。

与所有声波一样，超声波在不均匀介质中传播也会发生散射衰减。超声提取时，样品整体作为一种介质是各向异性的，即在各个方向上都不均匀，造成超声波的散射。因此，到达样品内部的超声波能量会有一定程度的衰减，影响提取效果。当样品量越大时，到达样品内部的超声波能量衰减越严重，提取效果越差。另一个显而易见的原因是，样品用量多，堆积厚度增大，试剂对样品内部的浸提作用就不充分，同样影响提取效果。

样品粒度对超声提取效率有较大影响。一方面，在较大颗粒的内部，溶剂的浸提作用会明显降低，相反，颗粒细小，浸提作用增强；另一方面，超声波不仅在两种介质的界面处发生反射和折射，而且在较粗糙的界面上还发生散射，引起能量的衰减。资料表明，颗粒直径与超声波波长的比值为 1‰ 或更小时，这种散射可以忽略不计。但当比值增大时，散射也增大，造成超声波能量大幅衰减。

对于超声提取来说，提取前样品的浸泡时间、超声波强度、超声波频率及提取时间等也是影响目标成分提取率的重要因素。而且，超声提取对提取瓶放置的位置和提取瓶壁厚要求较高，这两个因素也直接影响提取效果。

3. 超声波辅助萃取系统

超声波辅助萃取的装置有浴槽式和探针式两种。虽然超声波浴槽应用较广，但存在两个主要缺点，即超声波能量分布不均匀（只有紧靠超声波波源的一小部分液体有空穴作用发生）以及随时间变化超声波能量要衰减。这实质上降低了实验的重现性和再现性。超声波探针可将能量集中在样品某一范围，因而在液体中能提供有效的空穴作用。

超声波辅助萃取目前主要是手工操作，较少用于连续系统。连续超声辅助萃取的主要优点是样品和试剂耗量少。在连续超声辅助萃取中，萃取剂连续流过样品有两种模式：一是敞开系统，新鲜的萃取剂连续流过样品，因此传质平衡转变为分析物进入液相的溶解平衡。这种模式的缺点是萃取物被稀释。若萃取与其他分析步骤（固相萃取）联用，可克服萃取剂稀释的影响，但目前尚无实际应用。二是密闭系统，一定体积的萃取剂连续循环使用。萃取载流的方向在萃取过程中保持一致，或者通过驱动系统的预设程序在一定的时间段进行变换。这样，萃取剂来回通过样品，避免了样品在萃取腔中不需要的压缩及动态系统中压力的增大。密闭系统的好处是萃取剂很少被稀释，萃取完成后，或者通过阀的转动把萃取物收集到容器中；或者把它输送到连续管路中用于在线预浓缩、衍生或检测，实现全自动化。

连续超声萃取已用于测定植物中的铁、土壤中的硼和六价铬以及空气滤膜中的有机磷酸酯等。测定铁和 1,10-邻菲啰啉的络合物，用超声波辐射，萃取时间从 40min 减少到 5min。

超声萃取配合阴离子交换树脂预浓缩微型柱，采用分光光度法测定土壤和沉积物样品中的六价铬，不会破坏铬的形态。

第四节　实际样品处理技术

一、大气样品处理技术

大气样品中被测组分浓度较高或测试方法的灵敏度较高时，可采用直接采样测试。但大多数气态污染物测试常采用富集方式进行采样，然后对富集后的样品进行处理及分析测试。常用的富集采样法如下。

1. 溶液吸收法

空气中气态、蒸气态和气溶胶态的污染物常采用该法采样。将一定量的大气样品通过装有吸收液的吸收管，待采样完毕后，定量移取吸收液并定容检测。该法要求吸收液应对目标组分具有较大溶解度，吸收后具有足够的稳定时间，对后续测定无干扰或干扰小，环境友好和易处置等。

2. 填充柱阻留法

填充柱分为吸附型、分配型和反应型。将填料均匀填充至长 6～10cm、内径 3～5mm 的填充柱中，让气体以一定流速通过填充柱，被测组分由于吸附、溶解或反应而被截留浓缩。采样后，通过溶解、洗脱或热脱附等措施使组分从填充物上释放出来进行测定。

3. 滤料阻留法

该法常用来采集气体样品中的颗粒物。将滤料固定在采样容器上，当一定量的大气样品通过滤料时，颗粒物被截留，根据采样体积、截留物质量和截留物中各种物质的质量即可得到目标成分含量。

4. 低温冷凝法

将一定量气体样品通过置于低温冷阱中的 U 形管或蛇形管，低沸点组分冷凝在采样管底部而被富集，然后在适当温度下将富集的组分汽化。这种方法可以将富集管与分析仪器连接，为除掉其中的某些组分，也可以在中间连接选择性过滤器滤掉干扰组分。

5. 自然积集法

自然积集法主要用于降尘和硫酸盐化速率的测试。

大气中固体颗粒物通常采用滤膜富集，然后对含有截留物的滤膜进行处理。滤膜处理的方法有以下几种：对有机污染物的提取通常采用常规溶剂萃取或索氏萃取等方式处理滤膜，无机污染物常采用灰化、混酸常压消解、混酸高压消解的方式进行处理。

大气可吸入颗粒物中非挥发性有机物的处理方法如下。

用超细玻璃纤维滤膜采集大气可吸入颗粒物样品。滤膜截留物中有机组分分离提取可采用索氏提取法、超声提取法，必要时可采用不同有机溶剂对组分进行提取。索氏提取是将样品滤膜对折成卷状放入萃取室，用适当极性有机溶剂萃取数次，提取液冷却至室温后合并。用适当孔径的微孔全玻璃砂芯漏斗将提取液滤至分液漏斗中。超声提取法是将部分或全部滤膜剪成一定尺寸，放入具塞玻璃离心管中，加入一定体积的溶剂，超声萃取后离心分离，上清液作为高效液相色谱分析的试液，如大气中苯并芘的测定。

二、水样品处理技术

环境水样往往基体复杂，干扰组分共存，待测组分含量低，部分以非测试形态存在。这时就需要对待测样品进行必要的前处理。如果测试试样中的有机成分，常采用溶剂萃取的方式将有机组分萃取至极性适当的有机溶剂中，再用相应的分析方法进行测定；如果测试的是易挥发的有机成分，可以采用顶空色谱法进行测定。对无机成分的测定，常采用消解、富集、分离方法对水样进行预处理。

1. 水样消解

测试含有机物、悬浮物水样中的无机元素时，需要将样品处理成无悬浮物、无沉淀的透明状态，将无机元素转变成均一测试状态。消解分湿法消解、灰化溶解和微波消解等技术。

（1）湿法消解　湿法消解常采用的酸有盐酸、硝酸、硫酸、高氯酸、氢氟酸。酸的种类选择主要由处理效果和是否影响后续测定来决定。为防止处理后的测试背景过于复杂，一种酸可以处理完成的，通常不用混酸。采用挥发性酸如盐酸、硝酸和氢氟酸处理样品时，往往会生成影响后续测定的组分如氮氧化物、氯和氟的金属配合物，这时有必要用高沸点酸如硫酸、高氯酸将低沸点酸及其氧化物等驱除干净。为改善处理效果，有时需在酸中加入一定量的氧化剂，如 H_2O_2、Na_2O_2、$KMnO_4$ 等。

当采用酸消解样品引起组分挥发损失时，可以用碱性条件处理样品。如在样品中加入氢氧化钠和过氧化氢，或氨水和过氧化氢。

（2）灰化溶解　该法是将一定量水样置于瓷或石英器皿中，蒸干水分后，置于 $450\sim550℃$ 的马弗炉中，将有机物完全分解，残渣呈灰白色，用 2% 的硝酸或盐酸溶解残渣，定容后供后续测试使用。如果测试的是易挥发损失组分（砷、汞、镉、硒、锡等），这种水样的处理不适合采用该方法。

（3）微波消解　传统热传导加热会导致离热源近处过热，而远离热源处尚未达到所需温度。这样会导致过热处可能会有部分低沸点组分挥发或热解，而低温处组分的溶解速率会很慢。微波加热与传统加热方式不同，微波加热使样品表面和内部均一加热，加热速率与热源距离关系不大，这样可以加快样品的消解，不致局部过热使低沸点和易热解的组分发生变化。

在水样消解过程中，当使用高氯酸时需注意样品中是否含有大量的有机组分，对有机组分含量高的样品，应先采用硝酸消解破坏大量的有机组分，稍冷后再小心加入高氯酸进行处理。如果直接加入高氯酸，由于其氧化能力强，可能会导致爆炸。

关于水中微量组分的分离富集方法，会在后续相关章节中逐步叙述。

2. 组分富集

无机组分的富集常采用溶剂萃取、离子交换、沉淀分离、泡沫浮选等技术进行。具体方法见后续各章节。

三、土壤样品处理技术

土壤是固、液和气三相构成的复杂体系。土壤固体颗粒包含矿物质、有机质和生物，颗粒间存在形状各异的孔隙，在空隙间存在水分和气体。土壤样品的处理方式与测试目标组分相关，测试目的不同，样品的前处理方式有所不同。土壤样品测定主要有土壤元素背景值测定、土壤有机质测定和土壤污染物测定。土壤污染物测定中，根据污染物种类不同，又分为无机污染物、有机污染物、生物污染和放射性污染等。

土壤样品的采集同样遵循样品采集的基本原则——代表性。要根据实际测试的地形地貌及作物生长根系的长度确定采样布点方式和采样深度。将采集样品进行阴干，然后经破碎、过筛、混合和缩分等步骤，制备成可供分析和留存的均匀试样。

土壤样品的预处理分为消解处理和提取处理两种方式，在土壤中可溶盐的测试中，通常采用淋洗的方式将可溶性盐提取出来加以测定。分解处理主要用于元素的测定，将待测组分从固相转移至液相，同时将组分转变成可测量方式，并对含量低的组分进行富集，如果共存组分存在干扰，还须将干扰组分与待测组分分离开，或采用其他方式去除干扰，如加入适当的掩蔽剂。

1. 土壤样品的分解方法

分解方式可以采用酸分解法、碱熔分解法、微波加压消解等方法。

（1）酸分解法 土壤中金属元素的测定常采用此法。所用的酸包括盐酸、硝酸、硫酸、高氯酸、氢氟酸和磷酸。一种酸往往无法使样品完全消解，有时需要采用两种以上的混酸，有时还须加入适当的氧化剂。如果样品处理采用氢氟酸，处理容器就不能使用玻璃容器，可以采用聚四氟乙烯坩埚处理样品。如果盐酸、硝酸和氢氟酸的使用导致一些元素以配合物状态存在或酸的分解产物影响后续测定，那么就要用高沸点酸将其除去。在整个样品处理过程中，注意消解温度的控制，防止低沸点或易挥发组分的损失。

（2）碱熔分解法 碱熔分解法主要采用 NaOH、Na_2CO_3、Na_2O_2 等碱性物质与土壤样品混合后置于马弗炉中灼烧，将组分转变成易溶于稀酸或水的盐，将土壤样品制备成可用于测量的液体样品。碱熔融法经常用瓷坩埚、镍坩埚和铂坩埚处理试样。熔融温度和时间视所用熔剂和样品而定，如 Na_2CO_3 作熔剂，其温度控制在 900～920℃；Na_2O_2 作熔剂，其温度控制在 650～700℃，灼烧时间以熔融物通透无暗斑为准。熔融后的土壤样品，降温后用水或稀酸溶解，如有沉积物，须过滤处理，定容待用。

碱熔分解法使用大量的熔剂，且熔融温度较高。虽然样品的分解比较完全，但往往会导致样品本底值增加，有时也会使某些易挥发的元素损失。

（3）微波加压消解 目前用得较多的方法是采用微波为热源，将样品和消解用混酸置于耐压的聚四氟乙烯消解罐中，在一定温度、一定压力下进行样品的消解。该方法消解完全，消解效率高。

2. 土壤样品的提取

对于土壤样品中有机化合物如农药、除草剂等残留量的测定，某些热不稳定组分的测定、某些组分形态分析以及可溶性盐的测定，通常采用该法处理试样。

（1）有机污染物的提取 有机污染物的提取采用溶剂萃取的方式进行，有时借助索氏萃取器进行该操作。所用溶剂依据有机物的极性选取。常用的有机溶剂有环己烷、石油醚、丙酮、二氯甲烷和氯仿等。

（2）无机物的提取 对于土壤中可溶性盐可用水或稀酸作为溶解提取的溶剂；对形态分析，可采用不含该种物质的洗提水将某些形态组分浸提出来，如用无硼水将有效硼浸提出来。

3. 分离和浓缩

对于干扰组分共存的样品，消解后的样品还需将干扰组分与待分析组分分离或进行掩蔽等处理；对于组分含量达不到检查线性范围的样品还需进行浓缩处理，如蒸发或用 K-D 浓缩器进行进一步处理。

四、有机及生物样品处理技术

（一）有机及生物质中元素测定的样品处理技术

1. 简介

目前，多数分析方法要求无机元素以水溶性游离态的形式被测定。生物质中元素的测定要求将样品中非游离态的无机元素转变成水溶性的游离态，非游离态的元素要用各种方法将其释放出来。由于生物基质使测试背景复杂化，在样品处理的过程中，考虑将生物基质消除掉是一个不错的选择。如测定毛发中的金属元素、动物肝脏中的重金属元素等，都需要在将元素转变成离子态或配位态的同时，将基体有机基质除掉，使测试背景简单、干扰因素降低。在样品处理过程中，还要考虑易挥发元素的损失问题，因此需要采取措施控制样品处理的温度。对于元素处理过程中可能存在形式不同、价态不同的问题也应予以考虑，在测试前要使测试元素以同一形式和价态存在。下面分别简单介绍几种常用的处理方法。

2. 燃烧管技术

主要是针对碳、氢、氮元素的分析测试采用该处理技术。该法采用高温炉氧化技术，将一定量的样品置于炉中，在纯氧气流作用下，各种元素分别被氧化，然后用相应的吸收剂吸收生成的氧化物，根据吸收剂质量增加的数值，给该样品中的元素进行定量。样品首先在氧气流中燃烧或热解，其产物被氧气吹扫通过热的铂丝催化剂被进一步氧化。铂丝催化产物通过细颗粒的热氧化铜发生完全氧化，所有的碳均被氧化成二氧化碳，所有的氢均生成水。将产生的气体通过 PbO_2 吸收氮氧化物，$PbCrO_4$ 和 Ag 吸收硫的氧化物及卤素化合物，氧气流中没被吸收的 H_2O 和

CO_2 依次通过称重的干燥剂吸收管和碱石棉吸收管，将 H_2O 和 CO_2 定量吸收，吸收管增加的质量就是产生的 H_2O 和 CO_2 的质量。其原理如图 1-2 所示。

通过改进燃烧管技术即可测定样品中的氮元素含量。将称重的样品与粉末状的 CuO 置于瓷舟中，CO_2 用作载气，样品加热后碳氧化生成 CO_2，氢氧化生成 H_2O，氮元素转化成 N_2 和少许氮的氧化物，这里的氧化剂为 CuO。将产生的气体载入通过热粉末状铜粉，氮的氧化物被还原成 N_2，再将生成的气体通过浓 KOH 溶液，除氮气外均被吸收，剩余的 N_2 转入气体计量管计量，根据标准状态下氮气的体积即可计算出样品中氮的含量。

对于硫元素的测定可以将样品在铂催化剂作用下在氧气流中充分燃烧，产生 SO_2 和 SO_3，生成的气体通过 H_2O_2 水溶液，将硫的氧化物转化成硫酸，然后用酸碱滴定法或重量分析法转化成 $BaSO_4$ 测定硫酸的含量，从而测出样品中硫的含量。

除氟外，其他几种卤素的测定采用氧气流氧化试样，在铂丝催化剂的作用下，卤素被氧化成单质、卤化氢及少量的卤素氧化物，该产物通过 Na_2SO_3 溶液吸收，将卤素和卤素氧化物还原成简单的卤离子，然后用传统的测定法测定卤离子含量。

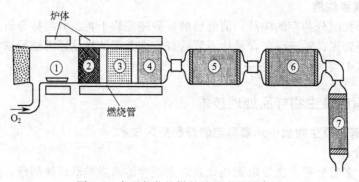

图 1-2 高温氧化炉样品处理流程示意图

图 1-2 中，①瓷舟，用于盛放试样；②Pt 催化剂，加速及完成氧化；③完全氧化用 CuO；④PbO 和 $PbCrO_4$＋Ag 的混合物，PbO 用于吸收氮氧化物，$PbCrO_4$＋Ag 用于吸收卤素和硫的化合物；⑤干燥剂，用于吸收生成的水；⑥碱石棉，用于吸收产生的 CO_2；⑦装有干燥剂和碱石棉的保护管，防止大气中的水及二氧化碳进入测试体系。

3. 干法灰化技术

干法灰化是最传统的处理有机和生物样品的方法。在一定温度下，将有机成分燃烧掉，分析残渣中无机组分各元素的含量。干法灰化是将样品置于坩埚中（石英或陶瓷等），在常压下灰化，用坩埚盖防止灰分溢出损失。大气中的氧气作为氧化剂，无机残渣中包括金属氧化物、非挥发性硫酸盐、磷酸盐、硅酸盐等。这个方法的主要问题是控制灰化温度，温度高会导致挥发性产物的损失，温度低会导致灰化不完全。灰化过程通常在马弗炉中进行，温度通常控制在 500～550℃，以使有机或生物基体灰化完全，又不致使挥发性无机组分损失。由于干法灰化中挥发性组分的损失，该法只适用于金属元素的测定，干法灰化除 C、H、N 外，某些非金属元素包括部分金属元素也会部分损失，如卤素、S、Se、P、As、Sb、Ce、Tl、Hg。

有时样品中的基体元素会导致某些组分转化成挥发性物质，如共存的氯离子导致形成挥发性的氯化物而损失，样品中的 Pb 形成 $PbCl_2$ 而损失。另一个导致误差的因素是坩埚内壁与样品中的某些物质反应而黏附于坩埚内壁上，尤其是熔融技术，如果出现这种情形，可以考虑采用铂坩埚处理试样。尽管存在一定问题，但干法灰化技术由于简单且不使用试剂，避免了对分析试样的污染。对干法灰化技术的一个改进就是采用一些辅助试剂，使样品中容易产生的挥发性物质固定下来，或阻止试样组分与坩埚材料发生反应。如加入硫酸使样品中的测定元素形成非挥发性的硫酸盐，减少金属元素的挥发损失；加入硝酸和碱金属硝酸盐，作为氧化剂也作为碱金属氧化物的分解试剂；加入碱金属氧化物、氢氧化物或碳酸盐，能够与某些非金属元素形成非挥发性的化合物而减少损失。

干法灰化所形成的残渣，依据组成和被分析元素的性质，采用不同的溶解试剂溶解。一般而言，用稀盐酸、浓酸、混酸及加入适当氧化剂的酸来溶解残渣，最后才考虑采用熔融技术处理残渣。总之，所得灰分应该完全溶解，如果确实证明即使灰分没完全溶解，但所分析元素能够完全转移至液相中，也尚可采用。

4. 低温灰化技术

燃烧管技术和干法灰化的缺点是挥发性物质的损失及分析组分与坩埚反应。如果采用低温灰化技术，就可以降低这两个不利因素带来的误差。在低压（5mm Hg，1mmHg＝133.322Pa）下让纯氧通过高频电场（射频或微波电场），氧分子会被激发变成激发态氧。该技术原理示意图如图 1-3 所示。1～4mmHg 的纯氧流经石英管，高频线圈绕在石英管外面，当 13.5MHz 的射频信号通过线圈时，使氧分子激发产生激发态氧。其中包括基态和激发态的原子氧、离子氧和分子氧。激发态氧大约有 1s 的存在时间，而后会回转成分子氧，但这种寿命只有 1s 的激发态氧具有非常高的活性。离开高频电场的激发态氧可以使在 200℃ 以上都难氧化的物质在低于 150℃ 时就可以充分氧化，当然，高频电场须距离样品较近，因为激发态氧的寿命只有 1s。低温灰化的优点在于降低了传统干法灰化中挥发组分的损失量，同时也减小了样品与容器间的反应程度。在传统干法灰化中损失严重的 As、Cd、Sb、Pb、B、Ge，用低温灰化处理技术几乎不会损失。但此法处理卤素、Hg、S 元素仍然会有所损失。低温灰化条件很温和，灰化后的样品仍然呈现原形状，这就意味着激发态氧不能进入样品的中心部位，除非在灰化过程中不断摇晃样品或周期性停止灰化而破坏残渣的形状。另一个缺点就是这个过程耗时，有的样品处理耗时可达几小时甚至几天。总之，低温灰化技术是一个比较有用的方法，所需设备可以

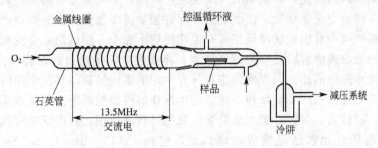

图 1-3 低温灰化技术原理示意图

购置。残渣的处理同前两种方法。

5. 氧瓶燃烧技术

灰化的主要问题是元素以挥发物形式的损失。氧瓶燃烧技术是一种采用简单的装置就可以将样品燃烧后生成的非挥发性组分和挥发性组分都定量地转移至吸收液中的样品处理技术。这种方法将有机和生物样品在纯氧环境中燃烧分解，将燃烧产物定量地吸收在适当的吸收液中，定容后用于分析测试。氧瓶由磨口瓶盖和燃烧瓶本体组成，瓶盖上固定一根铂丝，铂丝下端为一个盛装试样的铂篮。

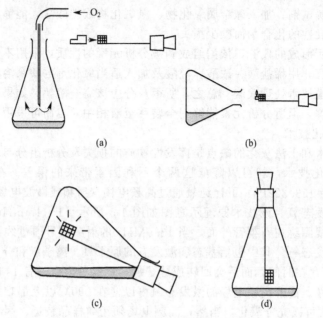

图 1-4 氧瓶燃烧法的操作示意图

氧瓶燃烧法操作过程如图 1-4 所示。称取一定量的试样，要确保试样在氧瓶中完全燃烧；将试样包在一块定量滤纸中（液体试样被置于特殊胶囊状样品管中）。将数毫升吸收液置于氧瓶中。通常测定金属元素采用稀酸作吸收剂，测定非金属元素用碱性吸收液吸收燃烧产物。用纯氧吹扫氧瓶，使瓶内充满纯氧。点燃铂篮中的滤纸，迅速将其置于氧瓶中，瓶盖密封并倒置燃烧瓶，吸收液使瓶口密封，滤纸与样品在纯氧中剧烈燃烧，氧瓶中的气压会相应增加，必须固定好瓶盖，以防内部吸收液溢出。样品完全燃烧后，让燃烧瓶冷却并摇动燃烧瓶使产生的燃烧产物被完全吸收，如果燃烧后有积炭状物质残留，说明燃烧不完全，测试结果会受到影响。当产物被完全吸收或溶解后，打开燃烧瓶盖，将吸收液定量洗出，定容后用于测定。氧瓶燃烧技术操作简便，但要求操作者具有一定的实践经验。从安全角度考虑，主要的危险是燃烧样品时发生爆炸，尽管发生爆炸的可能性很小。建议该操作在通风橱中进行，操作人员带护目镜和皮手套。氧瓶燃烧法应用比较广泛，有机试样及生物试样中的部分元素已经被成功地测定，包括 F、Cl、Br、I、S、Se、P、As、Ce、B、Hg、Cu、Co、Ni、Mn、Ti、Cd、Mg、Zn、Al、Ca、Ba、Fe、U。该法的局限性主要是燃烧不完全，如果确定燃烧不完全，必须调整试验条件，确保样品完全燃烧氧化，否则结果不可信。如果燃烧不完全，可以适当减小样品量或滤纸尺寸，或采用更大体积的样品及增加氧气的体积。

6. 湿法灰化技术

湿法灰化技术主要是将样品与过量的浓的氧化性矿物酸或混酸一起加热，如果酸的氧化能力足够，加热强度及时间充分，就会使样品完全氧化，各种元素就会以适于测量的简单无机物的形式存在于溶液中。湿法灰化常用的氧化性酸有 HNO_3、H_2SO_4、$HClO_4$，这几种酸可以单独使用，也可以按一定比例混合使用。这几种氧化性浓酸单独使用或混合使用是湿法灰化有机及生物试样常用的方法。对测定这类样品中的痕量金属元素极其有效。因为湿法灰化后，这些金属元素会以阳离子的形式留存于酸性介质中。湿法灰化也可以测定非金属元素中的 N、P、S。但卤素、Hg、As、Se、B 和 Sb 这些元素在湿法灰化过程中由于全部或部分挥发，造成这些元素的损失。湿法灰化过程通常是在凯氏烧瓶中进行的，凯氏烧瓶为长颈圆底烧瓶，用夹具固定在铁架台上，倾斜角度为 $45°$，将一定量的样品置于烧瓶中，依次加入对应的酸，小心加热，以防发生剧烈反应甚至爆炸。湿法灰化可以只用一种酸，也可以使用混酸，如果一种酸可以完全溶解样品，尽量不用其他的试剂，以尽量减少样品被污染的可能性。凯氏烧瓶的长颈可以作空气冷凝用，可以使溶解样品所用的酸在长颈内壁冷凝流回瓶底，减少酸挥发损失。在湿法灰化过程中，只要样品中所有固体物质消失，就可以认为湿法灰化已完成。但需要注意以下几种情形。

如果使用硝酸处理样品，会得到黄色澄清的含氮化合物的溶液，由于大多数测定方法会受到这些含氮化合物的干扰，因此要用 H_2SO_4 或 $HClO_4$ 这类高沸点酸加热驱除硝酸直至溶液黄色消失。生物样品中硅含量高的试样，处理后可能留下白色不溶的 SiO_2。

选择酸或混酸时，由于硝酸是三种氧化性酸（HNO_3、H_2SO_4、$HClO_4$）中性质最温和的一种，所以单独使用往往很难完全氧化这类试样。在样品处理过程中，很少单独使用 $HClO_4$，原因主要是在氧化有机质含量高的试样时，反应剧烈，甚至发生爆炸。建议使用 $HClO_4$ 与其他酸配合进行湿法灰化，不主张单独使用 $HClO_4$ 处理有机及生物试样，除非确切知道不会发生危险。

硫酸是湿法灰化时单独使用最有用的酸，尤其是在凯氏定氮实验中，硫酸是首选。

在湿法灰化过程中，混酸比较常用，但大部分还是采用依次加入的方式进行样品处理。如 HNO_3 和 H_2SO_4 用于处理试样时，先用 H_2SO_4 与试样一起加热直到有白烟出现，然后继续逐滴加入 HNO_3 直至完成样品的氧化处理。HNO_3 和 $HClO_4$ 配合使用处理试样时，先将 HNO_3 与试样混合后加热氧化，剩余未被氧化的物质再用 $HClO_4$ 进一步处理，待试液温度降下来后方可加入适量的 $HClO_4$，再继续加热处理余下的残渣。

湿法灰化环节应在通风橱中进行，实验过程中要做好防护措施，包括穿戴实验服、耐酸手套，戴上安全眼镜或防护面罩。对于经常使用 $HClO_4$ 的实验室，通风橱要用无机材料建造，防止挥发的 $HClO_4$ 日积月累导致意外发生。处理试样时，要拉下通风橱的防护屏。

在样品处理过程中，有时为提高酸的沸点需要加入适当的无机电解质，为加快反应速率，须加入一定量的催化剂。

7. 其他分解技术

有机及生物试样的一种处理方式是过氧化钠熔融，或用金属钠或钾还原萃取。将 $5\sim500$ mg 的试样及大约 200 倍试样体积的过氧化钠置于密闭的钢质耐压罐中，可适当加入辅助氧化剂，如 KNO_3、$KClO_3$、$KClO_4$ 等，有时也加入一些起稀释作用的试剂如 Na_2CO_3，有时为降低混合物熔点加入适量 NaOH，使熔融在较低温度下进行。有时为使样品易于引燃，需要加入不含测定元素的易燃有机物，如蔗糖、苯甲酸、萘酚和 1,2-二甲氧基乙烷。这种方法通常用于测定有机及生物试样中的卤素、磷、硫、砷和硼元素含量。用耐压罐处理试样用时短，产物易溶于水。过量的 Na_2O_2 转化成 NaOH，C、S、P 转变成碳酸根、硫酸根和磷酸根离子，F、Cl 转变成相应的阴离子，Br、I 分别转变成溴酸根和碘酸根离子。

此法缺点在于很难获得纯度高的 Na_2O_2，导致背景值偏高，大量的 NaOH 的存在有时会干扰后续的测定。

另一种方法是用金属钠或钾进行还原，将一些非金属元素转变成阴离子或络阴离子。

(二) 生物样品中有机物测定的样品处理技术

生物样品中有机物的提取最常用的方法为溶剂萃取或超临界流体萃取，详见后续各章节。

第二章

沉淀分离技术

第一节　沉淀分离技术概述

　　沉淀分离是一种经典的分离方法。这种分离方法耗费时间长，分离效果较差，在实际工作中若有其他分离方法可以代替，总是尽量避免采用。但是沉淀分离法也在不断地发展和完善，如通过改变沉淀条件、选择特效试剂和采用掩蔽等方法提高分离效率，也能得到满意结果，特别是在分析复杂物质时往往需要各种方法配合使用。

　　在具体的分析工作中是否采用沉淀分离主要决定于试样的性质、目标组分的含量，还应考虑加入的沉淀剂对以后测定的影响以及共沉淀现象是否严重等。

　　沉淀的形成过程可解释如下：当向试样溶液中加入沉淀剂，溶液中形成沉淀的组分的浓度达到一定数值时，溶液中的构晶离子首先聚集起来生成微小的晶核，晶核周围其余的构晶离子便在晶核上不断地析出，使晶核长大成为沉淀微粒。在这过程中由聚集速率和定向速率决定沉淀颗粒的结构和大小。聚集速率是指离子聚集成晶核的速率，定向速率是指形成沉淀的离子排列于晶格上的速率。

　　在溶液中形成沉淀时如果聚集速率远远大于定向速率，超过一定浓度的离子极迅速地聚集成许多微小的晶核，却来不及排列于晶格上，这时得到的将是无定形沉淀，或称为非晶形沉淀。如果聚集速率小而定向速率很大时，溶液中的离子较为缓慢地聚集成少数的晶核，有足够的时间在已生成的晶核上排列，晶核不断长大，此时得到的便是晶形沉淀。

　　聚集速率主要取决于溶液中沉淀物质的过饱和度，过饱和度越大，则聚集速率越大。沉淀物质的过饱和度由沉淀条件所决定。定向速率主要与物质的本质有关，极性较强的盐类，例如 $BaSO_4$、$MgNH_4PO_4$ 等，一般具有较大的定向速率，静电引力使离子按照一定的顺序排列，因此形成晶形沉淀；氢氧化物常常具有较小的定向速率，特别是氢氧根离子数目越多，离子定向越困难，因此氢氧化物沉淀一般是非晶形沉淀。如果改变沉淀条件，减小其饱和程度，Ca^{2+}、Mg^{2+}、Zn^{2+} 等二价离子的氢氧化物可能形成晶形沉淀，而 $Fe(OH)_3$ 以及 $Th(OH)_4$ 要获得晶形沉淀是很困难的。

　　晶形沉淀颗粒较大，易于过滤；由于其表面积较小，吸附杂质的机会较少，易于洗涤，沉淀也较纯净。非晶形沉淀由于聚集速率极大，原来水化离子所含的水分来不及脱掉，使生成的沉淀中含水很多，体积十分庞大疏松，过滤困难；而且因表面积很大，吸附杂质的机会较多，洗涤较困难，沉淀较不纯净。

介于上述两种沉淀之间的有凝乳状沉淀，例如 AgCl、AgI 等。三种沉淀之间的差别主要是颗粒大小不同，晶形沉淀颗粒最大，无定形沉淀颗粒最小，凝乳状沉淀的颗粒大小介于前两者之间。

制备晶形沉淀时，为了得到颗粒粗大的晶体，在沉淀开始时溶液中沉淀物质的过饱和程度不应该太大，沉淀应该在适当稀的溶液中进行，并且加入的沉淀剂也是稀溶液；在沉淀开始后，为了维持较小的过饱和度，沉淀剂应该在不断搅拌下缓慢地加入，而且沉淀应该在热溶液中进行；沉淀完毕后还应该经过陈化，陈化能使晶体更加纯净、晶粒更加完整粗大。

对于非晶形沉淀，为了得到结构较为紧密的沉淀，沉淀一般要求在较浓的热溶液中进行，要求迅速加入沉淀剂，这样可以减小水化程度；而且为了防止生成胶体溶液并促使沉淀凝聚，可以加入适量的电解质；沉淀形成后不必陈化。

为了进一步改善沉淀形成的条件，可以采用均相沉淀。均相沉淀不是把沉淀剂直接加入溶液中，而是通过在溶液中进行化学反应，使缓慢产生的沉淀剂均匀地分布在整个溶液中，这样可以获得结构紧密、颗粒粗大的沉淀。在沉淀过程中，溶液始终保持较小的相对过饱和度。当沉淀从溶液中析出时，有些杂质本身并不能单独形成沉淀，却能随同生成的沉淀一起析出，这种现象叫作共沉淀。例如用沉淀剂沉淀溶液中的 Ba^{2+}，如果溶液中有 Fe^{3+}，则所得到的 $BaSO_4$ 沉淀中常常夹杂有 $Fe_2(SO_4)_3$。共沉淀现象可以发生在沉淀表面，也可以发生在沉淀内部，前一种情况称为吸附共沉淀，后一种情况因为杂质包藏在沉淀内部，称为包藏共沉淀。

第二节　无机沉淀分离法

无机沉淀剂所形成的沉淀绝大部分是无定形的，共沉淀现象较严重，不易过滤和洗涤。这些缺点将会影响沉淀分离的效果。一些离子的氢氧化物、硫化物、硫酸盐、碳酸盐、草酸盐、磷酸盐、铬酸盐和卤化物等都具有较小的溶解度，借此可以进行沉淀分离。其中最常用的是氢氧化物、硫化物沉淀。

一、氢氧化物沉淀分离法

可以形成氢氧化物沉淀的离子种类很多，除碱金属与碱土金属离子外，大多数金属离子都能生成氢氧化物沉淀，氢氧化物沉淀的形成与溶液中的 [OH^-] 有直接关系。各种氢氧化物沉淀的溶度积有很大差别，因此可以通过控制酸度改变溶液中的 [OH^-] 使某些金属离子彼此分离。

理论上，知道金属离子浓度及其氢氧化物的溶度积，就可以计算出该金属氢氧化物开始沉淀及沉淀完全的 pH 值。

氢氧化物沉淀与溶液 pH 值的关系为：

通式：　　　　　　　　$M^{n+} + nOH^- \rightleftharpoons M(OH)_n \downarrow$

平衡时：　　　　　　　　$[M^{n+}][OH^-]^n = K_{SP}$

由此可计算沉淀开始及沉淀完全的理论酸度：

$$pH = -lg[H^+] = -lgK_W + \frac{1}{n}lgK_{SP} + lg[M^{n+}]$$

K_W 为水的活度积，其值为 1.0×10^{-14}。

$$pH = -lg[H^+] = 14 + \frac{1}{n}lgK_{SP} + lg[M^{n+}]$$

实际离子形成沉淀的酸度与理论计算酸度往往不同，原因是实际沉淀的实验条件与文献给出的溶度积测定条件不一致，如沉淀的物理性质、沉淀时溶液的背景和浓度。文献给出的数值是在单一离子的极稀溶液中测定出来的，实际情况要比其复杂得多。因此，要使沉淀能够生成或沉淀完全，必须使氢氧根的含量比理论值高。氢氧化物沉淀为非晶形沉淀，共沉淀现象严重，为减少共沉淀的产生，沉淀往往在热的浓溶液中进行。此时，离子的水合程度较低，生成的沉淀含水量小、结构紧密、吸附现象较少。

氢氧化物沉淀剂主要有 NaOH、NH$_4$OH、ZnO 悬浊液和有机碱等。它们的特点是：①NaOH 溶液可使两性的氢氧化物溶解而与其他氢氧化物沉淀分离；②氨水加铵盐组成的溶液的 pH 值为 8～10，使高价离子沉淀而与一价、二价的金属离子分离，另外 Ag$^+$、Cu^{2+}、Co^{2+}、Ni^{2+} 等离子因形成氨络离子而留于溶液中；③ZnO 悬浊液难溶碱，可在氢氧化物沉淀分离中用作沉淀剂；④六亚甲基四胺、吡啶、苯胺、苯肼等有机碱与其共轭酸组成缓冲溶液，可控制溶液的 pH 值，使某些金属离子生成氢氧化物沉淀，达到沉淀分离的目的。

1. NaOH 溶液

NaOH 是强碱，用它控制 pH 值≥12.0，它作为沉淀剂可以使两性元素与非两性元素得到分离。两性元素以含氧酸阴离子形态存在于溶液中，非两性元素则生成氢氧化物沉淀。两性金属离子与氢氧化钠反应，生成两性氢氧化物沉淀，能溶于过量氢氧化钠溶液而与其他氢氧化物沉淀分离。金属离子与氢氧化钠反应情况见表 2-1。

表 2-1　用 NaOH 溶液进行沉淀分离的情况

定量沉淀的离子	部分沉淀的离子	留于溶液中的离子
Mg^{2+}、Cu^{2+}、Ag$^+$、Au$^+$、Cd^{2+}、Hg^{2+}、Ti^{4+}、Zr^{4+}、Hf^{4+}、Th^{4+}、Bi^{3+}、Fe^{3+}、Co^{2+}、Ni^{2+}、Mn^{4+}、稀土元素离子等	Ca^{2+}、Sr^{2+}、Ba^{2+}、Nb(V)、Ta(V)	AlO$_2^-$、CrO$_2^-$、ZnO$_2^-$、PbO$_2^-$、SnO$_2^-$、GeO$_3^{2-}$、GaO$_2^-$、BeO$_2^-$、SiO$_3^{2-}$、WO$_4^{2-}$、MoO$_4^{2-}$、VO$_3^-$ 等

NaOH 溶液中往往含有微量 CO$_3^{2-}$，使部分 Ca^{2+}、Sr^{2+}、Ba^{2+} 形成碳酸盐沉淀。当 NaOH 浓度较大和 Ca^{2+} 含量较高时，将部分析出氢氧化钙沉淀。在进行 NaOH 沉淀分离时，根据需要，可在溶液中加入三乙醇胺、EDTA、H$_2$O$_2$、乙二胺等络合剂，以改善分离的效果。NaOH 严重腐蚀玻璃，沉淀应在塑料如聚四氟乙烯或铂器皿中进行。

2. 氨水-铵盐（NH$_3$-NH$_4$Cl 法）

氨水-铵盐（NH$_3$-NH$_4$Cl）缓冲体系能方便地调节 pH 值至中性、微酸性或中等碱性，将 pH 值控制在 9 左右，常用来沉淀不与 NH_3 形成络离子的许多种金属离子，也可使许多两性金属离子沉淀成氢氧化物沉淀。如在 pH 值为 8～10 的溶液中，可使高价离子沉淀而与一价、二价的金属离子分离，过渡金属离子如 Ag^+、Cu^{2+}、Co^{2+}、Ni^{2+} 等离子因形成氨络离子而留于溶液中，见表 2-2。

表 2-2 用氨水-铵盐进行沉淀分离的情况

定量沉淀的离子	部分沉淀的离子	留于溶液中的离子
Hg^{2+}、Be^{2+}、Fe^{3+}、Al^{3+}、Cr^{3+}、Bi^{3+}、Sb^{3+}、Sn^{4+}、Ti^{4+}、Zr^{4+}、Hf^{4+}、Th^{4+}、Ga^{3+}、In^{3+}、Tl^{3+}、Mn^{4+}、$Nb(V)$、$Ta(V)$、$U(VI)$、稀土元素离子	Mn^{2+}、Fe^{2+}、Pb^{2+}	$Ag(NH_3)^+$、$Cu(NH_3)_4^{2+}$、$Cd(NH_3)_4^{2+}$、$Co(NH_3)_6^{3+}$、$Ni(NH_3)_4^{2+}$、$Zn(NH_3)_4^{2+}$、Ca^{2+}、Sr^{2+}、Ba^{2+}、Mg^{2+} 等

在形成的氢氧化物沉淀中夹带的元素有 Mg、Ca、Sr、Ba、Mn、Co、Ni、Cu、Zn、Cd、Mo、W、Si、Ge、As、Se、贵金属元素。氨水沉淀分离法中常加入 NH_4Cl 等铵盐，其作用如下。

①控制溶液的 pH 值为 8～9，可防止生成 $Mg(OH)_2$ 等氢氧化物沉淀，能使 Ag^+、Cu^{2+}、Cd^{2+}、Co^{3+}、Ni^{2+}、Zn^{2+} 等金属离子与氨形成稳定络合物而留于溶液中。减少 $Al(OH)_3$、$Fe(OH)_3$、$TiO(OH)_2$ 的溶解，使之定量沉淀而与上述元素分离。

② 氨和铵盐低温就易挥发掉，氢氧化物灼烧成其氧化物，可称重测定。

③大量的 NH_4^+ 作为抗衡离子，减少了氢氧化物对其他金属离子的吸附。增大铵盐浓度时，由于溶液中 OH^- 浓度降低，$Fe(OH)_3$ 沉淀上首先吸附的 OH^- 量减少，同时，NH_4^+ 作为抗衡离子与共存离子相竞争的能力也增强，所以 Ni^{2+}、Zn^{2+}、Ca^{2+}、Mg^{2+} 四种离子的吸附量都随铵盐浓度的增大而逐渐减少。其中 Ni^{2+} 和 Zn^{2+} 因能形成氨络合物，吸附量比 Ca^{2+} 和 Mg^{2+} 减少得更多。当氨浓度增大时，$Fe(OH)_3$ 沉淀上首先吸附的 OH^- 量增多，所以 Ca^{2+} 和 Mg^{2+} 的吸附量增多，Ni^{2+}、Zn^{2+} 则因形成络合物更加稳定，吸附量反而下降。综上分析，欲沉淀分离 $Fe(OH)_3$，如果共存金属离子能形成络合物，则在铵盐和氨浓度都比较大时有利；如果金属离子不能形成络合物，则在铵盐浓度大而氨浓度小时有利。

④ 铵盐是一种电解质，大量铵盐的存在促进了胶体沉淀的凝聚，可获得含水量小、结构紧密的沉淀。

3. ZnO 悬浊液

利用微溶于水的金属氧化物（ZnO、HgO）和碳酸盐（$CaCO_3$、$BaCO_3$）来调节溶液的 pH 值范围，使某些金属离子生成氢氧化物沉淀而分离。在酸性溶液中加入 ZnO 悬浊液，ZnO 在水溶液中有下列平衡：

$$ZnO + H_2O \rightleftharpoons Zn(OH)_2 \rightleftharpoons Zn^{2+} + 2OH^-$$

根据溶度积原理：$[Zn^{2+}][OH^-]^2 = K_{SP} = 1.2 \times 10^{-17}$

例如，将大量的 ZnO 分别加入 0.02mol/L HCl 和 0.2mol/L HCl 溶液中，平衡后

$$[OH]_1 = \sqrt{\frac{K_{SP}}{[Zn^{2+}]}} = \sqrt{\frac{1.2 \times 10^{-17}}{0.01}} = 3.5 \times 10^{-8} (mol/L) \qquad pH_1 = 6.46$$

$$[OH]_2 = \sqrt{\frac{K_{SP}}{[Zn^{2+}]}} = \sqrt{\frac{1.2 \times 10^{-17}}{0.1}} = = 1.1 \times 10^{-8} (mol/L) \quad pH_2 = 5.96$$

当 ZnO 悬浊液加入酸性溶液中时，ZnO 与酸作用逐渐溶解，使溶液 pH 值升高，若 Zn^{2+} 浓度为 0.1mol/L，则 $pH \approx 6$。若 Zn^{2+} 浓度为 $1.00 \sim 0.01mol/L$，$pH = 5.5 \sim 6.5$，因此利用 ZnO 作沉淀剂，溶液 pH 值应控制在 6 左右。此法优点是溶液为微酸性，使氢氧化物沉淀首先吸附 H^+，减少对其他阳离子的吸附，而且使高价金属离子如 Fe^{3+}、Al^{3+}、Cr^{3+}、Th^{4+} 等沉淀完全，二价金属离子部分沉淀，如 Be^{2+}、Cu^{2+}、Hg^{2+}、Pb^{2+} 等离子。留在溶液中的离子有 Ni^{2+}、Co^{2+}、Mn^{2+}、Mg^{2+}、Ca^{2+}、Sr^{2+} 等。除 ZnO 悬浊液外，其他如碳酸镁、碳酸钙及氧化镁等的悬浊液也有同样的作用，但所控制的 pH 值范围各不相同。

4. 有机碱

六亚甲基四胺、吡啶、苯胺、苯肼等有机碱与其共轭酸组成缓冲溶液，可控制溶液的 pH 值，使某些金属离子生成氢氧化物沉淀，达到沉淀分离的目的。如 $(CH_2)_6N_4$-$(CH_2)_6N_4H^+$ 缓冲溶液 $pH = 5 \sim 6$，在此条件下可沉淀 Al^{3+}、Fe^{3+}、$Ti(Ⅳ)$、$Th(Ⅳ)$ 等离子，留在溶液中的离子为 Mn^{2+}、Co^{2+}、Ni^{2+}、Cu^{2+}、Zn^{2+}、Cd^{2+} 等。

一般氢氧化物沉淀为胶体沉淀，共沉淀比较严重，所以分离效果不理想。在利用氢氧化物沉淀进行分离时，既要设法提高选择性，又要考虑共沉淀问题，以下几种方法可提高分离效果。

① 控制 pH 值并选择合适的沉淀剂。例如使 Al^{3+}、Fe^{3+} 与 Cu^{2+}、Co^{2+}、Ni^{2+}、Cd^{2+}、Zn^{2+}、Mn^{2+} 分离，如用过量氨水，虽然 Cu^{2+}、Ni^{2+}、Cd^{2+}、Zn^{2+} 不沉淀，但往往有共沉淀。若用六亚甲基四胺，可控制溶液的 pH 值在 $5.5 \sim 6$，溶液 pH 值较低，Cu^{2+} 等离子不生成氢氧化物，不但可以分离，而且没有共沉淀问题。

② 利用均相沉淀法或在较热、浓溶液中沉淀并且用热溶液洗涤来消除共沉淀。

③ 利用小体积沉淀法减少或消除共沉淀。"小体积沉淀法"是在小体积、大浓度且有大量对测定没有干扰的盐存在下进行沉淀。大量无干扰作用的盐类存在，一方面降低离子的水合程度，这样形成的沉淀含水量小、结构紧密，同时减少沉淀对其他组分的吸附，提高分离效果。如在大量 NaCl 存在下，NaOH 可以分离 Al^{3+} 与 Fe^{3+} 两种离子。此时，将试液蒸发至 $2 \sim 3mL$ 后加入固体氯化钠约 5g，搅拌成砂糖状，再加浓 NaOH 溶液进行小体积沉淀，最后加入适量热水稀释后过滤。用氨水沉淀也可用小体积沉淀法（加入大量 NH_4Cl），可用于 Cu^{2+}、Co^{2+}、Ni^{2+} 等与 Al^{3+}、Fe^{3+}、$Ti(Ⅳ)$ 的分离。

小体积沉淀方法是先将试液蒸发近干，加入固体 NaCl，搅拌，然后加入浓 NaOH 溶液，搅拌使沉淀形成，最后用适量热水稀释后过滤。如果要使金属和过渡金属中的二价离子形成配氨离子留在溶液中，可用 NH_4Cl 和浓氨水。沉淀三价离子，操作相同。

④ 加入掩蔽剂提高分离选择性。如有 EDTA 存在，加入过量 NaOH 只有 Fe^{3+}、Mg^{2+} 仍能沉淀；有 EDTA 存在，加入过量氨水，只有 Be^{2+}、$Ti(Ⅳ)$、

$Nb(\text{IV})$、$Ta(\text{IV})$、$Sn(\text{IV})$、$Sb(\text{III})$、$Sb(\text{V})$ 仍能析出沉淀；加入过量六亚甲基四胺，其他有机碱如吡啶、苯胺、苯肼等，有 Cr^{3+}、$Sb(\text{III})$、$Sb(\text{V})$ 析出沉淀。向含有 Cu^{2+}、Cd^{2+} 的溶液中通入 H_2S，都会生成硫化物沉淀；若在通 H_2S 前加入 KCN，Cu^{2+} 与 CN^- 形成稳定的 $Cu(CN)_4^{2-}$ 配合物而不生成硫化物沉淀，Cd^{2+} 虽然也生成配合物 $Cd(CN)_4^{2-}$，但稳定性差，仍然生成 CdS 沉淀。

⑤ 利用氧化还原反应改变离子存在状态。在有 Fe^{3+} 和 Cr^{3+} 的溶液中，如果直接加入 NaOH，两离子均产生氢氧化物沉淀，如果存在 H_2O_2，则只有 Fe^{3+} 生成 $Fe(OH)_3$ 沉淀，Cr^{3+} 被氧化成 CrO_4^{2-} 而留在溶液中。

二、硫化物沉淀分离法

硫化物沉淀分离法是指生成硫化物进行沉淀分离的方法。硫化物沉淀法与氢氧化物沉淀法相似，不少金属硫化物的溶度积相差很大，可以通过控制溶液的酸度来控制硫离子浓度，从而使金属离子彼此分离。

能形成难溶硫化物沉淀的金属离子有 40 余种，除碱金属和碱土金属的硫化物能溶于水外，重金属离子分别在不同的酸度下形成硫化物沉淀。硫化氢是常用的沉淀剂，在进行分离时大多用缓冲溶液控制酸度。例如，向一氯乙酸缓冲溶液（pH $\approx$2）中通入 H_2S，则使 Zn^{2+} 沉淀为 ZnS 而与 Mn^{2+}、Co^{2+}、Ni^{2+}、Fe^{2+} 分离；向六亚甲基四胺缓冲溶液（pH＝5～6）通入 H_2S，则 ZnS、CoS、NiS、FeS 等会定量沉淀而与 Mn^{2+} 分离。其他有 Na_2S、$(NH_4)_2S$ 和 CH_3CSNH_2。各种沉淀剂沉淀的离子见表 2-3。

表 2-3 硫化物沉淀剂沉淀的离子

沉淀剂	沉淀介质	沉淀的离子
H_2S	稀 HCl 介质（0.2～0.5mol/L）	Ag^+、Pb^{2+}、Cu^{2+}、Cd^{2+}、Hg^{2+}、Bi^{3+}、$As(\text{III})$、$Sn(\text{IV})$、Sn^{2+}、$Sb(\text{III})$、$Sb(\text{V})$
Na_2S	碱性介质（pH＞9）	Ag^+、Pb^{2+}、Cu^{2+}、Cd^{2+}、Bi^{3+}、Fe^{3+}、Fe^{2+}、Co^{2+}、Zn^{2+}、Ni^{2+}、Mn^{2+}、Sn^{2+}
$(NH_4)_2S$	氨性介质	Ag^+、Pb^{2+}、Cu^{2+}、Cd^{2+}、Hg^{2+}、Bi^{3+}、Fe^{3+}、Fe^{2+}、Co^{2+}、Zn^{2+}、Ni^{2+}、Mn^{2+}、Sn^{2+}

H_2S 是二元弱酸，溶液中的 $[S^{2-}]$ 与溶液的酸度有关，随着 $[H^+]$ 的增加，$[S^{2-}]$ 迅速降低。因此，控制溶液的 pH 值即可控制 $[S^{2-}]$，使不同溶解度的硫化物得以分离。

硫化物沉淀分离的选择性不高，沉淀大多是胶体，共沉淀现象比较严重，而且还存在继续沉淀现象，故分离效果不理想，但利用其分离某些重金属离子还是有效的。由于 H_2S 是有毒气体，为了避免使用 H_2S 带来的污染，可以采用硫代乙酰胺在酸性或碱性溶液中水解产生 H_2S 或 S^{2-} 进行均相沉淀，即通过在不同 pH 值介质中加热分解硫代乙酰胺达到选择沉淀不同硫化物的目的。该法在金属离子的定性鉴定和重金属离子的分离上是非常有效的。

在酸性溶液中的反应：$CH_3CSNH_2 + 2H_2O + H^+ \Longrightarrow CH_3COOH + H_2S + NH_4^+$；

在碱性溶液中的反应：$CH_3CSNH_2 + 3OH^- \Longrightarrow CH_3COO^- + S^{2-} + NH_3 + H_2O$。

三、其他沉淀分离法

其他沉淀剂有 H_2SO_4、H_3PO_4、HF 或 NH_4F、HCl。

① 沉淀为硫酸盐。使 Ca^{2+}、Sr^{2+}、Ba^{2+}、Ra^{2+}、Pb^{2+} 形成硫酸盐沉淀，可与其他金属离子分离。其中 $CaSO_4$ 的溶解度较大，宜加入适量乙醇以降低其溶解度。$PbSO_4$ 可溶于 NH_4Ac，据此可使 Pb^{2+} 与其他的微溶性硫酸盐分离。

② 沉淀为氟化物。HF 或 NH_4F 用于 Ca^{2+}、Sr^{2+}、Mg^{2+}、Th^{4+}、稀土元素离子与其他金属离子分离。

③ 沉淀为磷酸盐。利用 $Zr(IV)$、$Hf(IV)$、$Th(IV)$、Bi^{3+} 等金属离子能生成磷酸盐沉淀而与其他离子分离。在强酸性溶液中能沉淀的有 $Zr(IV)$ 和 $Hf(IV)$。加 H_2O_2 可防止 $Ti(IV)$ 的沉淀。$Nb(V)$、$Ta(V)$、Th^{4+}、Sn^{4+}、Bi^{3+} 有干扰。在 HNO_3（1∶75）溶液中，$BiPO_4$ 沉淀完全，可用于测定 Bi^{3+} 或 PO_4^{3-}。

④ 冰晶石法分离 Al^{3+}。在 pH≈4.5 的溶液中，Al^{3+} 与 NaF 能生成 Na_3AlF_6 沉淀，利用这一性质可使 Al^{3+} 与 Fe^{3+}、Cr^{3+}、Ni^{2+}、$V(V)$、$Mo(VI)$ 等分离。其他常见沉淀分离示例见表 2-4。

表 2-4　常用无机沉淀剂及能沉淀的离子

沉淀剂	沉淀时介质	能沉淀的离子
稀 HCl	稀 HNO_3	Ag^+、Hg_2^{2+}、Tl^+、Pb^{2+}（$PbCl_2$ 溶解度较大）
稀 H_2SO_4	稀 HNO_3	Pb^{2+}、Ba^{2+}、Sr^{2+}、Ca^{2+}（Ca^{2+} 浓度大时才沉淀）
NH_4F	弱酸介质	Th^{4+}、稀土元素离子、Ca^{2+}、Sr^{2+}
NaH_2PO_4 或 Na_2HPO_4	酸性介质	$Zr(IV)$、$Hf(IV)$、Bi^{3+}
	弱酸性介质	Fe^{3+}、Al^{3+}、Cr^{3+}
	氨性介质	Cu 等过渡金属及碱土金属离子
H_2S	稀 HCl 介质（0.2～0.5mol/L）	Ag^+、Pb^{2+}、Cu^{2+}、Hg^{2+}、Cd^{2+}、Bi^{3+}、As(III)、Sb(III)、Sb(V)、Sn(II)、Sb(IV)
Na_2S	碱性介质（pH＞9）	Ag^+、Pb^{2+}、Cu^{2+}、Cd^{2+}、Bi^{3+}、Fe^{3+}、Fe^{2+}、Co^{2+}、Ni^{2+}、Zn^{2+}、Mn^{2+}、Sn(II)
$(NH_4)_2S$	氨性介质	Ag^+、Pb^{2+}、Cu^{2+}、Cd^{2+}、Hg^{2+}、Bi^{3+}、Fe^{3+}、Fe^{2+}、Co^{2+}、Ni^{2+}、Zn^{2+}、Mn^{2+}、Sn(II)
NaOH 过量	pH≈14	Mg^{2+}、Fe^{3+}、稀土元素离子、Th(IV)、Zr(IV)、Hf(IV)、Cu^{2+}、Cd^{2+}、Ag^+、Hg^{2+}、Bi^{3+}、Co^{2+}、Ni^{2+}、Mn^{2+}
$NH_3 \cdot H_2O$ 过量	有 NH_4Cl 存在，pH=9～10	Be^{2+}、Al^{3+}、Fe^{3+}、Cr^{3+}、稀土元素离子、Ti(IV)、Zr(IV)、Hf(IV)、Th^{4+}、Nb(V)、Ta(V)、Sn(IV)、Sn(II)、Mg^{2+}、Pb^{2+}；部分沉淀:Fe^{2+}、Mn^{2+}
六亚甲基四胺	$(CH_2)_6N_4 + 6H_2O =$ $4NH_3 + 6HCHO$，pH=5～6	Al^{3+}、Fe^{3+}、Cr^{3+}、Bi^{3+}、Ti(IV)、Zr(IV)、Th^{4+}、Sn(IV)、Sn(II)、Sb(V)、Sb(III)
ZnO 悬浊液法	在酸性溶液中加 ZnO 悬浊液，pH 值约为 6	通过控制 pH 值使金属离子分离（微溶碳酸盐或氧化物:MgO、$BaCO_3$、$CaCO_3$、$PbCO_3$ 等）

第三节　有机沉淀分离法

在水溶液中，有机沉淀剂以某种方式与目标组分作用，形成稳定的疏水性物质而形成沉淀，从而与原水相中的其他组分相分离。这就是有机沉淀分离的特点。有机沉淀虽然难溶于水，但当它遇到极性小或非极性有剂溶剂时，便溶于有机溶剂，因此有机沉淀分离常与溶剂萃取密切相关。大多数有机沉淀的溶解度较无机沉淀小得多，易于过滤洗涤，因此有机沉淀更彻底。有机沉淀的结构决定了它吸附性小，很少产生共沉淀现象，具有高选择性与高灵敏度的特点，生成的沉淀纯净，而且灼烧时有机沉淀剂易除去，所以，有机沉淀剂在沉淀分离法中的应用日益广泛，有机沉淀剂的研究和应用是沉淀分离法的发展方向。根据形成沉淀的反应机理的不同，一般可将有机沉淀剂分为螯合物沉淀剂、离子缔合物沉淀剂和三元配合物沉淀剂。

一、生成螯合物的沉淀分离体系

能够与金属离子生成螯合物的沉淀剂，分子结构具有共性。螯合剂绝大部分是 HL 型或 H_2L 型的有机弱酸，它们至少有一个以上的酸性基团和一个以上的碱性基团，同时分子内还应具有疏水基团。在水溶液中，当金属离子遇到螯合剂时，1mol 的金属离子往往与几摩尔的螯合剂相互作用形成难溶于水的螯合物。如镍离子与丁二酮肟的反应，生成鲜红色的丁二酮肟镍沉淀。

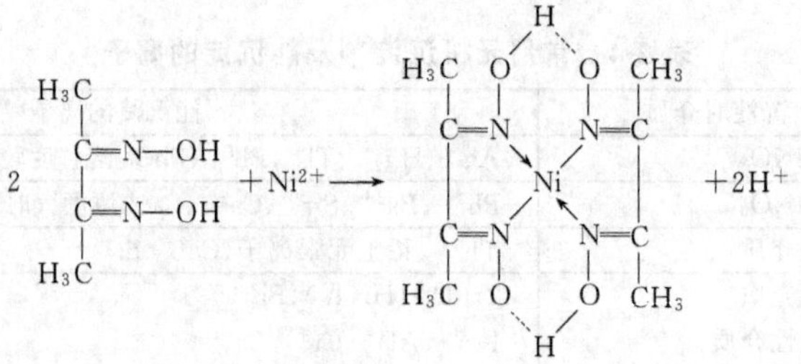

可见丁二酮肟镍是由两个丁二酮肟分子与一个镍离子相结合，每个丁二酮肟分子均有两个氮原子分别与镍形成金属离子键和配位键，每个分子中的羟基与另一个分子中的羟基形成了分子内氢键，使分子结构的极性降低。这样的结构使原来的离子态的镍被有机官能团的极性基团所包围，有机分子中的疏水基团甲基裸露在整个螯合物的外面，使它具有很好的疏水性，从而不溶于水而沉淀。

再如金属锆离子与苯胂酸的反应，其反应如下：

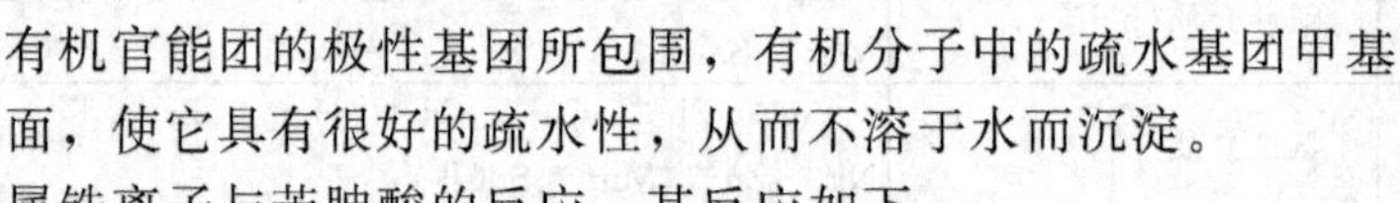

在苯胂酸的分子结构中，同样含有酸性基团和能提供配位键的氧，当在水溶液中与金属锆离子相遇时，两个苯胂酸分子与一个锆离子结合。苯胂酸中的羟基上的氢电离后，氧原子与其以金属键结合，具有孤对电子的氧原子提供配位键，从而将锆原子包围在中间，疏水的苯环裸露在整个螯合物的外面，使其具有很好的疏水性，从而不溶于水而沉淀。沉淀过程就是将金属离子由原来的离子态转变成难溶于水的螯合物，从而达到分离的目的，这就是螯合物的沉淀分离的基本原理。

许多有机化合物具有上述有机试剂的特征结构。如 8-羟基喹啉、苯亚硝基羟胺的铵盐（铜铁灵）、二乙基胺二硫代甲酸钠（DDTC）、苯并三唑等。它们本身的结构及与金属离子形成的螯合物结构如下。

8-羟基喹啉及与金属离子形成的螯合物的结构：

铜铁灵及与金属离子形成的螯合物的结构：

如果苯环被萘环取代，其疏水性更好，这样的试剂被称作新铜铁灵试剂。

DDTC及与金属离子形成的螯合物的结构：

α-亚硝基-β-萘酚及与金属离子形成的螯合物的结构：

由此可见，有机螯合剂分子具有共性，当与金属离子反应时，分子中的酸性基团（如—COOH、—OH、—SO$_3$H、—SH 等）电离，与金属离子形成金属键，碱性基团（如—NH$_2$、—NH、—N—、—C=S、—C=O 等）中带孤对电子的原子以配位键的形式与金属离子结合，将金属离子固定在中间，螯合剂分子中的疏水基团裸露在整个分子的外面，使整个分子的疏水性增强，金属离子从原来的离子态转变成难溶于水的螯合物。在有机沉淀分离中，螯合物型的沉淀剂种类最多，如8-羟基喹啉及其衍生物、丁二酮肟、铜铁灵、新铜铁灵、铜试剂、苯肟酸及其衍生物、芳香族氨基酸、苯异三唑等。有机分子结构一旦发生变化，它的性质就有可能发生改变，如8-羟基喹啉可与 Al^{3+}、Zn^{2+} 生成沉淀，但若在8-羟基喹啉的2位或8位引入甲基或三氟甲基，由于引入基团的空间位阻效应，其无法与铝离子形成沉淀，但仍可以与锌离子形成沉淀，从而使锌与铝分离。

一些常见有机螯合物沉淀剂及沉淀的金属离子见表 2-5。

表 2-5 常见有机螯合物沉淀剂及沉淀的金属离子

沉淀剂	沉淀的离子
铜试剂(二乙基胺二硫代甲酸钠,简称 DDTC)	Ag$^+$,Pb^{2+},Cu^{2+},Cd^{2+},Bi^{3+},Fe^{3+},Co^{2+},Ni^{2+},Zn^{2+},Sn(IV),Sb(III),Tl(III)
	Ag$^+$,Pb^{2+},Cu^{2+},Cd^{2+},Bi^{3+},Sb(III),Tl(III)
铜铁试剂(N-亚硝基苯胺铵盐)	Cu^{2+},Fe^{3+},Ti(IV),Nb(IV),Ta(IV),Ce^{4+},Sn(IV),Zr(IV),V(V)
丁二酮肟	氨性溶液中,与 Ni^{2+},Bi^{3+},Pt^{2+},Pd^{2+} 形成沉淀,与 Fe^{2+},Co^{2+},Cu^{2+} 形成可溶性螯合物

沉淀剂	沉淀的离子
8-羟基喹啉	与大多数离子形成沉淀,但每种离子开始沉淀和沉淀完全的 pH 值不同
苯胂酸及其衍生物	与 Zr^{3+}、Hf^{4+}、Th^{4+}、Sn^{4+} 形成沉淀
苯并三唑	Ag^+、Cd^{2+}、Co^{2+}、Cu^{2+}、Fe^{2+}、Ni^{2+}、Zn^{2+},对 Ag^+ 具有高选择性
邻氨基苯甲酸	Cu^{2+}、Zn^{2+}、Cd^{2+}、Co^{2+}、Ni^{2+}、Ag^+、Mn^{2+}、Hg^{2+}、Pb^{2+}、Fe^{3+}

二、生成缔合物的沉淀分离体系

有些分子量较大的有机试剂,在水溶液中以阳离子或阴离子形式存在,它们与带相反电荷的离子反应后可能生成微溶的电中性离子缔合物沉淀(或称为正盐沉淀)。

例如氯化四苯砷 $(C_6H_5)_4AsCl$ 在水溶液中以 $(C_6H_5)_4As^+$ 及 Cl^- 形式存在,能与某些含氧酸根(如 MnO_4^-)或金属配阴离子(如 $HgCl_4^{2-}$)反应生成离子缔合物沉淀,反应式如下。

$$(C_6H_5)_4AsCl \Longrightarrow (C_6H_5)_4As^+ + Cl^-$$

$$(C_6H_5)_4As^+ + MnO_4^- \Longrightarrow (C_6H_5)_4As \cdot MnO_4 \downarrow$$

$$2(C_6H_5)_4As^+ + HgCl_4^{2-} \Longrightarrow [(C_6H_5)_4As]_2 \cdot HgCl_4 \downarrow$$

沉淀剂与离子生成的沉淀的溶解度与试剂中所含的疏水基团和亲水基团有关。亲水基团多,在水中的溶解度大;疏水基团多,在水中的溶解度小。四苯基硼化物易溶于水并解离成阴离子,与 K^+、NH_4^+、Rb^+、Cs^+、Tl^+、Ag^+ 等生成离子缔合物沉淀,与钾离子形成组成恒定的白色沉淀,反应为:

$$NaB(C_6H_5)_4 \longrightarrow B(C_6H_5)_4^-$$

$$B(C_6H_5)_4^- + K^+ \longrightarrow KB(C_6H_5)_4 \downarrow$$

$KB(C_6H_5)_4$ 溶度积很小 (2.25×10^{-8}),烘干后可直接称重,所以 $NaB(C_6H_5)_4$ 是测定 K^+ 的较好的沉淀剂。

有机沉淀剂能与哪种金属离子 (M^{n+}) 形成沉淀,取决于有机分子中的官能团,如含有—SH 的有机沉淀剂可能易与形成硫化物沉淀的金属离子形成沉淀,含有—OH 的有机沉淀剂可能易与形成 $M(OH)_n$ 沉淀的金属离子形成沉淀,含有 N 或—NH₂ 的有机沉淀剂可能易与 M^{n+} 形成螯合物沉淀。

三、生成三元配合物的沉淀分离体系

金属离子与两种官能团所形成的络合物称为三元络合物。

三元络合物的特点是灵敏度高,选择性好,水溶性小,而且生成的沉淀组成稳定,摩尔质量大。能形成三元络合物沉淀的有机沉淀剂较少,例如,吡啶在 SCN^- 存在下,可与 Ca^{2+}、Co^{2+}、Mn^{2+}、Cd^{2+}、Zn^{2+}、Ni^{2+} 等离子形成三元络合物沉淀 $[M(C_6H_5N)_2CN_2]$;又如,在 Cl^- 存在下,1,10-邻二氮杂菲与 Pd^{2+} 形成三元络合物沉淀。近年来,三元络合物的应用发展较快,不仅应用于沉淀分离,更多地应用于萃取分离以及分光光度分析等。

综上所述,有机沉淀剂与无机沉淀剂相比有如下优点。

① 试剂种类多，性质各不相同，根据不同的分析要求，选择不同试剂，可大大提高沉淀的选择性，应用范围广。

② 沉淀的溶解度一般很小，有利于被测物质沉淀完全，有机沉淀剂摩尔质量大，可减少称量误差。

③ 选择性好，干扰组分少，沉淀对无机杂质吸附能力小，一般沉淀不必灼烧，只须低温烘干即可，易于获得纯净的沉淀。

④ 有机沉淀物组成恒定，经烘干就可称重，既简化了质量分析的操作，缩短分析时间，又可以得到摩尔质量大的称量形式，有利于提高分析的准确度。

沉淀分离法主要用于试样中待测组分是常量组分的分离，如待测组分是微量或痕量组分，要使微量组分与常量干扰组分分离，有两种处理方法：一是用沉淀法除去常量组分（干扰组分或基体元素）；另一是用共沉淀法将微量组分富集。

第四节　均相沉淀及共沉淀分离法

一、均相沉淀分离法

在一般沉淀法中沉淀剂是从外部加入试液中的，此时尽管沉淀剂是在不断搅拌下缓慢加入的，但沉淀剂在溶液中的局部过浓现象仍难避免。为了避免局部过浓现象，在分离中经常使用均相沉淀分离法。

（一）均相沉淀的原理

均相沉淀法是使溶液中的构晶离子缓慢均匀地释放出来，使相对过饱和度维持在最低状态，即沉淀剂在加热的情况下缓慢水解产生构晶离子，在溶液中均匀地发生沉淀反应，再将沉淀进行热分解即得超细氧化物粉体。均匀沉淀法的优点是克服了直接沉淀法存在的反应物混合不均匀、反应速率不易控制等缺点，所得粒子粒径分布较窄，分散性好，有效地避免局部过浓现象，得到纯净的大颗粒的沉淀。通过缓慢的化学反应过程，在溶液内部逐步、均匀地产生沉淀剂，使整个沉淀反应过程中的构晶离子浓度保持在最低程度，获得颗粒较大、结构紧密、纯净、易于过滤的晶形沉淀。

正如概述部分叙及，要获得良好的沉淀，必须控制晶核的聚集速率，增加离子在晶核上的定向速率，只有这样才能获得较大、质地致密的晶形沉淀。定向速率主要由沉淀物质的本性决定，晶核形成的多少和聚集速率的大小则取决于溶液中沉淀物质开始沉淀瞬间的相对过饱和度，即 $(Q-S)/S$。其中，Q 为加入沉淀剂瞬间生成沉淀物质的浓度；S 为沉淀的溶解度。对任何一种沉淀来说，只有当相对过饱和度超过一定数值时晶核才能开始形成，这种刚开始形成晶核的相对过饱和度称为临界过饱和度。在整个溶液中，沉淀从开始到结束全过程中，沉淀物质的相对过饱和度都均匀地保持在刚超过临界过饱和度的程度，则形成的晶核较少，聚集速度也较小，晶核在逐渐长大的过程中，来得及定向排列而形成粗大完整的晶形沉淀。均相沉淀就是根据这个原理进行的。

利用均相沉淀法，甚至可以得到具有晶形性质的无定形沉淀。如果在含有镍离子的溶液中通过化学反应生成丁二酮肟，保持丁二酮肟的浓度均匀增加，便会使形成的丁二酮肟镍的沉淀颗粒增大，其质地均匀致密。这样的沉淀不但共沉淀的杂质较少、纯度较高，且不必陈化，也较容易过滤和洗涤。图 2-1 是一般沉淀法和均相沉淀法获得的丁二酮肟镍沉淀的电子显微照片。

既然均相沉淀的效果如此之好，通过何种途径才能获得均相沉淀呢？下面对可能产生均相沉淀的沉淀途径加以介绍。

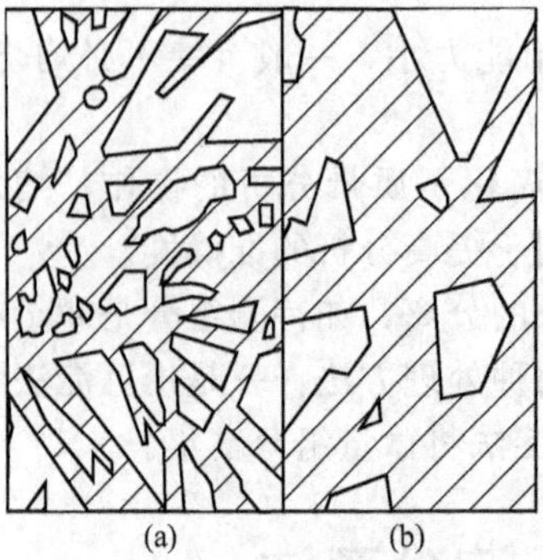

图 2-1　丁二酮肟镍沉淀
的电子显微照片
(a) 一般沉淀法；(b) 均相沉淀法

（二）均相沉淀法的沉淀途径

通常有四种产生均相沉淀的途径：改变溶液的酸度，沉淀逐渐产生；通过化学反应生成沉淀剂，使沉淀产生；逐渐驱除挥发性溶剂，使沉淀剂浓度逐渐增加而产生沉淀；破坏可溶性络合物，置换出能产生沉淀的物质，使沉淀产生。

1. 控制溶液 pH 值的均匀沉淀法

有些沉淀剂其浓度受溶液的酸度控制，如草酸溶液中的草酸根浓度，当通过化学反应改变溶液的酸度时，沉淀剂的浓度便逐渐增大，直至形成沉淀，只要改变酸度的化学反应是均匀的，沉淀便会在均相条件下进行。改变酸度的反应主要是尿素加热时的分解和酯类水解。尿素加热后会发生如下分解反应：

$$(NH_2)_2CO + H_2O \xrightarrow{90 \sim 100 \text{℃}} 2NH_3 + CO_2 \uparrow$$

反应速率受温度控制，温度升高，反应速率加快，温度降低，反应速率下降，当温度降至室温时，上述反应便会停止。可以通过控制温度的方法控制溶液酸度改变的速率，从而改变产生沉淀剂的速率。

如在沉淀酸性溶液中的 Ca^{2+} 时，可在溶液中加入草酸和尿素，此时草酸根的浓度很低，不会形成草酸钙沉淀。当加热溶液，随着尿素逐渐水解，溶液的 pH 值逐渐上升，草酸逐渐被中和，草酸根浓度逐渐增大，当达到草酸钙沉淀形成所要求的最低浓度时，沉淀开始形成。控制溶液的温度，就等于控制草酸根的浓度，就控制了草酸钙晶核的聚集速率，使定向速率增大，获得大颗粒的致密晶形沉淀。

又如在 Bi^{3+}、Pb^{2+} 混合溶液中，采用常规的沉淀方式无法得到满意的沉淀，如果加入甲酸和尿素，加热溶液改变酸度，使甲酸根的含量逐渐升高，形成的碱式草酸铋沉淀致密、易于过滤和洗涤。Pb^{2+} 仍然留在溶液中而得以分离。再如借助于 β-羟乙基乙酸酯水解生成的乙酸，缓慢降低 pH 值，可以使 $[Ag(NH_3)_2]Cl$ 分解，生成大颗粒的氯化银晶体沉淀。

酯类或其他化合物水解产生所需的沉淀离子所用的试剂种类很多，控制释出的离子有 PO_4^{3-}、SO_4^{2-}、$C_2O_4^{2-}$、S^{2-}、CO_3^{2-}、Cl^- 等，以及 8-羟基喹啉、N-苯甲酰苯胺等有机沉淀剂。所得的沉淀绝大部分属于晶态沉淀，只要控制好反应的速率，常能得到晶形良好的大颗粒晶体，从而减少共沉淀现象，取得好的分离效果。

2. 通过反应直接产生沉淀剂

合成螯合沉淀剂法除了让一种试剂分解产生所需的沉淀离子外，也可在溶液中让构造简单的试剂合成为结构复杂的螯合（见螯合作用）沉淀剂，以进行均相沉淀，即在能生成沉淀的介质条件下，直接合成有机试剂，使它边合成，边沉淀。例如，借助于亚硝酸钠与 β-萘酚反应合成 α-亚硝基-β-萘酚，可均相沉淀钴、锆；借助于丁二酮与羟胺合成丁二酮肟，可均相沉淀镍和钯；用苯胺与亚硝酸钠合成 N-亚硝基苯胺，可均相沉淀铜、铁、钛、锆等。氧化还原反应产生所需的沉淀离子，例如，用 ClO_4^- 氧化 I^- 生成 IO_3^-，使钍沉淀成为碘酸钍。在有 IO_3^- 的硝酸溶液中，用过硫酸铵或溴酸钠作氧化剂，把 $Ce(\text{III})$ 氧化为 $Ce(\text{IV})$，这样所得的碘酸高铈质地密实，便于过滤和洗涤，可使铈与其他稀土元素很好地分离，灼烧成氧化物后，适合做铈的定量分析。

3. 破坏或置换可溶性络合物，使目标离子游离形成沉淀

用加热办法也可以破坏某些络合物，或用一种能生成更稳定络合物的金属离子将目标离子从原来的络合物中置换出来，都可以进行均相沉淀。络合物分解法通常能获得良好的沉淀，但由于反应过程中破坏了络合剂，有时候沉淀分离的选择性会受到影响。利用过氧化氢氧化分解金属离子与乙二胺四乙酸（EDTA）形成的络离子，以释出金属离子进行均相沉淀。又如，测定合金钢中的钨时，用浓硝酸（必要时加些高氯酸）溶解试样后，加 H_2O_2、HNO_3，钨形成过氧钨酸保留在溶液中。在 $60\,℃$ 时加热 90min，过氧钨酸逐渐被破坏析出钨酸沉淀。用此法沉淀钨酸，回收率比所有的经典方法都好，在钨含量较少时，效果为突出。在硫酸钡沉淀分离过程中，可以利用镁的 EDTA 螯合物稳定常数（$10^{8.69}$）大于钡的稳定常数（$10^{7.76}$）的特性，将钡从其 EDTA 的络合物中置换出来，与溶液中的硫酸根形成硫酸钡沉淀。

4. 使溶剂逐渐挥发

逐渐除去原溶液中易挥发的溶剂使沉淀剂浓度增大而产生均相沉淀。如将 8-羟基喹啉溶解在丙酮中，加入含有被沉淀的 Al^{3+} 的 NH_4Ac 缓冲溶液中，当溶液温度在 $70\sim80\,℃$ 时，丙酮逐渐挥发，8-羟基喹啉浓度逐渐增加，持续一定时间，使铝离子形成 8-羟基喹啉铝沉淀，获得的沉积物易于洗涤、过滤、干燥。

应该指出，均匀沉淀法的缺点是操作麻烦、费时。

二、共沉淀分离法

共沉淀是指在目标物沉淀反应发生的同时，由于某种原因，非目标物跟随目标物一起沉淀的现象。共沉淀在沉淀法相关的分析中被认为是影响测定准确度的干扰因素之一。因此要设法消除共沉淀作用。产生共沉淀的原因有表面吸附、混晶、固溶体、吸留和包藏等。虽然共沉淀在有些定量分析中被认为是影响分析准确度的干扰因素，但在分离富集中恰恰是利用了选择性共沉淀的特性，将浓度小至单独无法产生沉淀的离子与大量共存离子一同沉淀而得以浓缩富集。例如测定水中的痕量铅时，由于 Pb^{2+} 浓度太低无法直接测定，加入沉淀剂也无法使其沉淀。但如果在原样品中加入适量的 Ca^{2+}，再加入沉淀剂 Na_2CO_3，生成 $CaCO_3$ 沉淀，则痕量的 Pb^{2+} 也同时沉淀下来。共沉淀法的实现通常是通过先在要沉淀富集的溶液中加入一定量的其他化合物（称为载体），当这种物质发生沉淀的同时，溶液中的痕量组

分一同沉淀下来，得以富集分离。依据所加入的组分为无机物还是有机物，将共沉淀分为无机共沉淀和有机共沉淀两类。

载体的选择要满足以下几个要求：所产生的沉淀溶解度小，沉淀速度快；沉淀便于与母液分离、洗涤；能够很方便地消除或本身对待测元素的后续测定不产生影响；根据单元素或多元素同时分离选择载体；尽量减少载体用量。现就无机共沉淀和有机共沉淀分述如下。

(一) 无机共沉淀分离法

无机共沉淀大体可分为如下几类。

1. 表面吸附和吸留作用

沉淀表面的离子电荷未达到平衡而吸引溶液中异电荷离子所引起的共沉淀现象，有一定的选择性，随着溶液温度升高，吸附的离子将减少，如氢氧化物共沉淀剂的吸附作用。

沉淀速度过快使沉淀颗粒表面的杂质离子来不及被构晶离子取代即被随着沉淀上来的离子所覆盖而留在沉淀内部的共沉淀现象，用陈化方法可减少吸留现象。吸附和吸留共沉淀分离的应用示例见表 2-6。

表 2-6　吸附和吸留共沉淀分离的应用示例

载体	共沉淀的离子或化合物
$Fe(OH)_3$ 或 $Al(OH)_3$	Be^{2+}、$Ti(IV)$、$Zr(IV)$、$Sn(IV)$、Cr^{3+}、Co^{2+}、Ni^{2+}、Zn^{2+}、Mn^{2+}、AsO_4^{3-}、PO_4^{3-}
CuS	Pb^{2+}、Ni^{2+}、Cd^{2+}、Ag^+、Bi^{3+}、Zn^{2+}、Hg^{2+}
PbS	Cu^{2+}、Ni^{2+}、Hg^{2+}、Cd^{2+}、Ag^+、Bi^{3+}、Zn^{2+}
MnO_2	$Sb(III)$、$Sb(V)$、$Sn(IV)$、Bi^{3+}、Fe^{3+}
Te 或 Se	$Au(III)$、$Pd(II)$、$Pt(IV)$、Ag^+、Hg^{2+}

2. 生成混晶或固溶体

与共沉淀剂离子半径及电荷相近的其他离子取代其构晶离子而生成沉淀的现象。能生成混晶的离子，它们所生成的沉淀应具有相同的晶格结构，由于晶格的限制，该方法的选择性比较好。应用示例见表 2-7。

表 2-7　生成混晶的共沉淀示例

载　体	共沉淀离子	载　体	共沉淀离子
$BaSO_4$	Ra^{2+}、Sr^{2+}、Pb^{2+}	$MgNH_4PO_4$（$MgNH_4AsO_4$）	AsO_4^{3-}
$SrCO_3$	Cd^{2+}	LaF_3	$Th(IV)$

3. 形成晶核所引起的共沉淀

含量极少的元素，即使转化成难溶物质，也无法沉淀出来。但可把它作为晶核，使其他常量组分聚集在该晶核上，使晶核长大后沉淀下来。

溶液中极微量的金、铂、钯等贵金属的离子，要使它们沉淀析出，可以将少量亚碲酸钠加入溶液中，再加 H_2SO_3 或 $SnCl_2$ 等还原剂。在贵金属离子还原为金属微粒（晶核）的同时，亚碲酸盐还原成游离碲，就以贵金属微粒为核心，碲聚集在它的表面，使晶核长大，而后一起沉淀析出。痕量 Ag^+ 的富集，也常用 $SnCl_2$ 还原 $TeCl_4$ 为游离碲，使之聚集在银微粒表面而后一起沉淀析出。

4. 形成新的化合物

溶液中微量组分与载体形成一种新的难溶化合物而被载带（硫化物共沉淀多属此类），若形成化合物的两种离子具有相反的酸碱性质则更易形成此类化合物。

用一难溶化合物，使存在于溶液中的微量化合物转化成更为难溶的物质，也是一种分离痕量元素的方法。例如将含有微量 Cu^{2+} 的溶液通过预先浸有 CdS 的滤纸，Cu^{2+} 就可转化为 CuS 沉积在滤纸上，过量的 CdS 可用 1mol/L HCl 的热溶液溶解除去。这类方法也可用来分离镍中含有的 0.0001% 的铜，也可用来分离铅中的微量 Cu^{2+}。用 ZnS 浸渍的滤纸可用来分离中性溶液中的痕量铅。

如果将某些难溶的盐加入所要提取的溶液中，将溶液急剧振荡，也可达到同样效果。例如在含有微量金、铂、钯、硒、碲或砷离子的酸性溶液中加入 Hg_2Cl_2，急剧振摇，可使上述各种离子还原成游离状态，沉积在 Hg_2Cl_2 微粒的表面，如用新生态的 Hg_2Cl_2 效果更好。又如自来水中微量 Pb^{2+} 可用 $CaCO_3$ 来富集。

无机共沉淀载体很难除掉，如果载体对后续测定有干扰，还需增加载体与被测物之间的进一步分离。因此只有当载体离子容易被掩蔽或不干扰测定时，才能使用无机共沉淀法分离富集。

（二）有机共沉淀分离法

与无机共沉淀相比，有机共沉淀剂具有较高的富集效率，与金属离子生成的难溶性化合物表面吸附少，选择性高，分离效果好，得到的沉淀较纯净，载体通过灰化即可除去，灰化后被测组分则留在残渣中，用适当的溶剂溶解后即可测定。有机共沉淀剂的分子量和体积均较大，有利于微量组分的共沉淀。由于有机共沉淀剂具有这些优越性，所以它的实际应用和发展受到了人们的重视。有机共沉淀剂可分为形成缔合物或螯合物的共沉淀剂和惰性共沉淀剂两类。前者研究较多的有甲基紫、结晶紫、甲基橙、罗丹明 B、亚甲基蓝等。惰性共沉淀剂的典型代表有酚酞、β-萘酚、间硝基苯甲酸等。有机共沉淀剂分离和富集痕量组分，按其作用机理可分为三种类型。

1. 利用胶体的凝聚作用

能生成胶体的有机物可将处于胶体溶液中的痕量组分沉淀下来。例如 H_2WO_4 在酸性溶液中常呈带负电荷的胶体，不易凝聚，当加入有机共沉淀剂辛可宁，它在溶液中形成带正电荷的大分子，能与带负电荷的钨酸胶体共同凝聚而析出，可以富集微量的钨。又如，用 HCl 沉淀硅酸盐为 H_2SiO_3，加入明胶或琼脂胶，可使其很快絮凝沉淀。常用的这类有机共沉淀剂还有丹宁酸、动物胶，可以共沉淀钨、银、钼、硅等含氧酸。

2. 利用形成离子缔合物

有机共沉淀剂可以和一种物质形成沉淀作为载体，能同另一种组成相似的由痕量元素和有机沉淀剂形成的化合物一起沉淀下来。碱性染料如甲基苯、亚甲基蓝、结晶紫、孔雀绿等，在酸中是体积庞大的有机阳离子，可与结构相似的金属阴离子形成离子缔合物（难溶物）沉淀析出。例如在含有痕量 Zn^{2+} 的弱酸性溶液中，加入 NH₄SCN 和甲基紫，甲基紫在溶液中电离为带正电荷的阳离子 MVH⁺，其共沉淀反应为：

$$MVH^+ + SCN^- \Longrightarrow MVH^+ \cdot SCN^- \downarrow （形成载体）$$

$$Zn^{2+} + 4SCN^- \Longrightarrow Zn(SCN)_4^{2-}$$

$$2MVH^+ + Zn(SCN)_4^{2-} \Longrightarrow (MVH^+)_2 \cdot Zn(SCN)_4^{2-} （形成缔合物）$$

生成的 $(MVH^+)_2 \cdot Zn(SCN)_4^{2-}$ 便与 $MVH^+ \cdot SCN^-$ 共同沉淀下来。沉淀经过洗涤、灰化，即可将数百毫升中浓度为 $1\mu g/L$ 的痕量的 Zn^{2+} 富集在沉淀之中，用酸溶解之后即可进行锌的测定。

其共沉淀组分和载体的有机结构式如下

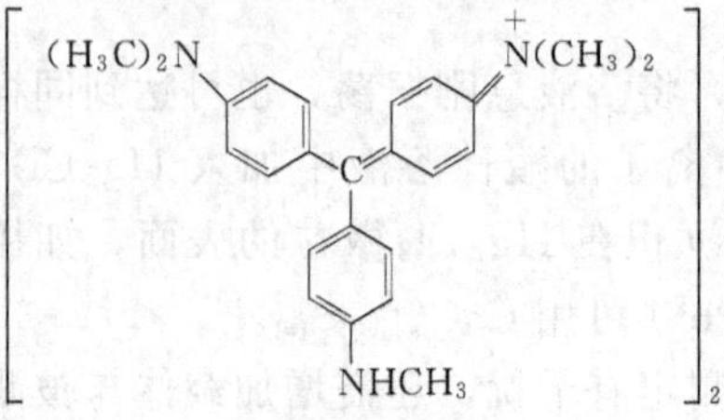

共沉淀组分 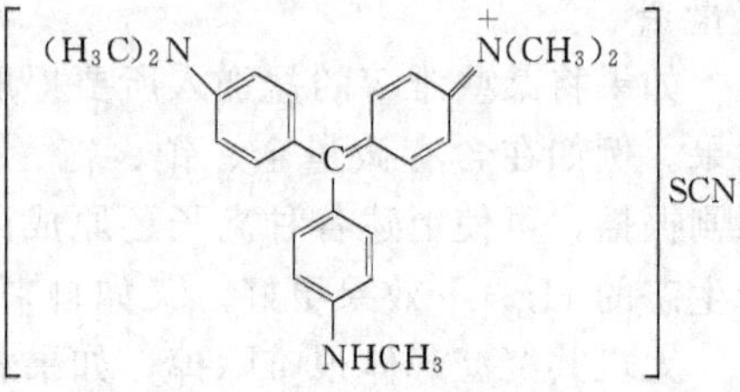　　　　　　　　　　　　　　载体

在硝酸盐和硝酸的介质中，用丁基罗丹明 B 共沉淀 Pu^{4+}，同样是利用生成了含 Pu 的缔合物，其共沉淀组分和载体的分子结构如下：

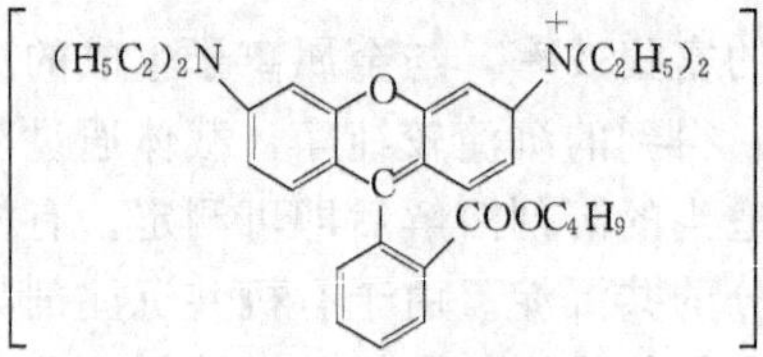

共沉淀组分 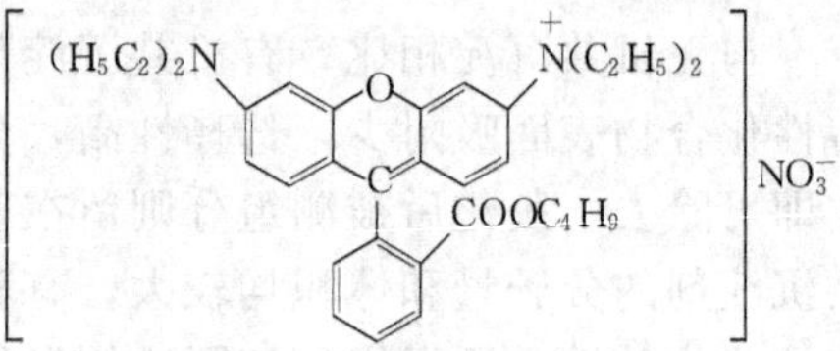　　　　　　　　　　　　　　载体

这个共沉淀方法对分离富集浓度为 $1\mu g/L$ 的 Pu^{4+} 也具有比较理想的富集效果。

利用带负电荷的有机螯合剂与金属离子形成络阴离子，然后与带正电荷的有机阳离子形成的缔合物沉淀（共沉淀组分），可以被有机螯合剂与有机阳离子形成的缔合物沉淀（载体）共沉淀下来而得以富集，以偶氮胂Ⅰ和二苯胍沉淀金属离子为例，其共沉淀组分和载体的分子结构如下：

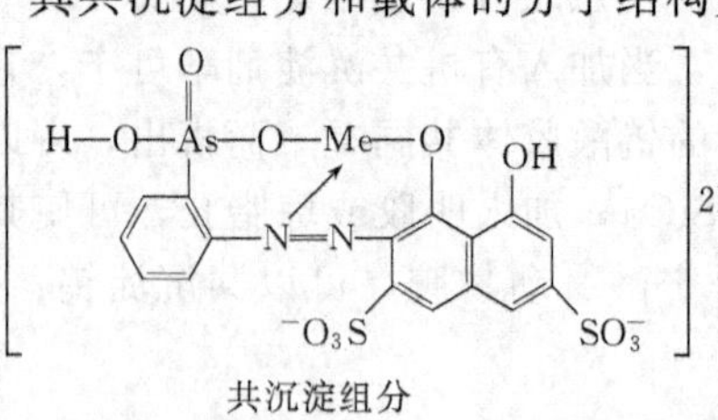

共沉淀组分 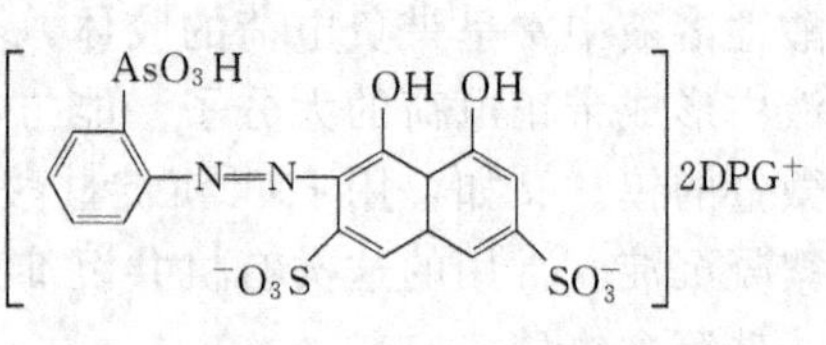　　　　　　　　　　　　　　载体

其中二苯胍（DPG⁺）的结构为：

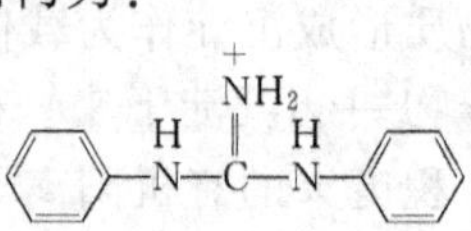

其他有机共沉淀剂应用情况见表2-8。

表 2-8 有机共沉淀剂应用情况

共沉淀组分	载 体	备 注
$Zn(SCN)_4^{2-}$	甲基紫	可富集 $1\mu g/100mL$ 的 Zn^{2+}
$H_3P(Mo_2O_{10})_4$	甲基紫、α-蒽醌磺酸钠	可富集 $10^{-10}\ mol/L$ 的 PO_4^{3-}
H_2WO_4	丹宁、甲基紫	可富集 $5\times10^{-5}\ mol/L$ 的 WO_4^{2-}
$TlCl_4^-$	甲基橙、对二甲氨基偶氮苯	可富集 $10^{-7}\ mol/L$ 的 Tl^{3+}
InI_4^-	甲基紫	可富集 20L 溶液中 $1\mu g$ 的 In^{3+}

3. 利用惰性共沉淀剂

加入一种载体直接与被共沉淀物质形成固溶体而沉淀下来。某些微溶于水的螯合剂如酚酞、2,4-二硝基苯胺、间硝基苯甲酸、β-萘酚等与极低浓度的金属离子生成的螯合物不能沉淀析出，但借助于某些有机载体能将其共沉淀下来，所以这些有机载体称为"固体萃取剂（溶剂）"。如痕量的 Ni^{2+} 与丁二酮肟镍螯合物分散在溶液中，不生成沉淀，加入丁二酮肟二烷酯的酒精溶液时，则析出丁二酮肟二烷酯，丁二酮肟镍便被共沉淀下来。这里载体与丁二酮肟及螯合物不发生反应，实质上是"固体萃取"作用，则丁二酮肟二烷酯称为"惰性共沉淀剂"。用惰性共沉淀剂的共沉淀示例如表 2-9 所示。

表 2-9 惰性共沉淀剂的共沉淀示例

反应试剂	惰性共沉淀剂	可被共沉淀富集的离子
双硫腙	2,4-二硝基苯胺	Cu^{2+}、$Au(\text{III})$、Ag^+、Zn^{2+}、In^{3+}、$Sn(\text{IV})$、Pb^{2+}、Co^{2+}、Ni^{2+}
	酚酞	Ag^+、Cd^{2+}、Co^{2+}、Ni^{2+}
二乙氨基二硫代甲酸钠	二苯胍	Cu^{2+}
8-羟基喹啉	2,4-二硝基苯胺	UO_2^{2+}
	酚酞或 β-萘胺	Ag^+、Cd^{2+}、Co^{2+}、Ni^{2+}、UO_2^{2+}
	对硝基甲苯	Ag^+、Cd^{2+}、Ni^{2+}
巯乙酸-2-萘胺	酚酞	Ag^+、Cd^{2+}
2-糠偶酰二肟	2,4-二硝基苯胺或萘	Ni^{2+}
偶氮肿 II（与有机阴离子）	二苯胺	UO_2^{2+}
N-苯甲酰苯胲	酚酞	$Sn(\text{IV})$

共沉淀富集是分析中常用的微量元素的分离富集方法，其应用较为普遍，具体应用条件请参阅相关文献。

第五节 生物样品的沉淀分离技术

除无机沉淀和有机沉淀外，沉淀技术也被广泛应用于实验室和工业规模的蛋白质、酶、核酸、多糖等生物大分子物质和黄酮、皂苷、氨基酸、有机酸、生物碱等生物小分子物质的回收、浓缩和纯化。

生物样品沉淀技术可以分为等电点沉淀、盐析沉淀、有机溶剂沉淀、聚电解质沉淀、选择性变性沉淀、高价金属离子沉淀、絮凝和凝聚等。蛋白质是空间结构复杂的大分子物质，有多级结构，氨基酸分子间脱水形成多肽链，多肽链又直接构成小分子蛋白质，然后小分子蛋白质空间结构再经变化重组构成大分子蛋白质，多肽链是蛋白质的基础构成部分或初级结构。蛋白质按功能划分可分为活性蛋白与非活性蛋白。活性蛋白有酶、激素蛋白、运输和储存蛋白、运动蛋白、防御蛋白、病毒衣壳蛋白、受体蛋白、毒蛋白和控制生长与分化的蛋白等；非活性蛋白有胶原蛋白和角蛋白等。通常大部分蛋白质可溶于稀盐、稀酸、稀碱溶液和水中，蛋白质在不同溶剂中的溶解度差异主要取决于其自身分子结构性质（如亲疏平衡值各不相同的氨基酸组成等内部影响因素）和溶剂的理化性质（如温度、pH 值和离子强度等外部影响因素）。因此，通常可用不同的溶剂或缓冲液提取、分离、纯化蛋白质和酶。

凡大小在 1～100nm 的质点所构成的分散系统称为胶体。蛋白质分子的直径一般在 2～20nm，且蛋白质分子表面分布着与水分子结合的亲水氨基酸的极性基团。因此，天然蛋白质溶液得以保持稳定的亲水胶体性质。其稳定性取决于水化作用（水化膜的存在能防止蛋白质分子相互碰撞而聚集）和电荷的排斥作用（两性解离，同性电荷相互排斥而使蛋白质无法聚集）。当改变蛋白质的质点大小、电荷情况和水化作用的强弱，将破坏蛋白质的稳定性，蛋白质就从溶液中沉淀出来，这就是蛋白质的沉淀作用。因此，在生物大分子的分离纯化中，常利用蛋白质的沉淀作用来分离和制备蛋白质和酶。例如，采用盐析沉淀的方法从鸡蛋壳中提取溶菌酶和采用乙醇分级沉淀的方法分离血浆蛋白。

当天然蛋白质受到诸如加热、紫外线照射、X 射线辐射和超声波处理等物理因素的作用或者强酸、强碱和有机溶剂等化学因素的影响后，由于氢键、盐键等次级键维系的高级结构遭到破坏，分子内部结构发生改变，致使其生物学性质、物理化学性质改变。这种现象称为蛋白质的变性作用，变性蛋白质的理化性质均发生改变，最显著的是溶解度降低、黏度增大、分子扩散速度增大、渗透压降低、等电点改变、生物活性降低或丧失和易被酶水解等。因此，在制备酶制剂或生物活性物质时应防止蛋白质变性的发生。但蛋白质的变性作用可用于选择性变性沉淀以去除杂质。例如，从啤酒酵母泥中提取醇脱氢酶就是采用选择性热变性沉淀的方法去除杂蛋白。

综上所述，蛋白质周围的水化层和蛋白质分子间的静电排斥作用是防止蛋白质沉淀的两种屏障。因此，可通过降低蛋白质周围的水化层和双电层厚度（ξ 电位）来降低蛋白质溶液的稳定性，从而实现蛋白质的沉淀。水化层厚度和 ξ 电位与溶液性质（如电解质的种类、浓度、pH 值等）密切相关，所以，蛋白质的沉淀可采用恒温条件下添加各种不同试剂的方法来实施，如加入无机盐的盐析法、加入酸碱调节溶液 pH 值的等电点沉淀法、加入水溶性有机溶剂的有机溶剂沉淀法等。下面对几种蛋白沉淀技术分别予以介绍。

一、等电点沉析

1. 原理

分子中至少含有一个酸性基团和一个碱性基团的物质，既可接受质子，也可以给出质子，这类物质称为两性物质。两性物质在酸性条件下碱性基团接受质子带正电荷，在碱性条件下酸性基团失去质子带负电荷。调节两性物质所在溶液的 pH 值，会改变分子中两种基团所带静电荷的相对数量，使整个分子所带电荷性质不同。分子静电荷为零时所对应的 pH 值称为该物质的等电点，用 pI 表示。蛋白质和氨基酸一样，属于分子中既含有酸性的基团又含有碱性的基团的两性物质，在特定的 pH 值范围内能解离产生带正电荷或带负电荷的基团。每种蛋白质结构不同，所带基团及数量不同，其等电点也不同。处于等电点的蛋白质，溶质净电荷为零，分子间排斥电位降低，吸引力增大，能相互聚集起来沉淀析出，此时溶质的溶解度最低，其电导率、渗透压、黏度等性质均处于最低值。因此，利用蛋白质的两性解离和等电点特性来沉淀蛋白质。依次调节两性生化物质溶液的 pH 值，使不同物质依次在各自的等电点析出，而共存物质依然存在于溶液中，从而达到分离目的的技术称为等电点沉析技术。

2. 注意事项

（1）等电点的改变　若两性物质结合了较多阳离子（如 Ca^{2+}、Mg^{2+}、Zn^{2+} 等），则等电点 pH 值升高。因为结合阳离子后相对的正电荷增多了，只有 pH 值升高才能达到等电状态。若两性物质结合较多的阴离子（如 Cl^-、SO_4^{2-}、HPO_4^{2-}）则等电点 pH 值降低。

（2）目的物的稳定性　有些蛋白质或酶在等电点附近不稳定。胰蛋白酶（$pI=10.1$）在中性或偏碱性的环境中由于自身或其他蛋白水解酶的作用而部分降解失活，因此在实际操作中应避免溶液 pH 值上升至 5 以上。

（3）盐溶作用　生物大分子在等电点附近盐溶作用很明显，无论单独使用或与有机溶剂沉析合用，都必须控制溶液的离子强度。

（4）pH 值的调节　在进行等电点 pH 值调节时，如果采用盐酸、氢氧化钠等强酸或强碱，应注意由于溶液局部过酸或过碱所引起蛋白质或酶的变性作用。调节 pH 值所用的酸、碱应同原溶液里的盐或即将加入的盐相适应。

3. 等电点沉析的应用

常利用两性物质如氨基酸、蛋白质、多肽、酶、核酸等具有不同的等电点的特性来进行产品的分离纯化。可用于所需物质的提纯，也可用于除去不需要的杂蛋白及其他杂质。一般是将 pH 值分别调到需提纯物质等电点的两侧，先除去酸性较强或碱性较强的杂蛋白。需提纯物质等电点较高时，则先除去低于等电点的杂蛋白。

等电点沉析只适用于水化程度不大、在等电点时溶解度很低的物质，如四环素等在等电点（pH＝5.4）附近难溶于水，能产生沉析。但亲水性很强的物质即使在等电点的 pH 值下仍不产生沉析，就无法利用等电点沉析。值得注意的是，即使在等电点时，有些两性物质仍有一定的溶解度，也不是所有的两性物质在等电点时都能沉析出来，特别是同一类两性物质的等电点又十分接近时，因此单独利用等电点沉析来分离生化产品效果不大理想，实际生产中常与有机溶剂沉析、盐析并用，这样沉析效果较好。但必须注意溶液 pH 值应首先满足所需物质的稳定性。

二、盐析沉淀

1. 盐析沉淀机理

蛋白质在低浓度中性盐介质中溶解度增加的现象称为盐溶。盐溶作用主要是蛋白质分子吸附中性盐离解出的离子后，带电层使蛋白质分子彼此排斥，蛋白质与水分子之间的相互作用却加强，因而溶解度增高。但当中性盐的浓度继续增大时，蛋白质类物质的溶解度会下降而析出，这就是所谓的"盐析"。蛋白质在水溶液中的溶解度是由蛋白质周围亲水基团与水形成水化膜的程度以及蛋白质分子所带电荷的情况决定的。当将中性盐加入蛋白质溶液，中性盐对水分子的亲和力大于蛋白质，于是蛋白质分子周围的水化膜层减弱乃至消失。同时，中性盐加入蛋白质溶液后，由于离子强度发生改变，蛋白质表面电荷被大量中和，更加导致蛋白质溶解度降低，使蛋白质分子之间聚集而沉淀。盐析机理如图 2-2 所示。

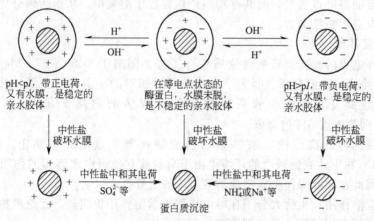

图 2-2　盐析机理示意图

在浓盐溶液中，常用 Cohn 盐析公式 $\lg S = \beta - K_S I$ 解释蛋白溶解度的影响因素。

式中，S 为蛋白质的溶解度，g/L；β 为溶液离子强度 $I=0$ 时，蛋白溶解度的对数值；K_S 为盐析常数，其大小与所加入盐的性质和蛋白质的性质有关。

影响盐析公式中 β、K_S 和 I 的诸因素都会影响到蛋白质的溶解度。其中 β 不但取决于蛋白质和盐析用盐的种类和性质，也与盐析温度及 pH 值有关，同一种蛋白质在不同盐溶液中进行盐析，其 β 值不同。在相同的盐析体系中，β 与溶液的 pH 值有关，在等电点处 β 值往往较小。在一定的浓盐溶液中，调节混合蛋白质的 pH 值进行盐析，在 β 值差别相对较大的区域里能达到选择性沉淀。可以先调节盐析溶液的 pH 值至某一蛋白的等电点附近，加入适量的中性盐，使其中的一种蛋白质沉淀，另一种蛋白质仍然留在溶液中，离心分离后，调节溶液的 pH 值至另一蛋白质的等电点附近，该蛋白质会沉淀下来。

β 值也与温度有关，在高盐溶液中，蛋白质的溶解度随温度升高而下降。在保证蛋白质不发生变性的条件下，可以适当调节温度，使沉淀加速进行。

盐析公式中盐析常数 K_S 只取决于蛋白质种类及盐析用盐的种类，与温度和 pH 值无关。相同蛋白质在不同盐析盐介质中或不同蛋白质在同种盐析盐中的盐析常数不同。

对分离目的蛋白的盐析，最好采用分段盐析。由于不同的蛋白质其溶解度与等电点不同，沉淀时所需的 pH 值与离子强度也不相同，改变盐的浓度与溶液的 pH 值，可将混合液中的蛋白质分批盐析分开，这种分离蛋白质的方法称为分段盐析法

(fractional saltingout)。如半饱和硫酸铵可沉淀血浆球蛋白，饱和硫酸铵则可沉淀包括血浆清蛋白在内的全部蛋白质。

① 分段盐析的条件需要先进行小实验探索，如先进行 0～30% 的硫酸铵沉淀，再进行 30%～60% 的硫酸铵沉淀，最后进行 60%～80% 的硫酸铵沉淀。

② 每一段盐析静置之后都将离心取沉淀，透析并检测活性。通过实验结果可以看出哪一段盐析出来的目的产物最多，相对来说杂质就更少。

③ 比如实验中的活性物质主要在 60%～80% 这段出来，在以后的实验中，就可以首先进行 0～60% 的硫酸铵沉淀，这段沉淀物可以抛弃（去除大多数杂质）；然后进行 60%～80% 的硫酸铵沉淀，这段沉淀出来的物质是所需要的目的物质含量比较高的物质，将其收集进行下一步纯化工作。

2. 用盐的选择

能够产生盐析的盐种类很多，每种盐产生盐析效应的强弱不同。如蛋白质等生物物质在水中的溶解度不仅与中性盐离子的浓度有关还与离子所带电荷数有关。一般认为半径小的高价离子在盐析时效应强，半径大的低价离子效应则弱。选取盐析用盐应考虑盐析效应强、溶解度大且受温度影响尽可能小、不影响生物分子的活性、不引入杂质、不给分离或测定带来麻烦、来源丰富及经济等问题。两类离子盐析效果强弱的经验规律可供参考。

阴离子：柠檬酸根＞酒石酸根＞F^-＞IO_3^-＞$H_2PO_4^-$＞SO_4^{2-}＞CH_3COO^-＞Cl^-＞ClO_3^-＞Br^-＞NO_3^-＞ClO_4^-＞I^-＞CNS^-；

阳离子：Th^{4+}＞Al^{3+}＞H^+＞Ba^{2+}＞Sr^{2+}＞Ca^{2+}＞Cs^+＞Rb^+＞NH_4^+＞K^+＞Na^+＞Li^+。

盐析中常用的中性盐有 $(NH_4)_2SO_4$、Na_2SO_4、$NaCl$、NaH_2PO_4 等，其中 $(NH_4)_2SO_4$ 无论是在实验室还是在生产中都是最常用的，在大生产时基本上是唯一可选择的，这是因为硫酸铵盐析效应强、溶解度大、受温度影响小且溶解于水时不产生热量；沉淀后的硫酸铵能重新溶解并可用透析、超滤、色谱等方法除去；高浓度硫酸铵有抑菌作用；硫酸铵廉价、易得，废液可肥田等。但硫酸铵在碱性环境中不能应用（pH＞8.0 时会释放氨），并有一定的腐蚀性，应用时应充分考虑。硫酸钠具有不含氮的优点，但溶解度较低，尤其在低温下。如在 0℃ 时溶解度为 138g/L，30℃ 时上升为 326g/L，增加幅度为 137%；磷酸盐、柠檬酸盐的有缓冲能力强的优点，但溶解度低，易与某些金属离子生成沉淀，故硫酸钠、磷酸盐、柠檬酸盐的应用远不如硫酸铵广泛。

3. 盐析的因素

(1) 盐离子浓度　在低盐浓度时，盐离子能增加生物分子表面电荷，使生物分子水合作用增强，具有促进溶解的作用，称为盐溶现象。当盐浓度达一定值后，盐浓度升高，生物分子溶解度不断降低，产生了盐析作用不同的生物分子，"盐溶"与"盐析"的分界值不同。由此可知不同生物分子达"全部盐析"所用盐浓度也不同。这一点为采用盐析技术分离纯化生物活性成分提供了可能性。

(2) 生物分子种类　生物分子的分子结构不同，其分子表面亲水基团与疏水基团不相同，不同生物分子产生盐析现象所需中性盐的浓度（离子强度）亦不同。例如血浆中的蛋白质，纤维蛋白质最易析出，硫酸铵的饱和度达到 20％即可；饱和度增加到 28％～33％时，优球蛋白析出；饱和度再增加至 33％～50％时，拟球蛋白析出；饱和度大于 50％时，白蛋白析出。硫酸铵的饱和度是指饱和硫酸铵溶液的体积占混合后溶液总体积的百分数。通常盐析所用中性盐的浓度不以百分数或物质的量浓度表示，多用相对饱和度来表示，也就是把饱和时的浓度看作 1 或 100％，如 1L 水在 25℃时溶入了 767g 硫酸铵固体就是 100％饱和，溶入 383.5g 硫酸铵称半饱和（50％或 0.5 饱和度）。例如，一体积的含蛋白质溶液加一体积饱和硫酸铵溶液时，饱和度为 50％或 0.5，三体积的含蛋白质溶液加一体积饱和硫酸铵溶液时，饱和度为 25％或 0.25。

(3) 生物分子浓度　溶液中生物分子的浓度对盐析的效果有很大的影响，当某种成分析出的盐浓度一定时，溶液中生物分子的浓度过高，其他成分就会部分随着沉析的成分一起析出，即所谓的共沉现象；如果将溶液中生物分子稀释到过低的浓度，则需要加大反应容器并加入更多的沉析剂，因此要得到理想的沉析效果，必须将生物分子的浓度控制在一定的范围内。一般对于蛋白质溶液，其浓度为 2％～3％比较合适。

(4) pH 值　通常情况下，如果生物分子表面携带的净电荷（不论正电荷和负电荷）越多，就会产生越强的排斥力，使生物分子不容易聚集，此时溶解度就很大。如果调整溶液的 pH 值，在某一个临界的 pH 值处出现生物分子对外表现净电荷为零的情况，此时生物分子间的排斥力很小，生物分子很容易聚集后析出，也就是说此时溶解度最低。这种情况下的 pH 值称为该生物分子的等电点（pI）。对特定的生物分子，有盐离子存在时的 pI 与在纯粹水溶液中的 pI 会有一定的偏差。在盐析时，如果要沉析某一成分，应将溶液的 pH 值调整到该成分的等电点，如果希望某一成分保留在溶液中不析出，则应使溶液的 pH 值偏离该成分的等电点。

(5) 温度　多数物质的溶解度会受温度变化的影响。大多数情况下，在纯粹的水溶液或低离子强度的溶液中，在一定的温度范围内，物质的溶解度会随温度的升高而增加。但对于多数蛋白质、肽而言，在高盐浓度下，它们的溶解度反而会随温度的升高而降低。只有少数蛋白质例外，如胃蛋白酶、大豆球蛋白，它们在高盐浓度下的溶解度随温度上升而增加。卵球蛋白的溶解度几乎不受温度影响。在进行蛋白质的分级沉析时，温度变化引起各种蛋白质溶解度的变化是不相同的，所以在不同温度下，逐渐增加盐浓度所引起的各种蛋白质分级沉析顺序也是有变化的。在实际操作中应十分注意。盐析一般可在室温下进行，当处理对温度敏感的蛋白质或酶时，盐析操作要在低温下（如 0～4℃）进行。

4. 盐析的应用

(1) 盐析的操作　盐析的具体操作对分离效果影响很大。下面是最常用的中性盐硫酸铵的盐析操作方法。

盐的处理：硫酸铵使用时要求纯度较高，生产时为降低成本，一般选用化学纯的硫酸铵，在使用前应进行预处理，可通过化学法将重金属除去（如通入 H_2S 后过滤），再将硫酸铵重结晶备用。

（2）加盐的方法　直接加入固体硫酸铵法：当需要较高的硫酸铵饱和度进行盐析或不希望增加处理样的体积时可采用该法。具体操作时，先将固体硫酸铵在低温下研成细小的颗粒，边搅拌边缓慢向溶液中加入，避免出现局部浓度过高而影响盐析效果以及发生生物活性成分的改变。

（3）盐析操作注意事项

① 盐析反应完全需要一定时间，一般硫酸铵全部加完后，应放置 30min 以上才可进行固-液分离。

② 经过一次分级得到的盐析沉淀，能否进行第二次盐析要靠试验确定。

③ 盐析操作时加入盐的纯度、加量、加入方法、搅拌的速度、温度及 pH 值等参数应严格控制。

④ 盐析时生物分子浓度要合适，应充分考虑共沉及稀释后收率、盐量和固-液分离等问题。一般低浓度硫酸铵可采用离心分离，高浓度硫酸铵常用过滤方法，因为高浓度硫酸铵密度太大，要使蛋白质完全沉降下来需要较高的离心速率和较长的离心时间。

⑤ 盐析后溶液应进行脱盐，常用的办法有透析、凝胶过滤及超滤等。

（4）盐析的主要应用　盐析是最早使用的生化分离技术之一，由于易产生共沉，故其分辨率不是很高，但配合其他手段完全能达到很好的分离效果。由于成本低，操作安全简单，对许多生物活性物质具有很好的稳定作用，常用于蛋白质、酶、多肽、多糖、核酸等物质的分离纯化。

三、有机溶剂沉析

1. 有机溶剂沉析原理

向含有生化物质的水溶液中加入一定量亲水性的有机溶剂，能使生化物质沉淀析出的分离技术称为有机溶剂沉析。其机理如下。

① 亲水性有机溶剂本身的水合作用降低了自由水的浓度，使溶质分子周围的水化层变薄，导致脱水而相互聚集析出，也就是降低了溶质的溶解度。

② 有机溶剂的介电常数比水小，加入有机溶剂后，整个溶液的介电常数降低，带电的溶质分子之间库仑引力增强，使溶质分子相互吸引而聚集。

介电常数与静电引力的关系可表示为：$F = q_1 q_2 / \varepsilon r^2$

式中，ε 为介电常数，由介质的性质决定，表示介质对带有相反电荷的微粒的静电引力与真空对比减弱的倍数，在真空中定为 1；F 表示相距为 r 的两个点电荷 q_1 和 q_2 互相作用的静电引力，其中 q_1，q_2 和 r 都是定值，F 的大小则决定于 ε 值。

2. 沉析溶剂的选择

（1）溶剂选择　沉析溶剂选择主要应考虑以下因素：

① 是否与水互溶，在水中是否有很大的溶解度。

② 介电常数小，沉析作用强。

③ 对生物分子的变性作用小。

④ 毒性小，挥发性适中。沸点过低虽有利于溶剂的去除和回收，但挥发损失较大。乙醇具有介电常数较低、沸点适中、无毒且沉析作用强等优点，广泛用作蛋

白质、核酸、多糖等生物高分子及核苷酸、氨基酸等的沉析溶剂。

丙酮介电常数较低，沉析作用大于乙醇。用丙酮代替乙醇作沉析剂一般可以减少用量，但其沸点较低、挥发损失大、对肝脏有一定毒性、着火点低等缺点使它的应用不及乙醇广泛。

甲醇沉淀作用与乙醇相当，但对蛋白质的变性作用比乙醇、丙酮都小，由于口服有强毒，限制了它的使用。

其他溶剂如氯仿、二甲基甲酰胺、二甲基亚砜、2-甲基-2,4-戊二醇（MPD）、乙腈等也可作沉析剂，但远不如乙醇、丙酮、甲醇使用普遍。

（2）溶剂浓度的计算　在进行沉析操作时，欲使溶液达到一定的有机溶剂浓度，需要加入的有机溶剂的浓度和体积可按下式计算：

$$V = V_0 (S_2 - S_1)/(S_3 - S_2)$$

式中，V 为加入 100% 浓度有机溶剂的体积，mL；V_0 为原溶液体积，mL；S_1 为原溶液中有机溶剂的浓度，g/100mL；S_2 为所要求达到的有机溶剂的浓度，g/100mL；S_3 为指加入的有机溶剂浓度。

上式计算未考虑混溶后体积的变化和溶剂的挥发情况，实际上存在一定的误差。有时侧重于沉析而不考虑分离效果。可用溶液体积的倍数，如加入 1 倍、2 倍、3 倍原溶液体积的有机溶剂来进行有机溶剂沉析。

3. 影响有机溶剂沉析的因素

（1）温度　大多数生物大分子如蛋白质、酶和核酸在有机溶剂中对温度特别敏感，温度稍高就会引起变性，且有机溶剂与水混合时产生放热反应，因此有机溶剂必须预先冷至较低温度，一般在 0℃ 以下，操作时要在冰盐浴中进行，加入有机溶剂必须缓慢，并不断搅拌以免局部浓度过浓。温度越低，得到的生物活性物质越多，而且可以减少有机溶剂的挥发。

（2）生物样品的浓度　与盐析相似，样品浓度低时增加有机溶剂投入量和损耗，降低了溶质回收率，易产生稀释变性，但共沉的作用小，有利于提高分离效果。反之，对于高浓度的生物样品，节省了有机溶剂，减少了变性的危险，但共沉作用大，分离效果下降。一般认为，对于蛋白质溶液 0.5%～2% 起始浓度较合适，对于黏多糖以 1%～2% 为起始浓度为宜。

（3）pH 值　有机溶剂沉析时的 pH 值要选择在样品稳定的 pH 值范围内，而且尽可能选择样品溶解度最低的 pH 值，通常是选在等电点附近，以提高该沉析的分辨能力。但应注意的是有少数生物分子在等电点附近不稳定，影响其活性；同时尽量避免目的物与杂质带相反电荷而加剧共沉现象的发生。

（4）离子强度　在有机溶剂和水的混合液中，当离子强度很小，物质不能沉析时，补加少量电解质即可解决。盐的浓度太大（0.1～0.2mol/L 以上），就需大量的有机溶剂来沉析，并可能使部分盐在加入有机溶剂后析出。同时盐的离子强度达一定程度时，还会增加蛋白质或酶在有机溶剂中的溶解度。所以一般离子强度在 0.05 或稍低为好，既能使沉析迅速形成，又能对蛋白质或酶起一定的保护作用，防止变性。由盐析法沉析得到的蛋白质或酶，在用有机溶剂沉析前一定要先透析除盐。

（5）金属离子　在用有机溶剂沉析生物高分子时还应注意到某些金属离子的助沉作用，一些金属离子如 Zn^{2+}、Ca^{2+} 等可与某些呈阴离子状态的生物高分子形成复合物。这种复合物的溶解度大大降低而不影响生物活性，有利于沉析形成，并降低有机溶剂的耗量，$0.005\sim0.02mol/L$ 的 Zn^{2+} 可使有机溶剂用量减少 $1/3\sim1/2$，使用时要避免会与这些金属离子形成难溶盐的阴离子（如磷酸根）的存在。实际操作时往往先加溶剂沉析除杂蛋白，再加 Zn^{2+} 沉析目的物。

4. 有机溶剂沉析的应用

有机溶剂沉析的优点是：分辨能力比盐析高，即一种生物分子或其他溶质只在一个比较窄的有机溶剂浓度范围内沉析；沉析不用脱盐，过滤比较容易（如有必要，可用透析袋脱有机溶剂）。因而在生化制备中有广泛的应用。其缺点是容易引起某些具有生物活性的大分子变性失活，操作须在低温下进行。

有机溶剂沉析技术经常用于蛋白质、酶、多糖和核酸等生物大分子的沉析分离。使用时先要选择合适的有机溶剂，然后注意调控样品的浓度、温度、pH 值和离子强度，使之达到最佳的分离效果。沉析所得的固体样品，如果不是立即溶解进行下一步的分离，则应尽可能抽干沉析物，减少其中有机溶剂的含量，如若必要可以装透析袋透析脱除有机溶剂，以免影响样品的生物活性。

四、有机聚合物沉析

1. 有机聚合物沉析原理

利用生物分子与某些有机聚合物形成沉淀而析出的分离技术称为有机聚合物沉析。所使用的有机聚合物有非离子型多聚物、离子型多聚物、离子型表面活性剂等。

非离子型多聚物沉析：分子量高的水溶性非离子型多聚物（如聚乙二醇）与目的物同在一个液相中，在空间体积上产生相互排斥作用，非离子型多聚物优先水合，使目的物相互聚集，使溶解度降低而沉淀析出。

离子型多聚物沉析：离子型多聚物与蛋白质等生物大分子形成类似盐键而结合，进而沉淀析出。

离子型表面活性剂沉析：离子型表面活性剂具有的阴（阳）离子与生物大分子上的阳（阴）离子可以形成络合物，该络合物在低离子强度的水溶液中不溶解，当溶液离子强度增加到一定值，络合物逐渐解离，最后溶解。离子型表面活性剂沉析选择性很强。

2. 有机聚合物的种类

（1）水溶性非离子型聚合物　水溶性非离子型聚合物沉析剂包括各种不同分子量的聚乙二醇（PEG）、壬基苯酚乙氧基化合物（NPEO）、聚乙烯吡咯烷酮（PVP）、葡聚糖、右旋糖苷硫酸酯等，其中应用最多的是聚乙二醇。

（2）离子型表面活性剂聚合物　常用的离子型表面活性剂聚合物有属于阳离子型表面活性剂的十六烷基三甲基季铵溴化物（CTAB）、十六烷基氯化吡啶（CPC）；属于阴离子型表面活性剂的十二烷基磺酸钠（SDS）。

（3）离子型多聚物　离子型多聚物常用的有核酸、鱼精蛋白。此外还有人工合成的含有重复离子化基团的水溶性的聚电解质，如可用于蛋白质沉析的聚丙烯酸、聚乙烯亚胺、羧甲基纤维素和离子型多糖如肝素等。

离子型多聚物沉析的作用与蛋白质上的净电荷以及聚电解质的大小和电荷密度有关，蛋白质分子的相反电荷与聚电解质结合，形成一个多分子络合物，当络合物超过游离蛋白质的溶解度极限值时，就发生沉析。

五、其他沉析技术

在生化产品的制备中经常使用的沉析技术还有金属离子沉析、有机酸沉析及选择变性沉析等。

1. 金属离子沉析

许多生物活性物质（如蛋白质、核酸、多肽、抗生素和有机酸等）能与金属离子形成难溶性的复合物而沉析。根据它们相互间作用的机制不同，可把金属离子分为三大类：第一类是能够与羧基、含氮化合物和含氮杂环化合物结合的金属离子，如 Mn^{2+}、Fe^{2+}、Co^{2+}、Ni^{2+}、Cu^{2+}、Zn^{2+}、Cd^{2+}；第二类是能够与羧基结合，但不能与含氮化合物结合的金属离子，如 Ca^{2+}、Ba^{2+}、Mg^{2+}、Pb^{2+} 等；第三类是能够与巯基结合的金属离子，如 Hg^{2+}、Ag^{+}、Pb^{2+}。

若目的物与金属离子沉析，可将得到的复合物分解，并采用离子交换法或金属螯合剂 EDTA 等将金属离子除去。金属离子沉析生物活性物质已有广泛的应用，如锌盐可用于沉淀杆菌肽和胰岛素等，$CaCO_3$ 用来沉析乳酸、枸橼酸、人血清蛋白等。此外，该技术还能用来除去杂质，如微生物细胞中含大量核酸，它会使料液黏度提高，影响后续纯化操作，须预先除去核酸，因此在胞内产物提取时，用锰盐选择性地沉析核酸而将其除去。如从大肠杆菌中小规模连续分离 β-糖苷酶时，在细胞匀浆液中加入 0.05mol/L 的 Mn^{2+}，可除去 30%～40%核酸，在这一步操作中酶无损失。除沉析核酸外，还可采用 $ZnSO_4$ 沉析红霉素发酵液中的杂蛋白以提高过滤速度；用 $BaSO_4$ 除去枸橼酸产品中的重金属；用 $MgSO_4$ 除去 DNA 和其他核酸等。金属离子沉析的主要缺点是：有时复合物的分解较困难，并容易促使蛋白质变性，应注意选择适当的操作条件。

2. 有机酸沉析

含氮有机酸（如苦味酸和鞣酸等）能够与有机分子的碱性功能团形成复合物而沉淀析出。常用的有单宁、雷凡诺、三氯乙酸等。

① 单宁即鞣酸，广泛存在于植物界，其分子结构可看作是一种 5-双没食子酸酰基葡萄糖，为多元酸类化合物。分子上有羧基和多个羟基。由于蛋白质分子中有许多氨基、亚氨基和羧基等，可使蛋白质分子与单宁分子间形成较多的氢键而络合在一起，从而生成巨大的复合颗粒沉析下来。单宁沉析蛋白质的能力与蛋白质种类、环境 pH 值及单宁本身的来源（种类）和浓度有关。由于单宁与蛋白质的结合相对比较牢固，用一般方法不易将它们分开，故多采用竞争结合法。即选用比蛋白质更强的结合剂与单宁结合，使蛋白质游离释放出来。这类竞争性结合剂有聚乙烯吡咯烷酮（PVP），它与单宁形成氢键的能力很强。此外聚乙二醇、聚氧化乙烯及山梨糖醇甘油酸酯等也可用来从单宁复合物中分离蛋白质。

② 雷凡诺（2-乙氧基-6,9-二氨基吖啶乳酸盐，是一种吖啶染料）的沉析作用主要也是通过形成盐的复合物而实现的。此种染料对提纯血浆中 γ-球蛋白有较好效果。实际应用时以 0.4％的雷凡诺溶液加到血浆中，调 pH 值为 7.6～7.8，除 γ-球蛋白外，可将血浆中其他蛋白质沉析下来。然后将沉析物溶解，再以 5％NaCl 将雷凡诺沉析除去（或通过活性炭柱或马铃薯淀粉柱吸附除去）。溶液中的 γ-球蛋白可用 25％乙醇或加等体积饱和硫酸铵溶液沉析回收。使用雷凡诺沉析蛋白质不影响蛋白质活性，并可通过调整 pH 值分级沉析一系列蛋白质组分，但蛋白质的等电点在 pH＝3.5 以下或 pH＝9.0 以上，不被雷凡诺沉析。核酸大分子可在 pH 值较低时（pH＝2.4 左右）被雷凡诺沉析。

③ 三氯乙酸（TCA）沉析蛋白质迅速而完全，一般会引起变性。但在低温下短时间作用可使有些较稳定的蛋白质或酶保持原有的活力，如用 2.5％浓度 TCA 处理胰蛋白酶、抑肽酶或细胞色素 C 提取液，可以除去大量杂蛋白而对酶活性没有影响。该技术用于目的物比较稳定且分离杂蛋白相对困难的场合。有机酸与蛋白质形成盐复合物沉析时，常发生不可逆的沉析反应。应用该技术制备蛋白质时，须采取较温和的条件，有时还须加入一定的稳定剂，以防止蛋白质变性。

3. 选择变性沉析

选择变性沉析法原理是利用蛋白质、酶与核酸等生物大分子对某些物理或化学因素敏感性不同，从而有选择地使之变性沉析，以达到目的物与杂蛋白分离的目的。常用的有选择性热变性、选择性酸碱变性和选择性变性剂等。

（1）选择性热变性　是利用生物大分子对热的稳定性不同，加热破坏某些组分，保存另一些组分。该技术最为简便，不须消耗任何试剂，但分离效率较低，通常用于生物大分子的初期分离纯化。

（2）选择性酸碱变性　是利用蛋白质和酶等在不同 pH 值条件下的稳定性不同而使杂蛋白变性沉析。通常是在分离纯化流程中附带进行的一个分离纯化步骤。

（3）选择性变性剂　利用不同蛋白质和酶等对表面活性剂、重金属盐、有机溶剂、卤代烷等敏感性不同，在分离纯化过程中使那些敏感性强的杂蛋白变性沉析，目的物仍留在溶液中。应用该技术时通常都在冰浴或冷室中进行，以保护目的物的生物活性。

非离子多聚物沉析生物大分子和微粒的方法一般有两种：一是选用两种水溶性非离子多聚物组成液-液两相系统（又称双水相系统），使生物大分子或微粒在两相系统中不等量分配，从而进行分离。这一方法主要基于不同生物分子和微粒表面结构不同，有不同分配系数，并外加离子强度、pH 值和温度等因素的影响，从而增强分离的效果。

二是选用一种水溶性非离子多聚物，使生物大分子或微粒在同一液相中由于被排斥相互凝集而沉析出。对后一种方法，操作时先离心除去粗大悬浮颗粒，调整溶液 pH 值和温度至适度，然后加入中性盐和多聚物至一定浓度，冷却静置一段时间，即形成沉析。

所得到的沉析中含有大量沉析剂，除去的方法可采用吸附技术、乙醇沉析及盐析等。这种分离技术具有操作条件温和（体系的温度只需控制在室温下）、生物大分子不易变性、沉析的颗粒较大、产物易收集等优点。用聚乙二醇作沉析剂时，溶液中盐离子浓度越高，聚乙二醇的分子量越大，沉析所需聚乙二醇的浓度越低。

① 离子型表面活性剂聚合物　沉析黏多糖时，除较多地使用乙醇外，十六烷基三甲基季铵溴化物（CTAB）、十六烷基氯化吡啶（CPC）等也是用于分离黏多糖的有效沉析剂，尤其是 CTAB 沉析效力极强，能从很稀的溶液中通过选择性沉析回收黏多糖。十二烷基磺酸钠（SDS）多用于分离膜蛋白或核蛋白。

② 离子型多聚物　鱼精蛋白（多聚阳离子）作用于酸性蛋白质，核酸（多聚阴离子）多作用于碱性蛋白质。应用该技术时，要调整溶液 pH 值，使蛋白质带有与离子型多聚物不同的电荷。

总之，几种沉析技术各适应不同种类物质之间的分离。等电点沉淀法用于氨基酸、蛋白质及其他两性物质的沉淀，但此法单独应用较少，多与其他方法结合使用；盐析法多用于各种蛋白质和酶的分离纯化；有机溶剂沉淀法多用于生物小分子、多糖及核酸产品的分离纯化，有时也用于蛋白质沉淀；非离子多聚体沉淀法用于分离生物大分子；生成盐复合物沉淀用于多种化合物特别是小分子物质的沉淀；热变性及酸碱变性沉淀法用于选择性地除去某些不耐热及在一定 pH 值下易变性的杂蛋白。

第三章
萃取分离技术

萃取（extraction）分离法是将样品中的目标化合物选择性地转移到另一相中或选择性地保留在原来的相（转移非目标化合物），从而使目标化合物与原来的复杂基体相互分离的方法。萃取分离技术在稀土分离、湿法冶金、无机化工、有机化工、医药、食品、环境等领域不断得到应用，并取得了良好的效果。到现在，萃取分离技术几乎可以涉及元素周期表中的所有元素，已成为分离技术中的主要成员之一。这种分离方法的优点是分离效果好，通过多次萃取，可以达到很高的回收率；且操作简便、快速，易于自动化；适用范围广，既适用于常量组分的分离，也适用于微量组分的分离富集；既可以分离有机物质，也可以分离无机离子；不仅适用于实验室少量试样的分离，而且适用于工业生产中大量物质的分离和纯化，因此应用十分广泛。

萃取分离技术根据参与溶质分配在两相中物态、性质不同而分为几种形式，如液液有机溶剂萃取、双水相萃取、离子液体萃取和固相萃取等，目前应用最多且最广的是液液萃取法，亦称溶剂萃取分离法。这种方法既可以用于常量元素的分离，又适用于痕量元素的分离与富集；既可以分离无机物，也可以分离有机物，因此应用广泛、方法简便、快速。

第一节　溶剂萃取分离技术

溶剂萃取（solvent extraction）是研究被分离物质在两相中存在的状态、组成、转移特性、可萃取性及定性、定量信息的常用分离和纯化的手段，作为一种实用的分离方法早已被人们应用于实践中。溶剂萃取首先基于相似相溶原理在有机化学中被用来分离有机化合物，到 19 世纪，人们开始尝试用溶剂萃取法分离和纯化无机物，如用二乙醚从沥青铀矿中提取和纯化硝酸铀酰、用乙醚从水溶液中萃取硫氰酸盐等。19 世纪后期取得的液-液分配定量关系理论为 20 世纪溶剂萃取的飞速发展奠定了基础。20 世纪 40 年代以后，溶剂萃取走向成熟，并迎来了鼎盛时期，建立起了完善的理论体系，发展出了丰富的萃取模式，并被广泛应用于科学研究和工农业生产的各个领域。

溶剂萃取虽是较经典的分离方法，但随着计算机技术的发展和应用，新型有机萃取剂的合成、配合物的不断发展及与其他分离方法和测试技术的结合，使经典的溶剂萃取亦获得新的发展和进步。今后溶剂萃取分离将向以下几方面发展：①合成具有毒性小而萃取性能优异的萃取剂；②结合现代方法深入研究萃取动力学；③进一步与其他分离和测定方法相结合，建立新的分离和测定体系及新技术；④结合红外、核磁共振等研究萃取机理；⑤用于湿法冶金，尤其是对铂族元素、稀土元素、铀、钍、钪等元素的湿法冶金，具有广泛的应用前景；⑥研究固体萃取机理、动力学和应用等。

一、溶剂萃取分离基本原理

(一) 分配系数和分配比

溶剂萃取分离方法是基于各种物质在不同溶剂中的分配系数大小不等这一客观规律，因此讨论溶剂萃取就先从分配系数开始。

当某一溶质 A 同时接触到两种互不混溶的溶剂时，如果一种是水，另一种是有机溶剂，溶质 A 就分配在这两种溶剂中：

$$A_o \rightleftharpoons A_w$$

当这个分配过程达到平衡时，两相中溶质浓度的比值为常数，这个常数值称为分配系数 (distribution coefficient)，以 K_D 表示为：

$$K_D = \frac{[A]_o}{[A]_w} \tag{3-1}$$

这个关系称为分配定律，是溶剂萃取的基本定律。

但是分配系数 K_D 只有在一定的温度下、溶液中溶质的浓度很低以及溶质在两相中的存在形式相同时才是个常数值。溶液的浓度较高时，分配系数 K_D 往往偏离常数值。这是由于在较浓的溶液中达到平衡时，必须考虑两相中溶质活度的比值 P_A，即

$$P_A = \frac{a_o}{a_w} = \frac{[A]_o \gamma_o}{[A]_w \gamma_w} = K_D \frac{\gamma_o}{\gamma_w}$$

式中，a_o、a_w 分别是溶质 A 在有机相和水相中的活度；γ_o、γ_w 分别是在有机相和水相中的活度系数。

随着两相中溶质 A 浓度的改变，活度系数 γ 发生改变，分配系数 K_D 也就发生改变；只有当溶液浓度极稀，两相中的活度系数皆接近于 1 时，K_D 接近于 P_A，分配系数 K_D 才是个常数值。如果溶质 A 在一相或两相中发生电离、聚合等化学反应，情况就复杂化了。这时就不能简单地用分配系数来说明整个萃取过程的平衡问题。

在实际的萃取工作中，被萃取的物质往往在一相或两相中发生电离、聚合以及和其他组分发生化学反应等，另外，分析工作者主要关心的是存在于两相中的溶质的总量，因此有必要引入一个表示溶质 A 在两相中以各种形式存在的总浓度的比值，即分配比 "D" (distribution ratio)。

$$D = \frac{c_o}{c_w}$$

c 代表溶质以各种形式存在的总浓度。只有在简单的萃取体系中，溶质在两相中的存在形式又相同时，$D = K_D$。在实际工作中，情况往往比较复杂，分配比 D 常常不等于分配系数 K_D。

当物质 A 在水相和有机相中为简单的萃取体系，溶质在两相中的存在形式又相同时，$D = K_D$。在实际工作中，情况往往比较复杂，分配比 D 常常不等于分配系数 K_D。例如碘在四氯化碳和水中的分配过程是溶剂萃取最典型的简单示例。如果水溶液中有 I^- 存在，I_2 和 I^- 形成络离子 I_3^-：

$$I_2 + I^- \rightleftharpoons I_3^-$$

$$稳定常数\ K_f = \frac{[I_3^-]}{[I_2][I^-]} \tag{3-2}$$

I_2 分配在两种溶剂中：

$$[I_2]_w \rightleftharpoons [I_2]_o$$

$$K_D = \frac{[I_2]_o}{[I_2]_w} \tag{3-3}$$

于是分配比 D 为：

$$D = \frac{[I_2]_o}{[I_2]_w + [I_3^-]_w} = \frac{K_D}{1 + K_f[I^-]} \tag{3-4}$$

从式(3-4)可以看出，分配比 D 值随水溶液中 $[I^-]$ 的变化而改变。当 $[I^-] = 0$ 时，$D = K_D$；$[I^-]$ 渐渐增加，D 值渐渐下降；当 $K_f[I^-] \gg 1$ 时，式(3-4)可以简写作：

$$D = \frac{K_D}{K_f[I^-]} = K'[I^-]^{-1}$$

此时随着 $[I^-]$ 的增加，D 值按比例下降。

又如乙酸在苯和水中的分配过程可表示为：

$$[CH_3COOH]_w \rightleftharpoons [CH_3COOH]_o$$

$$K_D = \frac{[CH_3COOH]_o}{[CH_3COOH]_w} \tag{3-5}$$

乙酸在水溶液中存在电离过程：

$$[CH_3COOH]_w \rightleftharpoons CH_3COO^- + H^+$$

$$K_i = \frac{[H^+][CH_3COO^-]}{[CH_3COOH]_w} \tag{3-6}$$

乙酸在苯中又部分地聚合成二聚体，这个聚合平衡的平衡常数以 K_P 表示，则

$$2[CH_3COOH]_o \rightleftharpoons [(CH_3COOH)_2]_o$$

$$K_P = \frac{[(CH_3COOH)_2]_o}{[CH_3COOH]_o^2} \tag{3-7}$$

乙酸在两相间的分配比 D 等于：

$$D = \frac{[CH_3COOH]_o + 2[(CH_3COOH)_2]_o}{[CH_3COOH]_w + [CH_3COO^-]_w} \tag{3-8}$$

将式(3-5)~式(3-7)代入式(3-8)则得：

$$D = \frac{K_D(1 + 2K_P[CH_3COOH]_o)}{1 + K_i/[H^+]} \tag{3-9}$$

从式(3-9)可以看出，在这种情况下，分配比随着溶液中溶质的浓度和酸度变化而

改变。

综上所述，分配比是随着萃取条件的变化而改变的。因而改变萃取条件，可使分配比按照所需的方向改变，从而使萃取分离进行完全。

（二）萃取百分数和分离系数

萃取百分数是指进入有机相的溶质占两相中溶质总量的百分比。当某一物质 A 的水溶液用有机溶剂萃取时，如已知水溶液的体积为 V_w，有机溶剂的体积为 V_o，则萃取百分数（percent extraction，又称萃取效率）E 为：

$$E = \frac{\text{A 在有机相中的总含量}}{\text{A 在两相中的总含量}} \times 100\%$$

$$= \frac{c_o V_o}{c_o V_o + c_w V_w} \times 100\%$$

如果分子分母同除 $c_w V_w$，则可以得到：

$$E = \frac{D}{D + \dfrac{V_w}{V_o}} \times 100\% \tag{3-10}$$

从式(3-10)可以看出，萃取百分数由分配比 D 和体积比 V_w/V_o 决定。D 越大，体积比越小，则萃取百分数越高。在分析工作中，一般常用等体积的溶剂来萃取，即 $V_o = V_w$，此时萃取百分数 E 为：

$$E = \frac{D}{D + 1} \times 100\% \tag{3-11}$$

萃取百分数完全由分配比决定，当有机相和水相体积相等时，若 $D = 1$，萃取一次的百分数为 50%，若要求萃取百分数为 90%，则 D 必须大于 9。当分配比不大时，一次萃取不能满足分离要求，此时可以采用多次连续萃取的方法来提高萃取率。

即当 $V_w = V_o$ 时，E 值完全取决于 D 值。

$D = \infty$，$E = 100\%$，一次能萃取完全；

$D = 100$，$E = 99\%$，一次萃取不完全，须萃取两次（痕量分析一次可以）；

$D = 18$，$E = 94.7\%$；

$D = 9$，$E = 90\%$，须连续萃取多次；

$D = 1$，$E = 50\%$，萃取完全比较困难；

$D < 1$，反萃取。

当 D 较小时，一次萃取不能满足分离要求。为提高萃取效率，可采取连续萃取的方法。

从式(3-10)可见，要提高萃取百分数，也可以改变体积比，增加有机溶剂的用量。但当有机溶剂体积增大时，所得有机溶剂层中溶质 A 的浓度降低，就给进一步在溶剂层中测定 A 增加了困难。如果改用小体积溶剂连续萃取数次的方法，则要达到同样的萃取百分数，只须用较少量的有机溶剂就可以达到目的，这个问题可以用计算表明如下。

如萃取体系的 $D = 10$，原水相中溶质 A 的总浓度为 c_0，体积为 V_0，用体积为 V_w 的有机溶剂萃取，达到平衡后水相及有机相中 A 的总浓度分别等于 c_1 及 c_1'。当

$V_w = V_o$ 时，在萃取一次后水溶液中 A 的总浓度 c_1 可以计算如下：

$$c_o V_w = c_1 V_w + c_1' V_o = c_1 V_w + c_1 D V_o$$

$$c_1 = \frac{c_o V_w}{V_w + D V_o} = \frac{c_o V_w / V_o}{V_w / V_o + D} = \frac{c_o}{1+D} = \frac{1}{11} c_o$$

萃取两次后，水相中 A 的总浓度 c_2 可按同样方法计算得到：

$$c_2 = c_1 \left(\frac{1}{1+D}\right) = c_o \left(\frac{1}{1+D}\right)^2 = \frac{1}{121} c_o$$

第三次萃取后，水相中 A 的总浓度 c_3 为：

$$c_3 = c_2 \left(\frac{1}{1+D}\right) = c_o \left(\frac{1}{1+D}\right)^3 = \frac{1}{1331} c_o$$

等体积萃取三次，萃取即可定量完成，所用有机溶剂为原水相体积的三倍。

假如不用连续萃取的办法，而是用增加有机溶剂用量的办法，使 $V_o = 10 V_w$，则在萃取一次后水相中溶质 A 的总浓度 c_1 为：

$$c_1 = \frac{c_o V_w}{V_w + D V_o} = \frac{c_o}{1+100} = \frac{1}{101} c_o$$

消耗的有机溶剂比前一种办法多得多，效果却不及前者。因此，对于分配比较小的物质，为了萃取完全，应采用连续萃取数次的办法。

在分析化学中，为了达到分离的目的，不仅要求被萃取物质的分配比大，萃取百分数高，而且还要求溶液中共存组分间的分离效果好。分离效果的好坏一般用分离系数 β（separation factor，又称分离因数）来表示，它是两种不同组分分配比的比值，即

$$\beta = \frac{D_A}{D_B} \tag{3-12}$$

A 和 B 是两种欲分离的组分。如果 D_A 相当大，而 D_B 又很小，则分离系数 β 很大，分离效果很好。如果 D_A 极大，D_B 也较大，这时 β 虽然也相当大，但由于在组分 A 被萃取的同时，有相当一部分的组分 B 也进入有机溶剂层中，因而达不到分离目的。如果 D_A、D_B 相差较小，β 是个较小的数值，分离也比较困难。在这些情况下，为了达到分离目的，必须采取相应措施。

（三）萃取过程的本质

一般来讲，大多数的萃取过程包括三方面的作用：①水相中与被萃取物相关的化学作用；②被萃取物质在两相间分配平衡作用；③有机相中与被萃取物相关的化学作用。

用四氯化碳萃取碘，这是大家所熟悉的溶剂萃取示例。在这个例子中，萃取过程（process of extraction）十分简单，只是碘这种单质分配在不同的两相中。但事实上，大多数的萃取过程要比这个复杂得多。

用苯从水溶液中萃取乙酸，就包括了这样三个作用在内。乙酸是一种有机物质，它在水溶液中不易电离，它的分子不带电荷，因而易被有机溶剂苯所萃取。大多数有机物质的萃取过程属于这种类型。

无机物质中只有少数共价分子，HgI_2、$HgBr_2$、$HgCl_2$、$GeCl_4$、$AsCl_3$、$AsBr_3$、AsI_3、SbI_3 等可以直接用有机溶剂萃取，大多数无机物质在水溶液中，在水分子偶极矩的作用下电离成离子，并与水分子结合形成水合离子，因而它们比较容易溶解在水溶液中。萃取过程却要用非极性或弱极性的有机溶剂，要从强极性的水溶液中萃取出已水合的阳离子或阴离子来，显然是不行的。因此，为了要使萃取过程能顺利地进行，必须在水溶液中先加入某些试剂，使被萃取的溶质与试剂结合起来，形成一种不带电荷、难溶于水而易溶于有机溶剂的物质。这类加入的试剂称为萃取剂（extraction agent）。例如用氯仿从水溶液中萃取 Al^{3+} 时，常用 8-羟基喹啉作萃取剂，使之形成 8-羟基喹啉铝，这是一种内络盐，又称螯合物（chelate compound），难溶于水，但溶于氯仿，可用氯仿萃取之。

有时也可以使被萃取的离子与带有不同电荷的离子缔合成不带电荷的分子，而后用有机溶剂萃取之。有时溶剂本身也参加到缔合分子中去，形成溶剂化物而被有机溶剂所萃取。

总之，必须首先使欲萃取的亲水性组分转变为疏水性的易溶于有机溶剂的分子，然后才能从水相中转移入有机溶剂相中，从而被有机溶剂所萃取。

二、重要的萃取体系

根据所形成的可萃取物质的不同，可以把萃取体系（extraction system）分为金属螯合萃取体系、离子缔合物萃取体系和三元络合物萃取体系。

（一）金属螯合物萃取体系

金属离子和螯合剂（也称萃取配位剂）的阴离子结合形成中性螯合分子，这类螯合物分子难溶于水易溶于有机溶剂，这种萃取体系广泛应用于金属阳离子的萃取，是最重要最常用的萃取体系之一，所用萃取剂一般为有机弱酸，也就是螯合剂。

（1）常用的螯合剂

① 8-羟基喹啉：这是一种通用的有机试剂，在沉淀分离中它是重要的有机沉淀剂之一，在溶剂萃取中它是常用的萃取剂。8-羟基喹啉可以和多种金属离子反应生成内络盐沉淀，这些沉淀难溶于水却易溶于有机溶剂，一般可用氯仿萃取之。各种离子与 8-羟基喹啉所生成内络盐的稳定性、分配系数各不相同，因而在进行萃取时，控制不同的酸度就可以提高萃取分离的选择性，达到分离的目的，在这类萃取中，溶剂不与被萃取物质发生化学反应，仅起溶解被萃取物的作用，这类溶剂为惰性溶剂。

②双硫腙（diphenyl thiocarbazone，简称 dithizone），俗称打萨宗。它的结构式为：

$$S=C \begin{array}{c} NH-NH-C_6H_5 \\ \\ N=N-C_6H_5 \end{array}$$

在弱酸性条件下用双硫腙的 CCl_4 溶液萃取 Zn^{2+} 时，在水相中先发生络合反应：

$$Zn^{2+} + 2S=C\overset{NH-NH-C_6H_5}{\underset{N=N-C_6H_5}{}} \rightleftharpoons$$

这就使 Zn^{2+} 转变为电中性的 $Zn(HDz)_2$ 螯合物，而且引入 4 个疏水性基团苯基，使其亲水性大大减弱，疏水性大大增加。再加入 CCl_4 后，螯合物就很容易由水相被萃取到有机相。所以，由亲水性向疏水性转变是萃取分离无机离子的关键。用双硫腙作萃取剂，用 CCl_4 作溶剂，可萃取 Ag^+、Au^{3+}、Bi^{3+}、Cd^{2+}、Hg^{2+}、Cu^{2+}、Co^{2+}、Mn^{2+}、Ni^{2+}、Pb^{2+}、Zn^{2+}、Tl^+、Sn^{2+} 等离子。同样，可以利用控制溶液酸度的办法提高萃取分离的选择性。

③ 铜铁试剂（又称铜铁灵，N-亚硝基苯胲铵，NCP）最初用作 Cu 和 Fe 的沉淀剂，故名铜铁灵，实际上它可以和许多种金属离子形成易溶于有机溶剂的内络盐。例如用 $CHCl_3$ 萃取 Al^{3+}、Sb^{3+}、Cu^{2+}、In^{3+}、Fe^{3+}、Mo^{6+}、Co^{2+}、Nb^{5+}、Ti^{4+} 等离子，用乙醚萃取 U^{6+}，用乙酸乙酯萃取 Ce^{4+}、Nb^{5+}、Sn^{2+} 等离子时，都可用它作为萃取剂。它与金属离子的络合反应可表示如下：

铜铁灵一般配成水溶液使用，它的缺点是稳定性不好，加热时易分解成硝基苯。因此配成溶液后应保存在冰箱中，并且最好在低温下萃取。为了增加铜铁灵的稳定性，可在其溶液中加入稳定剂对乙酰基乙氧苯胺。后来又合成了新铜铁灵，即 N-亚硝基萘胲铵：

可用来萃取 Nd、Np、Pa。

④ 乙酰基丙酮（acetylacetone），简称 HAA，属于 β-二酮类的一种。它的烯醇式结构中有一个能被金属离子所取代的 H 和形成配位键的 O。它与金属离子的反应如下：

乙酰基丙酮可与 Al^{3+}、Be^{2+}、Cr^{3+}、Co^{2+}、Cu^{2+}、Ca^{2+}、In^{3+}、Fe^{3+}、Mn^{3+} 等阳离子形成内络盐，可用 $CHCl_3$、CCl_4、苯、二甲苯萃取，也可以用乙酰基丙酮直接进行萃取，这时乙酰基丙酮既是萃取剂，又是溶剂。

属于 β-二酮类的常用的萃取剂还有噻吩甲酰三氟丙酮（HTTA）：

$$\text{[S]}C-CH_2-C-CF_3$$

由于三氟甲基的存在，它的烯醇式的酸性增强了，据测定它的电离常数为 $10^{-6.23}$，因此可以在较强的酸性溶液中进行萃取，避免了金属离子的水解，这对分离锕系元素很有用。

⑤ 二乙基胺二硫代甲酸钠（简称 DDTC）。最初用它作为铜离子的沉淀剂，因此又称为铜试剂。实际上，它可以和许多种金属离子络合形成内络盐，然后可用四氯化碳或乙酸乙酯萃取，这些金属离子包括 Ag^+、Hg^{2+}、Cu^{2+}、Cd^{2+}、Bi^{3+}、Co^{2+}、Se^{IV}、Te^{IV}、Fe^{3+}、Mn^{2+}、Ni^{2+}、V^{5+}、In^{3+}、Ga^{3+} 等。

此外，常用的萃取剂还有丁二酮肟（dimethylglyoxime），其是最早应用的有机试剂之一，对镍有特效，既可作为 Ni^{2+} 的沉淀剂，也可作为 Ni^{2+} 的萃取剂。桑色素（morin）、醌茜素（quinalizarin）等也是常用的萃取剂。

桑色素　　　　　　　　　　　　醌茜素

在这类萃取体系中，被萃取的金属离子与萃取剂形成内络盐（或螯合物），从而溶于有机溶剂中。这些盐类在有机溶剂中溶解度的绝对值并不大，但分配系数一般是较大的，因此适用于分离少量元素，即从稀溶液中萃取分离某些元素效果较好，在分析化学中的实用价值较大。

(2) 萃取平衡　在这类萃取体系中所用的萃取剂一般是有机弱酸，如前所述，可用 HR 表示之。这类萃取体系的整个萃取平衡可用萃取方程式简单表示如下：

$$(Me^{n+})_w + n(HR)_w \Longleftrightarrow (MeR_n)_o + n(H^+)_w$$

则萃取体系的各个平衡可以表示如下：

$$HR \underset{②}{\Longleftrightarrow} H^+ + R^-$$

　　　　　HR　　　　　　$Me^{n+} + nR^- \underset{③}{\Longleftrightarrow} MeR_n$

水相

　　——①‖——————————————④‖——

溶剂相　HR　　　　　　　　　　　　　MeR_n

每一种平衡分别适用各自的平衡常数。又假定溶液中的浓度不高，可用浓度而不必用活度。于是对萃取剂的分配平衡：

$$\frac{[HR]_o}{[HR]_w} = K_{DR} \tag{3-13}$$

对萃取剂的电离平衡：

$$\frac{[H^+][R^-]}{[HR]_w} = K_i \tag{3-14}$$

对被萃取离子与萃取剂的络合平衡：

$$\frac{[MeR_n]_w}{[Me^{n+}][R^-]^n} = K_f \tag{3-15}$$

对生成的内络盐在水相和溶剂相中的分配平衡：

$$\frac{[MeR_n]_o}{[MeR_n]_w} = K_{DX} \tag{3-16}$$

在萃取过程到达平衡后，整个萃取过程的分配比 D 等于：

$$D = \frac{\text{有机溶剂中}Me^{n+}\text{的总浓度}}{\text{水溶液中}Me^{n+}\text{的总浓度}} = \frac{[MeR_n]_o}{[Me^{n+}] + [MeR_n]_w} \tag{3-17}$$

分子分母同用 $[R^-]^n$ 乘，用 $[MeR_n]_w$ 除，并把式(3-15)、式(3-16)代入，则得：

$$D = \frac{K_{DX}K_f[R^-]^n}{1 + [R^-]^n K_f} \tag{3-18}$$

由式(3-14)得：

$$[R^-] = K_i \frac{[HR]_w}{[H^+]}$$

代入式(3-18)则得：

$$D = \frac{K_{DX}K_f K_i^n}{\dfrac{[H^+]^n}{[HR]_w^n} + K_i^n K_f} \tag{3-19}$$

由式(3-13)得：

$$[HR]_w = \frac{[HR]_o}{K_{DR}}$$

代入式(3-19)得：

$$D = \frac{K_{DX}K_f K_i^n}{K_{DR}^n} \times \left(\frac{[H^+]^n}{[HR]_o^n} + \frac{K_i^n K_f}{K_{DR}^n} \right)^{-1} \tag{3-20}$$

由于所形成的内络盐在水中的溶解度很小，在式(3-17)的分母中 $[Me^{n+}] \gg [MeR_n]_w$，相应地在式(3-20)中

$$\frac{[H^+]^n}{[HR]_o^n} \gg \frac{K_i^n K_f}{K_{DR}^n}$$

于是式(3-20)可以简化为：

$$D = \frac{K_{DX}K_f K_i^n}{K_{DR}^n} \times \left(\frac{[HR]_o}{[H^+]} \right)^n \tag{3-21}$$

从式(3-21)可见，分配比与被萃取组分的浓度无关，因而溶剂萃取既适用于痕量组分的分离，也适用于常量组分的分离。

从式(3-21)还可以看出，对于同一种被萃取离子、同一种溶剂和萃取剂，K_{DX}、K_f 和 K_i 及 K_{DR} 都是一定值，于是式(3-21)可以简化为：

$$D = K^* \left(\frac{[HR]_o}{[H^+]} \right)^n \tag{3-22}$$

如果有机相中萃取剂的浓度一定，则式(3-22)可以进一步简化为：

$$D = K^{*\prime}[H^+]^{-n} \tag{3-23}$$

这个萃取平衡公式首先被 Kolthoff 和 Sandell 用双硫腙为萃取剂进行的萃取过程所证实，然后推广应用于许多形成内络盐的萃取体系。

（3）萃取条件的选择　根据萃取平衡的讨论，从式（3-21）可以清楚地看出来，在形成内络合物的萃取过程中，分配比 D 是由许多因素决定的，这些因素包括萃取剂的电离常数 K_i 和分配系数 K_{DR}、被萃取内络盐的稳定常数 K_f 和分配系数 K_{DX}、水溶液中的 H^+ 浓度和有机相中萃取剂的浓度。这就是说萃取条件严重地影响着萃取平衡。因此怎样选择一个合适的萃取条件，使萃取分离可以顺利进行，必须加以讨论。

① 螯合剂和螯合物的性质　由式（3-21）可以看出：螯合物的稳定常数 K_f 越大，螯合剂在两相中的分配系数 K_{DR} 越小，螯合物在两相中的分配系数 K_D 越大，则萃取分配比越大。螯合剂的离解常数 K_i 越大，即酸性越强，则萃取分配比越大。由这两点可知，选用酸性强、较易溶于水的螯合萃取剂有利于金属螯合物的形成，因而也有利于提高萃取率。虽然螯合物的稳定常数 K_f 通常随螯合剂的 K_i 增加而降低，但在许多情况下，K_i 值增大引起萃取率的提高比 K_f 值减小引起萃取率的降低来得快，总的结果仍然是 $K_f K_i^n$ 项增大，有利于萃取。

② 萃取溶剂的选择　像氯仿、四氯化碳、苯、环己烷、乙醚、异丙醚、甲基异丁基酮等与水互不相溶的有机溶剂常用于形成螯合物的萃取体系。从式（3-21）可以看出，不同溶剂将对两个常数值有影响，即对萃取剂的分配系数 K_{DR} 和螯合物的分配系数 K_{DX} 产生影响。如果其他条件不变，只改变溶剂，对于分配比 D 的影响可表示如下：

$$\frac{D}{D'} = \frac{K_{DX} K_{DR}^{'n}}{K_{DX}' K_{DR}^{n}}$$

D 和 D' 分别代表用两种不同溶剂时的分配比，K_{DX}、K_{DX}' 为螯合物在两种不同溶剂中的分配系数，K_{DR}、K_{DR}' 为萃取剂在两种不同溶剂中的分配系数。一般来说，溶剂种类改变，会使这两个分配系数沿着同一个方向改变。就是说由于溶剂的改变，萃取剂在溶剂相的溶解度增加时，生成的螯合物的溶解度也同时相应地增加。这样看来，似乎溶剂的选择对分配比的影响不大。

对一价以上的离子，选择何种溶剂对分配比的影响较为显著，因此对于高价阳离子螯合物的萃取，选用分配系数较大的溶剂会使分配比 D 值下降，影响萃取。例如用双硫腙为萃取剂时，氯仿和四氯化碳都可用作萃取溶剂。但由于双硫腙和它所形成的螯合物较易溶于氯仿中，氯仿作溶剂时，分配比 D 值较小，要使萃取完全，必须在酸度较低的溶液中进行，因而用四氯化碳作溶剂比氯仿更合适些。

③ 水相酸度的影响　螯合剂是弱酸，因此萃取率与水相的酸度关系很大，这是螯合萃取的突出特点。

将式（3-23）取对数可得：

$$\lg D = \lg K^{*'} + n\mathrm{pH} \tag{3-24}$$

对某个一定的螯合萃取体系，pH 值每增加一个单位，D 就增加 10^n 倍，n 为金属离子的价数。即对一价离子 D 增加 10 倍；对二价离子 D 增加 100 倍；对三价离子 D 增加 1000 倍。

对于等体积萃取而言，由萃取率的计算公式可以导出 $D = \dfrac{E}{100-E}$，代入式（3-

24)有：

$$\lg D = \lg E - \lg(100 - E) = \lg K^{*\prime} + n\mathrm{pH} \tag{3-25}$$

可见，萃取效率受 pH 值影响。萃取效率与水溶液 pH 值的关系曲线称为萃取曲线。

图 3-1 为以 8-羟基喹啉为萃取剂，以氯仿为溶剂萃取 Ga^{3+}、In^{3+}、Al^{3+} 时，萃取率与水相的 pH 值间的关系曲线，该曲线称为萃取曲线。由图 3-1 可见，萃取效率受溶液酸度的影响。

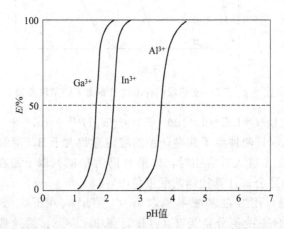

图 3-1　8-羟基喹啉萃取 Ga^{3+}、In^{3+}、Al^{3+} 的萃取曲线

三种离子与 8-羟基喹啉形成配合物的稳定常数的数值大小的顺序为 Ga^{3+} 最大、In^{3+} 其次、Al^{3+} 最小。因此最容易进入有机相的是 Ga^{3+} 的配合物，其开始被萃取和萃取完成对应的 pH 值最小，In^{3+}、Al^{3+} 相应 pH 值都有所增加。当水相 pH 值在 2.5 左右时，Ga^{3+}、In^{3+} 的配合物完全进入了有机相，而 Al^{3+} 完全留在水相，从而达到了分离。当 Ga^{3+} 的萃取率达到 100% 时，已经有大量的 In^{3+} 进入了有机相，因此通过调节水相的酸度使 Ga^{3+}、In^{3+} 彼此分离的难度较大。这种情况下可以通过加入掩蔽剂的方式将其中的一种离子进行掩蔽，另一种离子不变，使萃取曲线彼此相对发生移动，从而达到分离的目的。

从图 3-1 萃取曲线可以看出：当溶液的 pH 值上升时，三种内络盐的萃取百分数迅速增加，直至萃取完全。三条曲线的形状与斜率完全一样，只是所处的位置不同。这是由于这三种离子都是三价，所萃取的酸度不一。Ga^{3+} 最易被萃取，其次是 In^{3+}，在 pH=2 时，Ga^{3+} 和 In^{3+} 萃取完全，此时铝还未萃取，在 pH=3 时铝才开始被萃取。

萃取曲线的斜率与离子的价态有关，图 3-1 中 Ga^{3+}、In^{3+}、Al^{3+} 的萃取曲线彼此平行。图 3-2 为用噻吩甲酰三氟丙酮（TTA）-苯萃取体系萃取四种不同价态离子的萃取曲线。可见价态越高，曲线斜率越大。

常用萃取效率 E=50% 所对应的萃取曲线 pH 值来表征萃取曲线，用 $\mathrm{pH}^{1/2}$ 表示。从式(3-25)可知，$\lg D = \lg E - \lg(100 - E) = \lg K^{*\prime} + n\mathrm{pH}^{1/2} = 0$，$\lg K^{*\prime} = -n\mathrm{pH}^{1/2}$，则

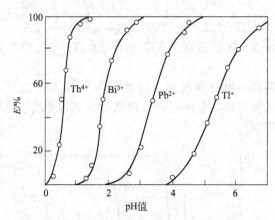

图 3-2 TTA-苯萃取四种不同价态离子的萃取曲线

$$\lg D = \lg E - \lg(100 - E) = -npH^{1/2} + npH^{1/2}$$

如果溶液中 A、B 两种离子共存，A 的稳定常数大于 B，萃取时 A 先进入有机相。当 99% 以上的 A 进入有机相时，如果 B 仍然有 99% 以上留在水相，算完全分离，就可以根据上述公式计算控制的酸度范围。

以氯仿为溶剂，用 8-羟基喹啉萃取 In^{3+}、Th^{4+}、Cd^{2+}、Ag^+ 四种离子时，它们的萃取曲线 $pH^{1/2}$ 的值分别为 2.1、4.0、6.3 和 8.8。对这四种离子，考察是否可用控制酸度的方法将它们分离。

首先考虑 In^{3+}、Th^{4+} 两种离子的分离情况，In^{3+} 先进入有机相，计算有 99% 以上 In^{3+} 进入有机相的酸度，根据公式 $\lg D = -npH^{1/2} + npH$

$$\lg D = -3 \times 2.1 + 3pH_1 > \lg 99/1, pH_1 > 2.8$$

然后计算 99% 以上的 Th^{4+} 留在水相所对应的酸度，同理

$$\lg D = -4 \times 4.0 + 4pH_2 < \lg 1/99, pH_2 < 3.5$$

可见只要水相 pH 值控制在 2.8～3.5，就能同时满足 In^{3+}、Th^{4+} 定量分离的条件，故两者可以通过调节酸度的方法进行分离。Th^{4+}、Cd^{2+} 间的分离计算方法相同，99% 以上的 Th^{4+} 进入有机相的 $pH_3 > 4.5$，99% 以上的 Cd^{2+} 留在水相的 $pH_4 < 5.3$。同样，只要水相 pH 控制在 4.5～5.3，Th^{4+}、Cd^{2+} 可以定量分离。

Cd^{2+}、Ag^+ 的分离是同样道理，99% 以上的 Cd^{2+} 进入有机相的 $pH_5 > 7.3$；99% 以上的 Ag^+ 留在水相的 $pH_6 < 6.8$。可见无论 pH 值为多少，两个条件都无法同时满足，因此无法通过调节酸度使 Cd^{2+}、Ag^+ 定量分离。

在此萃取体系中，In^{3+}、Th^{4+}、Cd^{2+}、Ag^+ 中的前两个离子可以通过调节酸度从溶液中定量分离开来，而后面的两个离子无法通过调节酸度达到彼此定量分离，要通过借助其他方法如加入掩蔽剂才有可能使其定量分离。

④ 干扰离子的消除 可以通过控制酸度进行选择性萃取，将待测组分与干扰组分分离。例如用双硫腙-CCl_4 法萃取测定工业废水中的 Hg^{2+} 时，若控制 pH 值等于 1，则其他离子基本不被萃取，仍留在水相中。同理，若要用该体系分离 Cd^{2+}，则可控制 pH 值等于 10。此时只有 Cd^{2+} 留在水相中，其他金属离子均被萃取。

加入掩蔽剂也可提高萃取分离的选择性，例如用双硫腙-CCl_4法测定铅合金中的银。将试样分解后，在适宜的酸度下加入双硫腙和 EDTA。由于 Ag^+ 不与 EDTA 形成稳定的络合物，它与双硫腙络合后被 CCl_4 萃取。同时 Pb^{2+} 及其他金属离子因与 EDTA 生成稳定而带电荷的络合物而留在水中。

（二）离子缔合物萃取体系

金属配离子与其相反离子由静电引力作用相结合形成的不带电的化合物称为离子缔合物。此离子缔合物具有疏水性而能被有机溶剂萃取。如果离子的体积越大，所带电荷越少，越容易形成疏水性的离子缔合物而被萃取。

（1）分类　常见的离子缔合物萃取体系有以下几类：

① 金属阳离子的离子缔合物　金属阳离子与大体积的络合剂作用，形成没有或很少配位水分子的络阳离子，然后与适当的阴离子缔合，形成疏水性的离子缔合物。例如，Fe^{2+} 与邻二氮菲的螯合物带正电荷，能与 ClO_4^- 生成可被 $CHCl_3$ 萃取的离子缔合物：

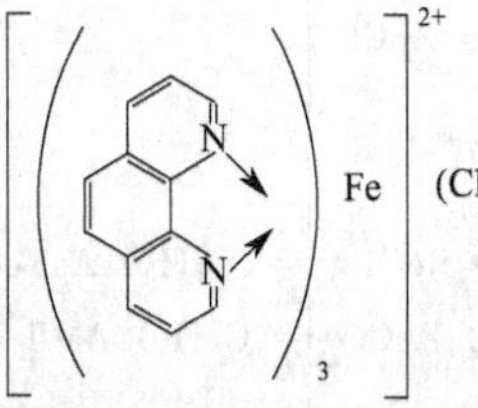

② 金属络阴离子的离子缔合物　金属离子与溶液中简单配位阴离子形成络阴离子，然后与大体积的有机阳离子形成疏水性的离子缔合物。一些含有氨基的大分子有机染料，如三苯甲烷类试剂常用来作为萃取剂。例如，Sb(V)在 HCl 溶液中形成 $SbCl_6^-$ 络阴离子，结晶紫在酸性溶液中形成的大阳离子可与之缔合，从而被甲苯萃取：

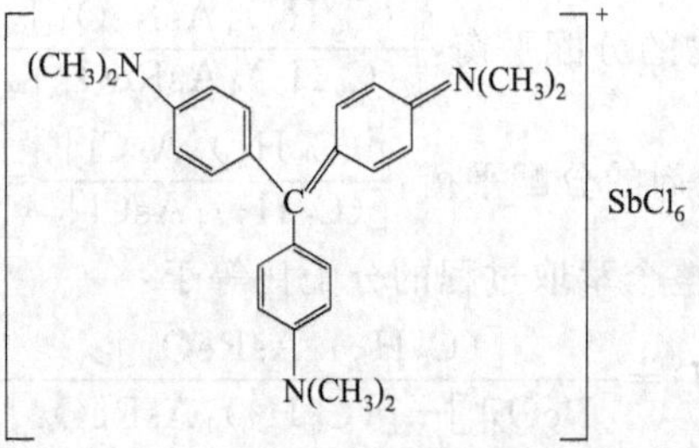

③ 形成锌盐的缔合物　含氧的有机溶剂如醚、醇、酮和酯等能够结合 H^+ 而形成锌离子，再与金属络阴离子形成离子缔合物（又称锌盐），从而被有机溶剂萃取。例如在盐酸介质中，Fe^{3+} 与 Cl^- 可形成 $FeCl_4^-$，乙醚与 H^+ 结合成锌离子 $(C_2H_5)_2OH^+$，两者可结合为锌盐型缔合物 $(C_2H_5)_2OH^+FeCl_4^-$ 而被乙醚萃取。这里乙醚既是萃取剂又是萃取溶剂。可见，锌离子和锌盐的形成均须在较高的酸度下进行，常用不含氧的强酸如盐酸等来调节酸度。实验表明，含氧的有机溶剂形成锌离子的能力按下列次序增强：

$$R_2O < ROH < RCOOH < RCOOR < RCOR$$

锌盐萃取体系的特点是萃取能力较强，但选择性较差，通常用于大量基体物质的分离。

④ 其他离子缔合物　如用含砷的有机萃取剂萃取铼，是基于铼酸根阴离子与四苯胂阳离子的反应：

$$(C_6H_5)_4As^+ + ReO_4^- \Longrightarrow (C_6H_5)_4As^+ReO_4^-$$

该缔合物可被苯或甲苯萃取。

(2) 萃取平衡　这一类型的萃取平衡比前一类要复杂得多，因此要得出一般化的公式以说明本类型中各种萃取过程的分配比和萃取条件间的关系是不可能的。现在只能对几个大家比较熟悉的例子加以适当的讨论。

① 用氯化四苯胂为萃取剂萃取铼酸根离子　以氯化四苯胂[$(C_6H_5)_4AsCl$]为萃取剂，以氯仿为萃取溶剂，萃取铼酸根离子（ReO_4^-）时，形成一种难溶于水的离子缔合物（$(C_6H_5)_4AsReO_4$），这种缔合物易溶于氯仿，可用氯仿萃取，在这个萃取过程中，存在下列四个反应过程：

$$
\begin{array}{ll}
\text{水相} & \text{有机相} \\
(C_6H_5)_4AsCl \underset{\text{电离}}{\Longrightarrow} (C_6H_5)_4As^+ + Cl^- & \\
\Big\updownarrow \text{络合} \Big| ReO_4^- & \\
(C_6H_5)_4As \cdot ReO_4 \underset{\text{分配}}{\Longrightarrow} (C_6H_5)_4AsReO_4 & \\
(C_6H_5)_4AsCl \underset{\text{分配}}{\Longrightarrow} (C_6H_5)_4AsCl &
\end{array}
$$

各步反应过程的平衡常数分别为：

电离平衡：
$$\frac{[(C_6H_5)_4As^+][Cl^-]}{[(C_6H_5)_4AsCl]_w} = K_i \tag{3-26}$$

络合平衡：
$$\frac{[(C_6H_5)_4AsReO_4]_w}{[(C_6H_5)_4As^+][ReO_4^-]} = K_f \tag{3-27}$$

络合物的分配平衡：
$$\frac{[(C_6H_5)_4AsReO_4]_o}{[(C_6H_5)_4AsReO_4]_w} = K_{DX} \tag{3-28}$$

萃取剂的分配平衡：
$$\frac{[(C_6H_5)_4AsCl]_o}{[(C_6H_5)_4AsCl]_w} = K_{DR} \tag{3-29}$$

萃取过程达到平衡后，整个萃取过程的分配比等于：

$$D = \frac{[(C_6H_5)_4AsReO_4]_o}{[ReO_4^-] + [(C_6H_5)_4AsReO_4]_w} \tag{3-30}$$

由于（$(C_6H_5)_4AsReO_4$）络合物难溶于水，因此在水溶液中它的浓度极低，和[ReO_4^-]比较可以略而不计，因此式(3-30)可以简化为：

$$D = \frac{[(C_6H_5)_4AsReO_4]_o}{[ReO_4^-]} \tag{3-31}$$

将式(3-27)、式(3-28)代入式(3-31)，得到：

$$D = K_{DX}K_f[(C_6H_5)_4As^+] \tag{3-32}$$

再将式(3-26)、式(3-29)代入式(3-32)得：

$$D = \frac{K_{DX}K_fK_i}{K_{DR}} \times \frac{[(C_6H_5)_4AsCl]_o}{[Cl^-]}$$

$$= K^* \frac{[(C_6H_5)_4AsCl]_o}{[Cl^-]} \tag{3-33}$$

式(3-33)表明，分配比与有机相中萃取剂的浓度成正比，与水相中 Cl^- 浓度成反比，溶液中 pH 值的改变不影响分配比。这是因为铼酸在溶液中呈离子状态存在。

这类萃取过程一般应用于 ReO_4^-、MnO_4^-、IO_4^-、ClO_4^-、$HgCl_4^{2-}$ 等的萃取。

② 用乙醚萃取三氯化铁——锌盐萃取　用乙醚在盐酸溶液中萃取三氯化铁，这是形成锌盐的萃取的一个具体例子。在这个萃取过程中，在水相和有机溶剂相中存在一系列的反应过程，情况相当复杂。

在水相中的反应：
$$Fe(H_2O)_6^{3+} + 4Cl^- \rightleftharpoons Fe(H_2O)_2Cl_4^- + 4H_2O$$

$$Fe(H_2O)_2Cl_4^- + 2R_2O \rightleftharpoons Fe(R_2O)_2Cl_4^- + 2H_2O$$
$$(R_2O \text{ 代表乙醚分子})$$
$$H_3O^+ + R_2O \rightleftharpoons R_2OH^+ + H_2O$$
$$H_3O^+ + Fe(H_2O)_2Cl_4^- \rightleftharpoons [H_3O^+ \cdot Fe(H_2O)_2Cl_4^-]$$
$$R_2OH^+ + Fe(R_2O)_2Cl_4^- \rightleftharpoons [R_2OH^+ \cdot Fe(R_2O)_2Cl_4^-]$$
$$R_2OH^+ + Cl^- \rightleftharpoons [R_2OH^+ \cdot Cl^-]$$

在两相间进行的分配反应：
$$[H_3O^+ \cdot Fe(H_2O)_2Cl_4^-]_w \rightleftharpoons [H_3O^+ \cdot Fe(H_2O)_2Cl_4^-]_o$$
$$[R_2OH^+ \cdot Fe(R_2O)_2Cl_4^-]_w \rightleftharpoons [R_2OH^+ \cdot Fe(R_2O)_2Cl_4^-]_o$$
$$[R_2OH^+ \cdot Cl^-]_w \rightleftharpoons [R_2OH^+ \cdot Cl^-]_o$$

此外，在溶剂相中还存在 $[H_3O^+ \cdot Fe(H_2O)Cl_4^-]$、$[R_2OH^+ \cdot Fe(R_2O)Cl_4^-]$ 分子的聚合反应和电离反应，这里不再一一介绍。下面讨论影响这类萃取过程的各种因素。

① 溶液酸度的影响　从上面的一系列反应式中可以看出，为了使萃取能够顺利地进行，水溶液中的酸度必须足够，如果酸度不够，Ra_2OH^+ 不会形成，即使形成了也不稳定，这样就影响了易被萃取的锌盐分子的形成，影响萃取的进行。因此这类萃取必须在较浓的盐酸溶液中进行。图 3-3 中的各条曲线说明了用乙醚萃取 Fe^{3+}、Sb^{5+}、As^{3+} 时 HCl 浓度的影响。

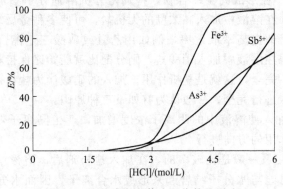

图 3-3　盐酸浓度对萃取百分数的影响

从图 3-3 中可以看出，各种不同金属离子的氯化物用乙醚萃取时，所需的盐酸浓度是不同的。对于 $FeCl_3$ 来说，盐酸浓度至少应在 $5mol/L$ 以上。但盐酸浓度过高也有不利的方面，因为过浓的 HCl 虽有利于 R_2OH^+ 的形成，但也可能使 $Fe(H_2O)_2Cl_4^-$ 转变成 $FeCl_6^{3-}$，不利于生成 $Fe(R_2O)Cl_4^-$、络阴离子和𨥖盐[$R_2OH^+ \cdot Fe(R_2O)_2Cl_4^-$]这些较易被萃取的溶剂化分子，反而使萃取百分数降低。

② 溶剂对萃取的影响　各种不同含氧溶剂形成𨥖盐的能力是不相同的，经研究结果表明，各种溶剂形成𨥖盐的能力按下述次序从左到右依次增强：

$$ROR < ROH < RCOOH < RCOOR < RCOR < RCHO$$

这种关系实际上表示了溶剂分子性质对萃取百分数的影响。因而用这些溶剂萃取 $FeCl_3$ 时，分配比的增加基本上也是这个顺序，表 3-1 中的数据说明了这个问题。

表 3-1　不同有机溶剂在萃取 $FeCl_3$ 时对分配比的影响

溶剂	盐酸浓度/(mol/L)	分配比
正戊醇	8	30
乙醚	6	100
乙酸丁酯	9	1000
甲基异丁酮	7	9000

③ 络阴离子的亲水性及稳定性对萃取的影响　一般来说，亲水性较弱的络阴离子易被萃取，卤素和硫氰酸根与金属离子生成的 MeX_m^{n-} 型络阴离子可以被萃取。反之，含氧酸根如 SO_4^{2-}、PO_4^{3-} 等和金属离子所生成的络阴离子就不被这一类型的有机溶剂所萃取。

络阴离子可以被萃取的程度又和这些络阴离子的稳定性有关。配位体与金属离子结合的能力愈大，络阴离子愈稳定，愈易被萃取。SCN^-、卤素与 Fe^{3+} 络合的能力有如下次序：

$$SCN^- > F^- > Cl^- > Br^- > I^-$$

因此 Fe^{3+} 也可以 $Fe(SCN)_4^-$ 或 $FeBr_4^-$ 的形式被乙醚所萃取。当然络阴离子的稳定性还和金属离子的性质有关，这里就不加以讨论了。

④ 盐析作用　在形成离子缔合物，特别是有机溶剂分子参加到缔合物分子中去的萃取体系中，在溶液中加入高浓度的无机盐，可使多种金属络合物的分配比大为增加，从而显著地提高萃取效率，例如用乙醚或磷酸三丁酯（简称 TBP）萃取硝酸铀酰时，如果在溶液中加入硝酸盐，则分配比就能始终保持相当大的数值，最后使萃取分离到达完全，这就是盐析作用。加入的硝酸盐为盐析剂，盐析剂使分配比显著增大、萃取进行完全，一般认为有如下三种原因：

a. 盐析剂的加入使溶液中的阴离子浓度增加，产生同离子效应，从而使反应朝着有利于萃取作用的方向进行。

b. 盐析剂的用量一般是比较多的，在加入盐析剂后，溶液中离子浓度大为增加，各个离子都可能与水分子结合起来形成水合离子，因而水分子的浓度大为降低。这样就大大减小了水分子与被萃取金属离子的结合能力，使被萃取离子与有机溶剂形成溶剂化物，从而溶于有机溶剂中。

　　c. 大量电解质的加入　使水的介电常数降低，水的偶极矩作用减弱，有利于离子缔合物的形成和萃取作用的进行。

　　可用作盐析剂的无机盐为数不多。首先，盐析剂要易溶于水，而不溶于有机溶剂；其次，盐析剂与被萃取物及共存的其他盐类应不发生化学反应；最后，加入的盐析剂要对以后的分析没有妨碍。

　　分析中最常用的盐析剂是铵盐，但有时盐析效率不高，因此也常采用其他金属盐类，但不能引入对以后测定有干扰的盐类。一般来说，高价离子的盐类的盐析作用比低价离子的盐类要大；离子的电荷相同时，离子半径愈小，盐析作用愈强。有时高价离子如 Al^{3+}、Ca^{2+} 等虽具有较强的盐析作用，但这些离子常常影响以后的分析，因此在分析化学中应用不多。分析中常用硝酸盐、硫氰酸盐、卤化物为盐析剂。

　　此外，还有部分元素可以杂多酸或杂多酸盐的形式被有机溶剂所萃取，亦可以认为属于这类体系。例如磷钨酸可以在 6mol/L HCl 溶液中被 1-戊醇所萃取；磷铝酸可以被乙醚所萃取；在磷钼酸和硅钼酸的混合物中，可以用乙酸乙酯或乙酸丁酯萃取磷钼酸，使之与硅钼酸分离；也可以用 1-丁醇和乙醚萃取砷钼酸等。

（三）三元络合物萃取体系

　　三元络合物的形成具有选择性好、灵敏度高的特点，因而这类萃取体系近年来发展较快。例如对 Ag^+ 的萃取，可以使 Ag^+ 与 1,10-邻二氮杂菲配位络合生成络阳离子，并与染料溴邻苯三酚红的阴离子缔合成三元络合物，溶于有机溶剂而被萃取。三元络合萃取体系往往比螯合物、缔合物的二元萃取体系更为优越，它不但萃取效率高，而且选择性好。这主要是由于三元络合物和二元络合物相比，往往亲水性更弱，疏水性更显著，即更易溶于有机溶剂，因而萃取效率高，萃取分离的灵敏度高。另外，三元络合物的形成要比二元络合物困难些，因为只有当金属离子和两种配位体络合能力的强弱相当时，才能形成三元络合物，否则只能形成二元络合物。因此，当各种金属离子与两种配位体在一起时，有的金属离子能形成三元络合物，有的则不能。这样，就可以通过三元络合物的形成与否来使金属离子萃取分离，即这种萃取分离的选择性较好。所以利用三元络合物的萃取分离近年来发展较快，对于许多稀有元素、分散元素的分离和富集很起作用。

　　形成三元络合物的反应在溶剂萃取分离中是比较普通的，前面已介绍过的两种萃取体系中，用惰性溶剂萃取的内络盐属于二元络合物。在形成缔合物的萃取体系中，有不少就是形成了三元络合物。例如 $ZnCl_4^{2-}$ 用氯化四苯脒作萃取剂，这时缔合生成的 $[(C_6H_5)_4As]_2ZnCl_4$ 就是一种三元络合物。

　　在萃取分离中应用各种不同的三元络合物，它们的作用机理不相同。

　　（1）形成三元络合物的萃取体系　属于这种类型的三元络合萃取体系近年来应用日益增多，较为重要，现举数例说明之。

　　① Ag^+ 和 1,10-邻二氮杂菲（Phen）配位形成络阳离子，进一步与溴邻苯三酚红（BPR）染料的阴离子缔合成三元络合物，如下式所示：

络合物在 pH＝7 的缓冲溶液中形成，可用硝基苯为溶剂萃取之，这种络合物显蓝色，在溶剂相中又 $\lambda_{max}＝590nm$，可用光度法测定微量 Ag^+，灵敏度相当高，摩尔吸光系数为 $\varepsilon_{max}＝3.20\times10^4$，可测定 $10\sim50\mu g$ 的 Ag^+。如果同时用 EDTA、Hg^{2+} 和 Br^- 作络合掩蔽剂，萃取的选择性极好。

能与 1,10-邻二氮杂菲配位络合的阳离子如 Cd^{2+}、Co^{2+}、Cu^{2+}、Mn^{2+}、Ni^{2+} 等都可以形成类似的三元络合物。如果与之缔合的染料改为四氯荧光素或四碘荧光红，则形成的三元络合物可用氯仿、乙酸乙酯等溶剂萃取。在溶剂相中用光度法测定时，其灵敏度比相对应的双硫腙内络盐法更高。其他与吡啶、联吡啶、喹啉等络合的阳离子也能形成类似的三元络合物。

②某些有机碱类，例如二苯胍、α-安息香肟、苯胺、吡啶等，它们分子中的氮原子都可以和溶液中的 H^+ 结合成阳离子 RH^+，这类阳离子与络阴离子缔合成三元络合物，可用有机溶剂萃取，然后进行光度法测定。这类方法有很好的选择性和灵敏度。例如 Ti^{4+} 和茜素红 S 在 pH＝3.6 的溶液中与二苯胍阳离子缔合成三元络合物，如下式所示：

RH^+ 代表二苯胍的阳离子：

络合物的组成为：Ti^{4+}：茜素红 S：RH^+＝1：3：5。可用氯仿和异戊醇(1：1)混合溶剂萃取后用光度法测定。对于钢中钛的测定有较高的灵敏度。二苯胍的加入使 Ti^{4+}-茜素红 S 络合物中的亲水基团磺酸基与二苯胍阳离子结合，从而大大降低了络合物的亲水性，增强其疏水性，提高了萃取分离的灵敏度。

同样，Ti^{4+} 在酸性溶液中与 SCN^- 络合成黄色水溶性络阴离子 $[Ti(SCN)_6]^{2-}$，当加入二苯胍时，就会发生离子缔合反应生成三元络合物：

$$Ti(SCN)_6^{2-}+2RH^+ \Longrightarrow (RH)_2[Ti(SCN)_6]$$

易被氯仿所萃取，然后进行光度法测定。

一般来讲，能与苯环上含有邻羟基或邻羟基偶氮基团的染料形成水溶性络阴离子的元素，当加入二苯胍、苯胺等上述有机碱时，容易形成难溶于水的易被萃取的三元络合物，萃取后用光度法测定，使灵敏度和选择性都有所提高。例如稀土元素或铀与偶氮胂Ⅲ、稀土元素与铬黑 T、铌与氯代磺酚 C、锗与茜素红 S 等络合物和二苯胍组成三元络合物；钛与邻苯二酚、铀与邻苯三酚、铌与邻苯三酚等络合物和苯胺组成三元络合物；钛、水杨酸与吡啶；钛、SCN^- 和 α-安息香肟等三元络合物都属于这一类。

③ 罗丹明类碱性染料的阳离子可与络阴离子形成三元络合物，从而被有机溶剂所萃取，例如 Ga^{3+} 在 $6mol/L$ HCl 介质中与 Cl^- 结合成络阴离子 $GaCl_4^-$，与罗丹明 B 的阳离子缔合成三元络合物，如下式所示：

$$\left[(C_2H_5)_2N \cdots \underset{C}{\overset{O}{\cdots}} \cdots N(C_2H_5)_2 \right]^+ (GaCl_4)^-$$

（罗丹明 B 阳离子）　　　　（镓的络阴离子）

可用苯：乙醚（3：1）萃取，而后进行镓的光度法测定，灵敏度很高，可以测定微克级的镓。这种类型的三元络合物常常带有荧光，经萃取也可用荧光分光光度法加以测定。

三苯基甲烷类碱性染料，如甲基紫、结晶紫、孔雀绿、亮绿等也能生成类似的三元络合物。能够与碱性染料的阳离子缔合生成三元络合物的络阴离子种类很多，例如 B^{3+}、Ta^{5+} 的氟络阴离子；Ga^{3+}、Tl^{3+}、Au^{3+}、Sb^{5+}、Sb^{3+}、Fe^{3+}、V^{5+}、Mo^{6+} 的氯络阴离子；In^{3+}、Tl^{3+}、Au^{3+}、Sb^{5+}、Sb^{3+}、Hg^{2+}、Cu^{2+}、Fe^{3+}、Sn^{4+}、Sn^{2+}、Te^{4+} 的溴络阴离子；In^{3+}、Tl^+、Au^{3+}、Hg^{2+}、Bi^{3+}、Sb^{3+}、Te^{4+}、Sn^{2+} 等的碘络阴离子；Mo^{5+}、Pd^{2+}、Pt^{2+}、W^{5+}、Nb^{5+}、Re^{5+} 等的硫氰酸根络阴离子；Au^{3+}、U^{6+} 的硝酸根络阴离子；Ag^+ 的氰络阴离子；Re^{7+}、Cr^{6+}、Cl^{5+}、I^{5+}、N^{5+}、W^{6+} 的含氧酸阴离子；P^{5+}、As^{5+}、Si^{4+}、Ge^{4+}、Ta^{5+}、Nb^{5+}、V^{5+} 等的钼杂多酸阴离子等。

有机碱安替比林及其衍生物二安替比林甲烷在酸性溶液中与 H^+ 结合成阳离子，可以和各种金属离子的络阴离子缔合成三元络合物而被有机溶剂所萃取。例如 $Zn(SCN)_4^{2-}$、$Cd(SCN)_4^{2-}$ 与二安替比林甲烷所形成的三元络合物易被氯仿所萃取。

（2）协同萃取体系　协同萃取（synergic system）是 1958 年 Blake 等首先提出的，当时他们发现用二烷基磷酸和中性的有机磷试剂如磷酸三丁酯（TBP）同时进行萃取时，萃取效率大为提高。这种由于两种萃取剂同时使用，使萃取效率比单独使用时大为提高的现象称为协同效应，这种萃取体系即协同萃取体系，简称协萃体系。

协同萃取体系实质上也是一种三元络合萃取体系，它是由被萃取物质与螯合剂及溶剂组成的三元络合物萃取体系。在这种体系中螯合剂与被萃取的金属离子螯合，中和了金属离子上的电荷，生成内络盐。溶剂进一步地置换了内络盐中金属离子上残留的水合分子，于是形成疏水性的三元络合物，从而为有机溶剂所萃取。形成这种体系的溶剂必须是疏水性的，其络合能力必须比螯合剂弱些。另外，中心离子的最高配位数和配位体的几何形状必须合适。例如 UO_2^{2+}-HTTA-TBPO（三丁基氧化膦）或 UO_2^{2+}-HTTA-TBP 都属于这一类。经研究这一类络合物的结构有如下两种：

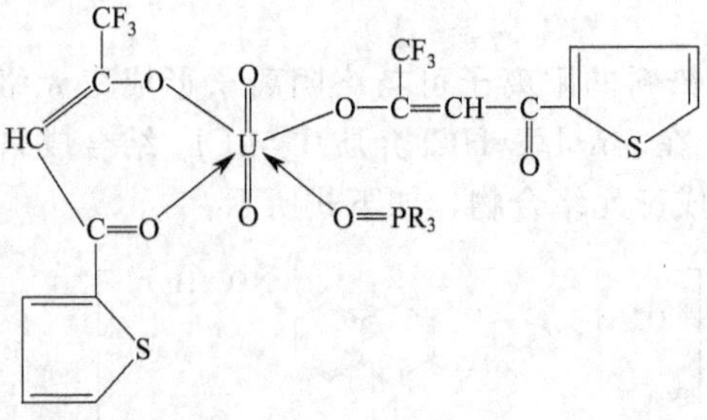

（Ⅰ）

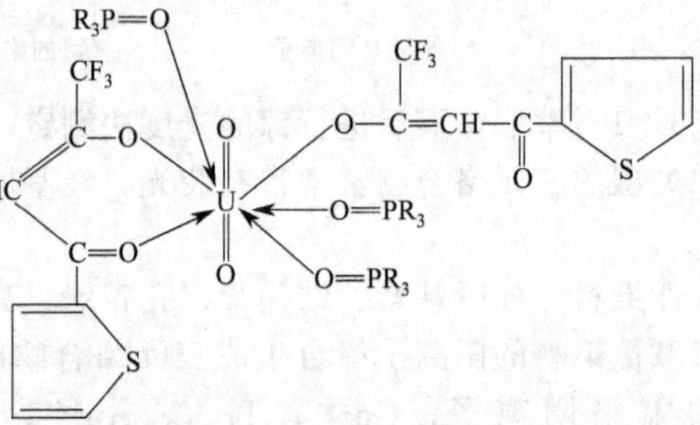

（Ⅱ）

在这两种络合物中，HTTA 可以是单配位基配位体，也可以是双配位基配位体，UO_2^{2+} 的配位数在结构Ⅰ中为 4，在结构Ⅱ中为 6。第二种络合物比第一种多了两个溶剂分子。

溶剂的氧原子上的未共用电子对与金属离子形成配位键。配位键的强弱与联结于 $\equiv P=O$ 上的基团性质有关。若联结烷氧基，例如 TBP[$(RO)_3PO$]，烷氧基具有拉电子能力，使 $\equiv P=O$ 中 O 上的电子云密度降低，因而氧原子和金属离子形成的配位键较弱。如果联结 $\equiv P=O$ 的是烷基，则氧原子和金属离子形成的配位键就强，溶剂的萃取能力也强。溶剂的萃取能力的次序如下：

$$(RO)_3PO < R(ROP)_2O < R_2(RO)PO < R_3PO$$
$$(TBP) \qquad\qquad\qquad\qquad\qquad (TBPO)$$

经测定，形成 UO_2^{2+}-HTTA-TBP 三元络合物可使萃取效率增加 10^3 倍，形成 UO_2^{2+}-HTTA-TBPO 三元络合物则增加 10^4 倍。

类似的三元络合体系也可用于 Pu^{3+}、Th^{4+}、Am^{3+}、稀土元素、锕系元素以及碱土金属等的萃取分离。

又如 PMBP，其结构如下式所示：

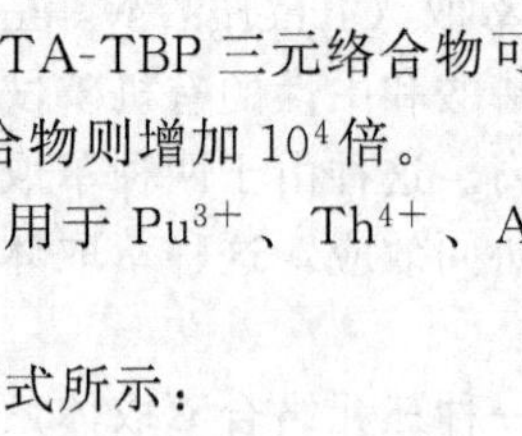

在其分子中含有 β-二酮类成络基团，是一些金属离子的良好螯合萃取剂。用

PMBP 萃取 Co^{2+}，如同时加入磷酸三丁酯（TBP）或三辛基氧化膦（TOPO），由于生成 $Co(PMBP)_2TBP$ 或 $Co(PMBP)_2TOPO$ 三元络合物，产生明显的协同效应，钴的萃取效率大为提高。用 PMBP 萃取 Nd、Gd、Er 等稀土元素时，在萃取体系中有 TBP、呱啶或 Phen 的存在，都会产生明显的协同效应。

协同萃取也可以是两种萃取剂与被萃取离子形成的三元络合萃取体系。例如 La^{3+} 与噻吩甲酰三氟丙酮（HTTA）形成的络合物为 $La(HTTA)_3(H_2O)_2$，由于络合物中含有两个配位水分子，亲水性较高，萃取分配比小于 1，萃取速度也很缓慢。如果在上述萃取体系中加入 1,10-邻二氮杂菲或 2,2-联吡啶等杂环萃取剂（以 S 表示），它可以置换上述络合物中的水分子形成 $La(HTTA)_3S$ 三元络合物，使生成的络合物疏水性大大增加，萃取效率显著增加，分配比达到 10^6，萃取速度也较快，产生明显的协同效应。又如钒与 N-羟基-N,N'-二芳基苯甲脒络合，如体系中有对甲氧基苯甲醛存在，形成绿蓝色的三元络合物，用氯仿萃取，有明显的协同效应。萃取后可用光度法测定微克级的钒。

（3）形成高分子胺盐的三元络合萃取体系　溶于有机相中的高分子胺盐与水相中的金属络阴离子接触时发生交换过程，使水相中的金属络阴离子与有机相中的胺盐阳离子缔合生成三元络合物而进入有机相。其基本反应可表示为如下两步：

① 有机相中的高分子胺（伯、仲、叔胺）与水相中的酸作用生成季铵盐：

$$R_3N_o + H^+A^- \rightleftharpoons R_3NH^+A^-$$

② 有机相中季铵盐的阴离子与水溶液中的金属络阴离子交换，形成缔合三元络合物，从而使络阴离子进入有机相：

$$R_3NH^+A_o^- + [MeA_n]_w^- \rightleftharpoons R_3NH^+MeA_{n\,o}^- + A_w^-$$

从反应可知，这类反应具有溶剂萃取和离子交换两种作用，因此这类季铵盐也称为液体阴离子交换剂。例如在盐酸溶液中，铁以 $FeCl_4^-$ 的形式与季铵盐的阴离子交换成 $R_3NH^+FeCl_4^-$；钴以 $CoCl_4^{2-}$ 的形式交换成 $(R_3NH^+)_2CoCl_4^{2-}$；在乙酸溶液中铀以 $UO_2(CH_3COO)_3^-$ 的形式交换成 $R_3NH^+ \cdot UO_2(CH_3COO)_3^-$ 等，交换生成的季铵盐溶于有机溶剂。

高分子胺的萃取能力因其结构和萃取条件的不同而有差异。例如对于金属离子的络氯阴离子，季铵盐的萃取能力较强；对于金属离子和 $C_2O_4^{2-}$、CN^- 等所形成的较大的络阴离子，伯胺盐的萃取能力较强；另外胺盐支链增加，会使其萃取能力减小，这些都和空间位阻效应有关。萃取能力又和胺盐的分子量有关，胺盐的分子量增加，萃取能力就增加；分子量小的胺盐，易溶于水，不宜作萃取剂；但分子量过大，在有机溶剂中的溶解困难，分子量一般以 250~600 最为适宜。此外，萃取能力又和溶剂的介电常数有关，介电常数增加，萃取能力增加。因而改变上述各种因素，就可改变胺盐的萃取能力，从而提高萃取分离的选择性。

一般讲来，这类萃取分离的选择性是很高的，可使性质极相类似的元素分离。例如用 Amberlite LA-1（N-十二烯基三烷基甲胺）的二甲苯溶液，或三卞基胺的氯仿溶液，在盐酸溶液中萃取碲，使之与硒分离。又如在 8mol/L 的 HCl 中，用甲基二辛胺的二甲苯溶液可以萃取 99% 以上的铌，这时铌以 $NbOCl_5^{2-}$ 的形式被萃取，钽的萃取可以忽略不计，从而使铌、钽分离。此外，对于镓、铟、铊的分离；

铀、钍的分离；钴、镍的分离；铅、锡的分离；铂族元素和稀有元素的分离；Zr、Hf 的分离都有很好的效果。

此外，液体阳离子交换剂也是一种新型的萃取剂，这种萃取剂一般是磷酸酯类的二聚体，应用来萃取分离镧系元素。

（4）共萃取　所谓共萃取是指某一元素（通常为微量元素）存在时不被萃取或很少被萃取，但当另一元素（通常为常量元素）存在而被萃取时，难萃取元素萃取效率大为增加的现象。共萃取机理比较复杂，但在许多情况下，是由于生成复杂多核络合物、异金属多核络合物、复杂离子缔合物和混配络合物等多元络合物，增加了可萃性。共萃取在痕量元素的化学分析中有实际意义。近年来研究工作逐渐增多，这里简单介绍几种如下。

形成复杂多核络合物形式的共萃取：例如在 $NaClO_4$、$NaSCN$、$NaCl$ 溶液中，在安替比林（Ant）存在下，以吡啶羟基偶氮化合物为萃取剂，用萃取光度法测定镓时，铝、铟、钪、镧、钇等被共萃取，可能是由于形成了复杂多核络合物（见下式），从而被共萃取。

形成复杂离子缔合物的共萃取：例如在 HNO_3 介质中以甲基异丁基酮（MIBK）为溶剂萃取铀（Ⅵ）时，微量的铯、钙、锶、镧则以 $Cs[UO_2(NO_3)_3]$、$Ca[UO_2(NO_3)_3]_2$、$Sr[UO_2(NO_3)_3]_2$ 和 $La[UO_2(NO_3)_3]_3$ 形式共萃取。在 HCl 介质中，以乙酸乙酯等溶剂萃取 $H[FeCl_4]$ 时，微量锂和钙以 $Li[FeCl_4]$ 及 $Ca[FeCl_4]_2$ 形式共萃取。这对于难以萃取的碱金属和碱土金属的分离和富集有实用意义。又如利用铟、铁、铊（Ⅲ）的 PAN 盐，可以 $MA_2^+ \cdot ReO_4^-$ 形式共萃取痕量铼等（式中 M 代表金属离子，A 代表 PAN）。

（5）熔融盐萃取　在某些萃取体系中，加入盐析剂可以提高萃取效率。根据推理，在熔融盐中无机盐浓度最高，盐析效应也应该最显著。因此就有人研究了以高沸点的有机溶剂从低熔点的熔融盐介质中萃取金属元素的可能性。结果表明，Co^{2+}、Eu^{3+}、Nd^{3+}、Am^{3+}、Np^{4+}、U^{4+} 在 $LiNO_3$-KNO_3（m. p. 120℃）的熔融盐中用磷酸三丁酯萃取时，分配比的数值要比用磷酸三丁酯从浓 HNO_3 中萃取时大 $10^2 \sim 10^3$ 倍。如以 Eu^{3+} 来说，从 15.6mol/L HNO_3 中萃取时的 D 值为 0.032，在上述熔融盐中萃取时则为 16，增加了 500 倍。

显然，在这种萃取体系中所用的熔融盐必须是低熔点的，常用的是一些低共熔混合物，例如 $Ca(NO_3)_2$-NH_4NO_3（m. p. 44℃）、$AlCl_3$-KCl-$NaCl$（m. p. 70℃）、$LiNO_3$-NH_4NO_3（m. p. 98℃）、$KSCN$-$NaSCN$（m. p. 123℃）等。此外，也可用碱金

属的硫酸氢盐、氯酸盐、过氯酸盐等。所用的萃取溶剂必须符合下列要求：它应是高沸点的，在熔融盐的较高温度下不会挥发；它应是低熔点的，当萃取体系冷却至室温时，仍能以液体状态分离；它的稳定性要好，不与熔融盐反应；它和稀释剂能在较大的范围内互溶。联苯（b.p.254℃）、对三苯（427℃升华）、乙二醇（b.p.244℃）、三乙二醇（b.p.278℃）、磷酸三丁酯以及邻苯二甲酸二丁酯都可用作萃取溶剂或稀释剂。

三、有机物的萃取

在有机物萃取分离中，"相似相溶"原则是十分有用的。一般来讲，极性有机化合物，包括形成氢键的有机化合物及其盐类，通常溶于水而不溶于非极性或弱极性的有机溶剂；非极性或弱极性的有机化合物不溶于水，但可溶于非极性和弱极性的溶剂，如苯、四氯化碳、氯仿等。因此根据"相似相溶"原则，选用适当的溶剂和萃取条件，常可以从混合物中萃取某些组分，以达到分离目的。

对于极性和非极性组分的萃取分离是比较容易进行的。例如从丙醇和溴丙烷的混合物中，可用水来萃取极性的丙醇而与溴丙烷分离。用弱极性溶剂如乙醚可以从极性的三羟基丁烷中萃取出弱极性的酯。又如用非极性溶剂苯或二甲苯可以从马来酸酐和马来酸的混合物中萃取出马来酸，这就可以方便地测定马来酸酐中的游离酸，而不受马来酸酐的影响。

$$\begin{array}{cc} \text{CHCO} \diagdown & \text{CHCOOH} \\ | \text{O} & | \\ \text{CHCO} \diagup & \text{CHCOOH} \\ \text{马来酸酐} & \text{马来酸} \end{array}$$

有时需要选择和控制适当的萃取条件，使混合物中各组分的极性发生改变，同时选用适当的溶剂，就可以达到萃取分离的目的。例如焦油废水中酚的分离与测定，可先将试样的 pH 值调节到 12，这时酚形成酚钠，以离子状态存在于废水溶液中，用四氯化碳萃取分离油分，然后调节废水溶液的 pH 值为 5，再以四氯化碳萃取分离酚，而后可以测定。又如在含有羧酸、酚、胺和酮四种不同组分的混合试样中，欲分离各种组分，可加入弱碱性的 NaHCO$_3$ 水溶液，并以乙醚萃取。这时羧酸形成钠盐留于水相，其余三种组分都被萃取进入乙醚层。然后在乙醚层中加入强碱性的 NaOH 溶液，这时酚形成酚钠进入水相，其余两种组分留于乙醚层中。再在乙醚层中加入盐酸溶液，胺形成胺盐进入水相，这时只有酮仍留于乙醚层中，于是四种组分得以分离。

"相似相溶"原则具有普遍意义。Hilde Brand 在此基础上又提出溶解度参数愈是接近的物质愈易相互溶解这一原则。溶解度参数"δ"的定义是每毫升液体蒸发热的平方根，实质上它也就是液体中分子内聚力大小的度量。常见溶剂的溶解度参数见表 3-2。Hilde Brand 认为当溶液中不存在特殊的作用力时，这个原则是适用的，当溶液中存在特殊的作用力时，尤其是涉及水溶液时，这个原则就不适用了。

表 3-2　几种常见溶剂的溶解度参数（25℃）

溶剂	δ	溶剂	δ
全氟丁烷	5.2	碘甲烷	11.8
正戊烷	7.1	乙酸	12.4
环己烷	8.2	甲醇	12.9
苯	9.1	甲酰胺	17.9
CS$_2$	10.0	水	21.0

Collander 研究了形成氢键化合物的分配规律。测定了两百余种有机化合物在水-乙醚系统中的分配系数，发现能形成氢键的化合物，如醇、胺、酰胺、羧酸等的分配系数 K_D 都是较小的，至于含有磺酸基的有机化合物，亲水性就更明显了。如果在有机物分子中增加疏水性基团，分配系数 K_D 就显著增大。据测定，同系物中每增加一个亚甲基，K_D 值一般增加 2～4 倍。同样，芳香基如苯基、萘基等的增加，都将使 K_D 值增大。如果在有机物分子中引入卤素原子，同样将使有机物的 K_D 值增大。又由于氧原子形成氢键的能力较强，氮原子次之，硫原子最弱，故在结构相似的化合物中，含氧的化合物较易溶于水，含氮的次之，含硫的最难溶解。如果有机物质能形成分子内氢键时，减弱了它们与水分子间的作用，从而使它们在水中的溶解度减小，在非极性溶剂中的溶解度增大。

对于有机酸或有机碱，常常可以借控制酸度来达到萃取分离目的。当两种有机酸的电离常数相差较大时，通过控制酸度来萃取分离它们是较为方便的。例如对羧酸（$K_i \approx 10^{-5}$）和酚（$K_i \approx 10^{-10}$），只要把溶液的 pH 值控制在 7 左右，用有机溶剂萃取之，就能使它们分离，因为这时羧酸电离成阴离子留在水溶液中，酚仍以分子状态存在而被有机溶剂所萃取。

当两种有机酸的 K_i 值较为接近，K_D 值也相差不多时，要使它们分离，pH 值的适当选择就更为重要。从公式（3-9）已知，用苯从水溶液中萃取乙酸时，分配比值和溶液的酸度及溶质的浓度有关。在酸性溶液中 pH 值较低、[H$^+$] 较高，即 $\dfrac{K_i}{[H^+]} \ll 1$ 时，酸的电离常数的改变对分配比 D 值的影响不明显；同时 [H$^+$] 的改变对 D 值的影响也不显著，pH 值愈低，愈是这样。在 pH 值较高，即 $\dfrac{K_i}{[H^+]} \gg 1$ 时，由于酸离解成离子状态存在，不被萃取，D 值很小。只有当 pH 值和 pK_i 值相接近时，或 pH 值为 (pK_i-1)～(pK_i+1) 时，溶液酸度的改变才能使有机酸的分配比值发生较为显著的改变。因此要分离 K_i 和 K_D 值都较为接近的两种有机酸时，必须把水溶液的 pH 值控制在 pK_i 值附近，这时才有可能利用两种酸的 K_i 值的差值，适当改变 pH 值，从而改变 D 值，把它们分离。对于有机碱的分离，也可以利用相类似的办法。

在萃取分离有机酸、碱时，由于从溶液中除去了有机酸或有机碱，溶液的 pH 值要发生改变，所以在溶液中加入缓冲剂控制酸度十分必要。不仅用间歇法萃取时需要加缓冲剂，就是用逆流法萃取时，为了使分配比保持不变，加入缓冲剂也是必要的。但须注意，加入的缓冲剂应对以后的测定没有干扰。

四、萃取方式与装置

常用的萃取操作有三种，即间歇萃取法、连续萃取法和逆流萃取法，分析化学中经常应用前面两种。对于某种试样中某些组分的萃取分离，选用哪一种萃取操作较为合适，由被萃取组分的分配系数和可能存在的干扰组分以及它们之间的分离系数来决定。

（一）间歇萃取法

间歇萃取法（亦称单效萃取法）是最简单的，也是在分析化学中应用最广泛的萃取方法。其主要步骤是，取一定体积的试样置于分液漏斗中，加入萃取剂，调节到最佳分离条件（酸度、掩蔽剂等），并加入一定体积的有机溶剂，盖上顶塞剧烈摇动数分钟（注意放气）。使两种液体密切接触，发生分配过程直至达到平衡。静置待两相分层后，转动分液漏斗的旋塞，使下层液体（水溶液层或有机溶剂层）流入另一容器中从而分。如果被萃取物质的分配比足够大，则一次萃取即可达到定量分离的要求；如果分配比不够大，经第一次分离，可在水相中再加入新鲜有机溶剂，重复萃取 1～2 次。

萃取摇动时间取决于达到平衡的速度。一般来说，离子缔合型的萃取体系达到平衡的速度快；形成螯合物的萃取过程较慢，主要是由于形成螯合物的反应速率较慢。增加螯合剂的浓度，可加速螯合反应，从而加速萃取过程。但一般来讲，剧烈摇动半分钟至数分钟，萃取过程即可达到平衡。

间歇萃取法简单、快速。当被萃取组分的分配比 D 值足够大时，用间歇法萃取一至数次，即可达到定量分离的目的。如果试样中存在干扰组分，则应同时考虑被萃取组分与干扰组分间的分离系数 β。β 值当然愈大愈好，否则干扰组分将混入溶剂相中，影响测定。但分配比 D 和分离系数 β 不但随着被萃取组分和干扰组分的种类而定，而且也和萃取条件密切有关。萃取条件包括所用的萃取剂和溶剂的种类，溶液的酸度，萃取剂的浓度，络合掩蔽剂和盐析剂的应用等。根据分离要求，选择适当的萃取条件，增大分配比和分离系数，可使萃取分离达到完全。

如果在采取了上述措施后还不能使萃取分离达到完全，最后还可采用反萃取和洗涤等办法。这就是将几次分离所得的有机相合并，然后用 1～2 份新配的水溶液反萃取或洗涤，水溶液中所含试剂浓度和酸度应和最佳萃取条件时的一样。这时混入有机相中的少量干扰组分就进入水相中，被萃取组分仍留在有机相中，从而达到定量分离目的。这种操作的作用和质量分析中的再沉淀过程是十分相似的。

在间歇法萃取中常用梨形分液漏斗，这种漏斗形状较细长，可使两相分离较为完全。但用简单的分液漏斗进行萃取，在分离两相时，只能让较重的一相先从下端流出。如果萃取所用溶剂较水轻时，只有在放出较重的水相后，才能从分液漏斗中放出溶剂相。这样如果要重复萃取两三次，就很不方便。

图 3-4 所示是一种经过改进的萃取器，适用于较轻溶剂的萃取操作。A 是锥形萃取室，其底部由毛细管及活塞 C 与玻管 B 相连，B 管是盛被萃取溶液和萃取溶剂的。萃取室右半部有一管子与三孔旋塞 D 相连，D 右边接抽真空系统，下面接橡皮球。萃取室顶部为一磨砂口，插入一细长的分液漏斗 F，其下端的毛细管一直

到达萃取室的底部。萃取时先将被萃取的溶液和溶剂放置于 B 管中，转动三孔旋塞 D 使萃取室 A 与抽真空系统相通，打开旋塞 C，将溶液和溶剂吸入萃取室 A。继续缓缓吸入空气流，使之起搅拌作用。关旋塞 C 和 D，让溶液和溶剂在萃取室中分层。打开旋塞 C，转动旋塞 D 使萃取室 A 与橡皮球相通，借橡皮球鼓气，将萃取室中下层的水溶液压入 B 管中，当两相界面刚好达到旋塞 C 时，关旋塞 C。然后打开活塞 E，把溶剂层压入分液漏斗 F 中。关旋塞 E，就让溶剂层保留在分液漏斗 F 中。B 管中的水溶液可在加入溶剂后再次萃取，如前所述。当最后一次萃取完毕后，取出盛有溶剂相的分液漏斗 F，放出溶剂以供进一步分析测定。这种萃取器虽为萃取少量试液而设计，但也可用来萃取较大量的试液。

　　分离后的溶剂相中，如果悬浮着少许水滴，无法分清，可用干燥滤纸过滤，以吸去水分。过滤后，滤纸即用新鲜溶剂洗涤数次。亦可在有机相中加入少许干燥剂，如无水硫酸钠，以吸去水分。

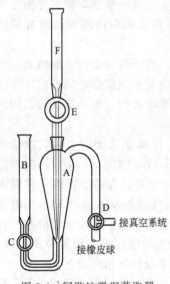

图 3-4　间歇法微型萃取器

　　用间歇法进行萃取时，在剧烈摇动后有时会形成不易分层的、由一种液相分散在另一种液相中的乳浊液，影响萃取分离的进行。一般来讲，连续相愈是黏稠，分散相的液滴愈是细小，两相间的相对密度相差愈小，分散相液滴的凝聚愈困难，乳浊液愈稳定，分层就愈困难。乳浊液的形成也和液相的表面张力有关。液相的表面张力大，可促使液滴凝聚，从而促使两相分层。两相互溶程度愈大，表面张力就愈小；表面活性剂的存在也会使表面张力减小，这些都会引起乳浊液的形成，因此在选择萃取溶剂和萃取条件时，也应该考虑这些因素。黏稠的较水轻的溶剂如磷酸三丁酯，可加入煤油或四氯化碳稀释；由乙醚形成的乳浊液，可加入少量的乙醇或异丙醇加以破坏；溶液中可加入中性盐以增加表面张力和相对密度；也可以采用混合溶剂，使溶剂与水溶液的互溶性减小、相对密度相差增大等。对于容易形成乳浊液的萃取体系还应适当改变萃取操作，例如不要剧烈摇动，而是轻轻地反复地转动；或者不用间歇法萃取，而用连续法萃取。用连续法萃取时，通过溶液层的溶剂的液滴较大，不会形成乳浊液。

　　萃取完毕后，用过的溶剂要集中回收，不要轻易倒掉，以免造成浪费和引起污染。此外，有机溶剂常常是易燃的有毒的，进行萃取操作时要注意安全。例如不能接触明火，以防发生火灾，实验室中通风要良好，以免溶剂蒸气积聚，影响操作者的身体健康等。

　　萃取完毕后，被萃取的溶质要进一步加以分析测定。对于分光光度分析、荧光分析、火焰光度分析、原子吸收光谱分析等，测定常常可以在溶剂相中直接进行。如果不能在溶剂相中进行测定，可用适当的水溶液进行反萃取，这时水溶液应控制为另一种适当的酸度，或加入某种试剂，以破坏萃取时形成的络合物或缔合物，使被萃取的溶质进入水相中。例如锗的分析，可在 $8\sim9mol/L$ HCl 溶液中用四氯化碳萃取 $GeCl_4$，再用水从 CCl_4 中反萃取 $Ge(OH)_4$，然后在水溶液中用光度法测定之。如果被萃取的是有机溶质，则加入的试剂应能使该种溶质的功能团转变为水溶性的，例如对有机酸，可使之转变为钠盐；对胺类，可使之转变为氯化物；对醛和酮，可使它们与亚硫酸盐形成加成化合物等。

如果溶剂是挥发性的，也可以在溶剂相中加入水和酸，促使络合物分解，使金属离子转入水相，然后在蒸汽浴上蒸发除去溶剂。这时要小心防止溶质挥发，并注意切勿用明火加热。如果除去溶剂后水相中残留的有机物质会干扰以后的测定而必须加以破坏，则可加少许硫酸，加热蒸发至冒 SO_3 白烟。冷却后，再加硝酸或高氯酸，再进一步加热蒸发有时也是必须的。

（二）连续萃取法

连续萃取是将含有被分离物质的水相与有机相多次接触以提高萃取效率的操作方式。它适用于分配比较小的溶质的萃取，用间歇法须反复萃取许多次才能达到定量分离时，应采用连续萃取法。连续萃取器有各种型号，但一般讲来，萃取总是包括下列各步：从烧瓶中不断地蒸发出萃取用的溶剂，让它冷凝下来，连续地通过被萃取的溶液，进行萃取，萃取液分离后仍流回原来的烧瓶中。在烧瓶中再把溶剂蒸发出来，再次冷凝、萃取，重复前述步骤。已被萃取的溶质留在烧瓶中，因而逐渐浓集，被萃取溶液中溶质的浓度逐渐减小，直到萃取完毕。

如果溶剂不易蒸发，则改用从储器中不断将新鲜溶剂加入萃取液的办法，也可以进行连续萃取。

在连续萃取过程中，萃取百分数的大小除了取决于两液相的黏度、影响萃取平衡的因素（如分配比值）和两相的相对体积等以外，在很大程度上还取决于两相间的接触面积和作用时间。因此，在有些萃取器中常常附有搅拌设备或在溶剂进入处增设细孔玻璃板等，使溶剂分散成细小液滴进入被萃取溶液，使之充分接触。

连续萃取器种类很多，下面简单地介绍几种主要的种类。

（1）有机溶剂较水轻时常用的连续萃取器 图 3-5 所示是 Heberling 和 Furman 所设计的 Friedrich 萃取器。这种萃取器特别适用于乙醚萃取无机物质的水溶液，已成功地应用于盐析剂存在下用乙醚从水溶液中萃取硝酸铀酰。图中 A 为烧瓶，B 为冷凝器，C 为细长玻璃漏斗管，D 为细孔玻璃板，溶剂经此分散成细滴流出，与 E 中被萃取溶液接触而发生萃取作用。使溶剂经过 D 分散流出所需压力系冷凝后收集于细长玻璃漏斗管 C 中所产生的压头。

图 3-6 所示是 Schmall 式连续萃取器。当所用溶剂（如磷甲三丁酯）不易蒸馏循环时，可采用此种仪器。锥形瓶 A 中放入电磁搅拌子 B。先从分液漏斗 D 通过分液柱 C 加被萃取的水溶液于 A 内，使水位低于导出管 E 的出口。搅拌开始后，从盛有溶剂的分液漏斗 D 中缓缓加溶剂于 A 内，使两相充分接触发生萃取作用，萃取液经导管 E 收集于另一锥形瓶中。这种萃取器曾成功地用来萃取分离有机酸和有机碱。

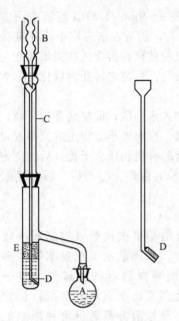

图 3-5 Friedrich 萃取器

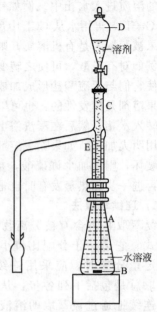

图 3-6 Schmall 式连续萃取器

（2）有机溶剂较水重时常用的连续萃取器　如图 3-7 所示的连续萃取器适用于密度比水大的溶剂。此种装置和图 3-5 所示的萃取器相似，不同之点在于把图 3-5 所示的萃取器中细长的漏斗管改为玻璃管柱 D，装在萃取器 C 内。较重的溶剂冷凝下来时，流经被萃取的水溶液层，沉入底部，流出玻璃管柱 D，经溢流管 E 进入烧瓶 A，烧瓶内的溶剂蒸发后再次萃取循环，如前所述。

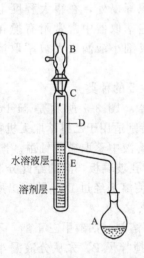

图 3-7 连续萃取器（溶剂密度比水大）

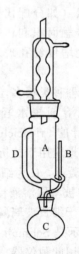

图 3-8 索氏萃取器

（3）用于固体试样的连续萃取器　溶剂萃取主要是液-液萃取，在某些情况下，例如某些天然产品、生化试样，有时亦需进行液-固萃取。由于溶剂渗透进入固体试样内部是比较缓慢的过程，因此液-固萃取需要较长的时间，一般需用连续萃取。

常用的索氏（Soxhlet）萃取器（见图 3-8）就是一种用于固体试样的连续萃取器。将试样置于纤维素、滤纸等制成的套管中，放置于萃取室 A 中。待萃取室中的溶剂达到一定高度时，经虹吸管 B 流入烧瓶 C。烧瓶中的溶剂蒸发后经支管 D 上升至冷凝管，冷凝下来再次萃取，如前所述。

（4）逆流萃取法及克雷格萃取装置　在分离两种溶质时，连续萃取法是用新鲜的有机溶剂与萃余相接触，可以提高被萃取物的萃取率，但不能提高其纯度。逆流萃取法是将经一次萃取的有机相与新鲜的水相接触而进行再次萃取。采用逆流萃取法将使被萃取物的萃取率有所降低，但其纯度提高较多。在无机物分离中，适用于分离一些性质极为相似的元素。在有机物分离中尤其是生物化学领域应用很好，已成功地处理了一些物质，如胰岛素、核糖核酸酶及血清蛋白等。

克雷格萃取装置是由几十甚至几百支如图 3-9 所示的玻璃萃取管组成的系列装置。

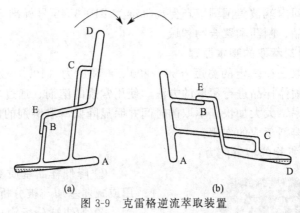

图 3-9　克雷格逆流萃取装置

如图 3-9(a)所示，从第一支萃取管的 B 处注入适量含被萃组分的溶剂 S_1（常是水）及溶剂 S_2（其密度应小于 S_1 的密度），振荡 20 次，使两相达到分配平衡。分层后将萃取管顺时针转 90°[如图 3-9(b)所示]，溶剂 S_2 经 C 管流入 D 管后回复原位，让溶剂 S_2 经 E 管进入第二支萃取管的 A 室（内已有不含样品的纯溶剂 S_1）。向第一支管的 A 室内（留下的萃余液）继续加入适量新鲜溶剂 S_2，使两管同时振荡进行萃取，分层后将萃取管如前转 90°，第二支管中的 S_2 则进入第三支管的 A 室，同时第一支管中的 S_2 再进入第二支管的 A 室，如此依次反复进行萃取，直至由分离效率或萃取管数目确定的操作次数。

逆流萃取分离法对分配比或分离系数较小的物质间的分离有很好的效果，但对难分离的混合物的分离往往需要多级萃取器，在操作上很不方便。因此目前已逐渐被萃取色谱所替代。

第二节　溶剂萃取新技术

一、快速萃取技术

样品预处理随着现代化学分析技术的飞速发展，分析手段越来越向着快速、微量、准确、自动的方向发展，样品的分析时间基本在 20～30min，痕量样品的检测可达 $10^{-9}～10^{-12}$，但在样品的预处理方面仍存在很大的问题，数小时以至数十小时的处理时间，大量的溶剂消耗和废液处理，造成萃取效率低、人为误差大、萃取成本高。有数据表明，完成一个实验 70％～80％甚至更多时间用在样品的预处理上，给实验带来的误差有 60％以上出自样品的预处理。样品预处理越来越成为现代分析方法发展的制约，已越来越引起人们的重视。戴安公司自 1996 年推出了快速溶剂萃取仪（accelerated solvent extraction，ASE），对化学分析样品前处理做出了革命性的贡献。

ASE 方法可以完全取代人们所熟知的传统萃取方法：索氏提取、自动索氏提取、超声萃取、微波萃取等。与传统的萃取方式相比，ASE 快速溶剂萃取技术具有如下的显著特点：时间短（仅用 15min）、溶剂少（萃取 10g 样品仅用 15mL 溶剂）、萃取效率高。由于 ASE 的特点显著，极大地提高了萃取的工作效率，在它推出之后的很短时间内就被美国国家环保局批准为 EPA3545 号标准方法，ASE 的应用涉及环境、食品、制药和聚合物领域。

（一）快速溶剂萃取的基本原理

快速溶剂萃取是在一定的温度（50～200℃）和压力（10.3～20.6MPa）下用溶剂对固体或半固体样品进行萃取的方法。使用常规的溶剂、通过增加温度和提高压力提高萃取效率，大大加快了萃取的时间并明显降低萃取溶剂的使用量。增加温度和提高压力对溶剂萃取的作用：

① 提高被分析物的溶解能力；

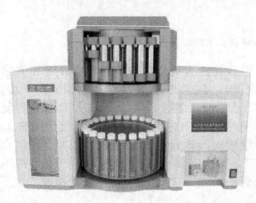

② 降低样品基质对被分析物的作用或减弱基质与被分析物间的作用力；

③ 加快被分析物从基质中解吸并快速进入溶剂；

④ 降低溶剂黏度，有利于溶剂分子向基质中扩散；

⑤ 增加压力使溶剂的沸点升高，确保溶剂在萃取过程中一直保持液态。

（二）快速溶剂萃取的工作流程

ASE 快速溶剂萃取仪如图 3-10 所示，由溶剂瓶、泵、气路、加热炉腔、不锈钢萃取池和收集瓶等构成。工作

图 3-10　ASE 快速溶剂萃取仪

流程为：将样品手工装入萃取池，放到圆盘式传送装置上，将萃取的条件（温度、压力、时间、溶剂选择、循环萃取次数等）输入面板，以下步骤将完全自动先后进行。圆盘传送装置将萃取池送入加热炉腔并与相对编号的收集瓶连接，泵将溶剂输送入萃取池（20～60s），萃取池在加热炉被加温和加压（5～8min），在设定的温度和压力下静态萃取（5min），多次少量向萃取池加入清洗溶剂（20～60s），萃取液自动经过滤膜进入收集瓶，用 N_2 吹洗萃取池和管道（60～100s），萃取液全部进入收集瓶待分析。自动完成全过程仅需 13～17min。选择溶剂控制器可有 4 个溶剂

瓶，每个瓶可装入不同极性的溶剂，可选用不同溶剂先后萃取相同的样品，也可用同一溶剂萃取不同的样品。

(三) 快速溶剂萃取的突出优点

与索氏提取、超声、微波、超临界和经典的分液漏斗振摇等传统方法相比，快速溶剂萃取有如下突出优点：①有机溶剂用量少，10g 样品仅需 15mL 溶剂，减少了废液的处理；②快速，完成一次萃取全过程一般仅需 15min；③基体影响小，可进行固体半固体的萃取（样品含水 75％以下），对不同基体可用相同的萃取条件；④由于萃取过程为垂直静态萃取，可在充填样品时预先在底部加入过滤层或吸附介质；⑤方法灵活方便，已成熟的使用溶剂萃取的方法都可用快速溶剂萃取法替代；⑥自动化程度高，可根据需要对同一种样品进行多次萃取或改变溶剂萃取，所有这些可由用户自己编程，全自动控制；⑦萃取效率高，选择性好；⑧使用方便、安全性好。

(四) 快速溶剂萃取的应用

尽管快速溶剂萃取是近几年才发展的新技术，但由于其突出的优点，已受到分析化学界的极大关注，快速溶剂萃取已在环境、药物、食品、农业和聚合物工业等领域得到广泛应用。

(1) 环境领域的应用 ASE 在环境方面用来监测土壤、大气和河流的有毒有害物质的污染情况，可从土壤、河泥、污泥、沉积物、大气颗粒物、粉尘、动植物组织、蔬菜和水果等样品中萃取《资源保护回收法》中要求的所有目标物质，包括氯化物、有机磷、有机氯杀虫剂、半挥发物质、除草剂、柴油、石油总烃、二噁英、呋喃、炸药（TNT、RDX、HMX）、多环芳烃、多氯联苯等物质（可参看 EPA3545 标准方法），还可用于土壤普查、污水处理以及从空气过滤器中的聚氨酯滤膜和 XAD 树脂中萃取空气过滤截留的有机聚合物和城市飞尘中的二噁英。

(2) 食品领域的应用 在食品分析中，为满足食品安全法要求，ASE 被用来监测市售的熟肉食品、奶制品和水果蔬菜中的农药残留、从多种基质（包括液体的牛奶和半固体奶酪、鱼肉等）中萃取脂肪、确定脂肪含量、多种类型食品中的添加剂是否严格与标签要求相符合、是否有掺假行为以及确定不同产地天然产物的风味特性等，确保民众的菜篮子安全。ASE 应用于食品分析具有高速度和节省溶剂的优势，满足极低检出限的食品检测需处理大样品量的要求，ASE 所备的 100mL 萃取池具备了萃取高克重的干、湿样品的能力。

(3) 农业领域的应用 ASE 可用来萃取种子中的油，以确定含油量；萃取谷物、蔬菜、水果、茶叶、鱼肉和其他动物组织中的农药残留包括有机氯、有机磷杀虫剂、除草剂、多氯联苯和二噁英。

ASE 应用领域仍在不断地扩展，作为常规分析必要前处理过程的必备手段，ASE 有非常广阔的市场前景，是实验室中现代分析仪器的最好前处理伙伴，随着分析仪器的发展，分析速度精度的提高，会有越来越多的实验技术人员希望掌握快速溶剂萃取技术。

二、反胶团溶剂萃取技术

反胶团溶剂萃取（reverse micelle solvent extraction，RMSE）是当今极受重

视的萃取新技术。随着工业发展，在生物制品中，如使用传统的溶剂萃取分离蛋白质及酶时会使它们发生变性，为了满足这类生物化工的需要，发展了反胶团萃取技术。采用这种技术提取与分离蛋白质及酶，既能保证它们不被有机试剂破坏，又能获得高萃取率，所以在一些生物化工制品中 RMSE 得到广泛的应用，经过发展也有人使用该法来分离金属元素。

(一) 反胶团萃取机理

当水溶液中表面活性剂浓度超过一定值（称为临界胶束浓度，CMC）时，表面活性剂单体会聚集成胶束，或称之为胶团。在胶团中，表面活性剂的非极性端朝内聚集在一起，形成一个疏水空腔，而极性端朝外，使胶团能稳定地溶于水中。利用胶团的这种特殊性质，可以使很多不溶于水的非极性物质溶解在水中。相反，如果在非极性的有机溶剂中表面活性剂浓度超过一定值时，表面活性剂单体也会聚集成聚集体，这时就是极性端朝内聚集在一起，形成一个亲水空腔，而非极性端朝外，使聚体胶团能稳定地溶于水中，这种聚集体称为反胶团。利用反胶团可以把一些亲水憎油的物质包藏在亲水空腔里，从而溶解于非极性有机溶剂中。反胶团溶剂萃取正是利用了反胶团的这一性质，如图 3-11 所示，蛋白质可以被反胶团包藏而进入有机相，改变其条件，又能回到水相，从而达到分离的目的。蛋白质是一种两性物质，只有在等电点才能表现为中性，当水溶液 pH 值大于等电点时，蛋白质表面荷负电，反之荷正电，不同蛋白质有不同的等电点，所以在溶液中不同蛋白质荷电情况不同。反胶团内表面也是荷负电的，所使用的表面活性剂性质不同，荷电情况也不同。根据异电相吸的静电学原理，采用反胶团可以对蛋白质进行选择性萃取，改变条件可以改变选择性和萃取效率。水相 pH 值也影响蛋白质所荷电荷与反胶团内表面所荷电荷的相互作用，而且影响反胶团对蛋白质的溶解能力和稳定性。如上所述，在实际操作中，优化条件就能使用反胶团萃取技术有效地提取、分离蛋白质。可以认为反胶团溶剂萃取是一项极为重要的萃取新技术，今后在生物化工、冶金、环保中都会发挥有效的作用。

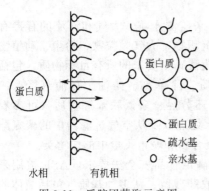

图 3-11 反胶团萃取示意图

(二) 影响反胶团萃取的主要因素

影响反胶团萃取的主要因素是表面活性剂的种类与浓度、有机溶剂的种类、溶液 pH 值、溶液离子强度和萃取温度等。

(1) 表面活性剂的种类与浓度　AOT 是最常用的反胶团表面活性剂之一，因为它所形成的微胶团的含水率高（w_0 为 50%～60%），比季铵盐类阳离子表面活性剂高一个数量级以上。w_0 太小，形成的微胶团也小，蛋白质等大分子无法进入胶团内，蛋白质的溶解度也就降低。AOT 形成反胶团时，不需要加入助表面活性剂，而卵磷脂等还需加入一定量的助表面活性剂（如 C_4～C_{12} 脂肪醇）。

表面活性剂的浓度对胶团萃取行为的影响比较复杂。通常情况下，即使超过了

CMC，但在表面活性剂浓度仍较低的范围内，随着表面活性剂浓度的增加，对蛋白质的萃取率会增加。有人认为表面活性剂的浓度对反胶团的大小（或聚集数）和结构的影响很小，仅使水相中反胶团的数量增加，从而提高蛋白质的萃取率。也有人认为表面活性剂浓度的增加会增加有机物中反胶团的数目和大小，从而增加反胶团的萃取容量和相分配系数，最终增加蛋白质的萃取率。但是，表面活性剂的浓度超过一定限度后会导致胶团之间的相互作用发生变化，从而出现渗滤和胶团界面受损，致使蛋白质萃取率下降。

（2）水相 pH 值　作为两性物质，各种蛋白质都有其各自确定的等电点（p*I*），当周围溶液的 pH 值大于蛋白质的等电点时，蛋白质表面带负电，反之带正电。表面活性剂 AOT 是阴离子型的，由它所形成的反胶团内表面带负电。当水溶液的 pH 值小于蛋白质的 p*I* 时，蛋白质带正电，它与反胶团内表面由于静电力的作用而相互吸引，能够形成稳定的含蛋白质的反胶团。反之，pH 值大于 p*I* 时，蛋白质在反胶团中的溶解度降低甚至不溶。但 pH 值过低时也会引起蛋白质变性，使溶解度下降。

（3）离子强度　水相盐浓度（离子强度）决定了带电荷的反胶团内表面以及带电荷的蛋白质分子表面被静电屏蔽的程度。离子强度主要从两个方面影响反胶团萃取：一方面减小了带电蛋白质分子与反胶团内表面之间的静电相互作用，从而降低了蛋白质在反胶团中的溶解度；另一方面，减小了表面活性剂极性基团间的静电排斥作用，导致反胶团变小，对水和生物分子的增溶作用减小。因此，低的离子强度有利于蛋白质的萃取，高的离子强度有利于蛋白质的反萃取。

反胶团萃取的应用

反胶团萃取在生物活性物质的分离方面具有一定的优越性，主要分离对象有蛋白质、抗生素、氨基酸和核酸等。蛋白质的选择性分离是反胶团萃取的主要应用领域，可以用于选择性分离蛋白质混合物、从发酵液中回收酶、从细胞中分离酶、从固体样品中提取蛋白质等。

反胶团萃取方法主要有相转移法（液-液萃取法）、注入法和溶解法（液-固萃取法）三种。后两种方法主要应用于与反胶团体系中酶催化反应相关的领域，且对于疏水性强的酶多采用溶解法。分离蛋白质多采用相转移法。相转移法是将含被萃取物质的水相和含表面活性剂的有机溶剂相接触，在缓慢搅拌下，部分目标物质通过与反胶团的作用而萃入有机相。此过程较慢，最终得到的含目标物质的有机相是稳定的。注入法是向含表面活性剂的有机相中注入含被萃取物质的水溶液。此过程较快，操作也很简单。溶解法是针对难溶于水的萃取物的方法，将含水的反胶团有机溶液与被萃取物固体粉末一起搅拌，所得到的反胶团溶液是稳定的。

图 3-12 是采用反胶团萃取技术分离核糖核酸酶 A、细胞色素 C 和溶菌酶三种蛋白质的过程示意图。采用 AOT-异辛烷体系。主要利用三种蛋白质的 p*I* 差异，通过调节体系的离子强度和 pH 值来控制各种蛋白质的溶解度，使之分离。第一步将三种蛋白质溶解在 pH 值为 9 的 0.1mol/L KCl 的水溶液中，然后将此水溶液与 AOT-异辛烷反胶团溶液混合达到平衡，细胞色素 C 和溶菌酶增溶到反胶团相中，核糖核酸酶 A 则留在水相；第二步将负载细胞色素 C 和溶菌酶的反胶团溶液与浓

KCl 水溶液（0.5mol/L）混合，将细胞色素 C 反萃到水溶液中；第三步在 pH＝11.5、KCl 浓度为 2.0mol/L 的条件下，将溶菌酶从有机相中反萃出来，溶菌酶不再溶于胶团相，而进入水相。

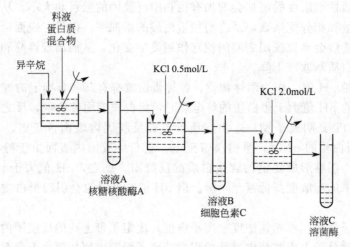

图 3-12 蛋白质混合物的分离流程

近年来，反胶团萃取体系也被用于抗生素的分离，而且对糖肽类抗生素的分离具有一定优越性。Fadnavis 等用 AOT-异辛烷反胶团体系分离了红霉素、土霉素及青霉素等，而且还在较温和的条件下直接从发酵液中分离了土霉素，并未发现土霉素的效价损失。

核酸在有机相中比较难溶，利用反胶团溶液可以使核酸进入有机相，在这种相转移过程中，核酸的构象不发生变化。Goto 等研究了 pH 值为 6～8 的不同反胶团体系（AOT、CTAB、TOMAC 等）对脱氧核糖核酸（DNA）的萃取过程，发现阳离子型反胶团溶液可以与表面带负电荷的 DNA 发生静电相互作用，形成离子型复合物。而且含两条烷基长链的表面活性剂形成的反胶团溶液对 DNA 的萃取率很高，接近 100%。

反胶团萃取技术还可以与超临界流体萃取等技术结合起来应用，因为表面活性剂在超临界流体中也能形成反胶团，并增强超临界流体萃取极性物质的能力。如全氟聚酯羧酸铵（PEPE）在超临界 CO_2 中形成反胶团，该体系可用于萃取牛血清蛋白（BSA），BSA 在体系中的行为与在水相中非常相似。通过改变流体的密度，可以控制胶团的形状和大小，实现选择性分离。这种体系可以用于物料的干洗、染料的分离、催化剂再生，也可以用于印刷电路板、聚合物、泡沫胶、多孔陶瓷、光学仪器中的极性吸附物的清除。

三、离子液体萃取技术

离子液体（ionic liquid）是完全由离子组成的液体，分析中常用的大多数室温离子液体的阳离子是有机物，如咪唑鎓盐、N-烷基吡啶鎓、四烷基铵和四烷基鏻鎓离子；阴离子是有机或无机物，如某些卤化物、硝酸盐、乙酸盐、六氟磷酸盐、四氟硼酸盐、三氟甲基磺酸盐和二（三氟甲基烷磺酰）亚胺。

（一）离子液体的制备和特性

Sangki Chun 等制备了一系列六氟磷酸 1-烷基-3-甲基咪唑鎓盐室温离子液体，先用等摩尔 1-甲基咪唑水溶液和溴甲烷在 140℃反应制备溴化 1-烷基-3-甲基咪唑鎓盐。移取溴化 1-烷基-甲基咪唑鎓盐放入置于冰浴中的塑料瓶中，在搅拌的条件下，缓慢加入 1mol HPF$_6$ 的 60％水溶液，内容物转移到含水和 1mol 三乙胺的分液漏斗内，分离六氟磷酸 1-烷基-3-甲基咪唑鎓盐，用水洗涤，溶于二氯甲烷内。二氯甲烷在真空中蒸发，残留的痕量水与苯共沸蒸馏除去，再在真空中蒸发除去苯，油状离子液体物在真空中升温干燥。六氟磷酸 1-烷基-3-甲基咪唑鎓盐的产率是 64％～87％，产物用 ^{1}H NMR 鉴定。六氟磷酸 1-烷基-3-甲基咪唑鎓盐室温离子液体的性质如表 3-3 所示。

表 3-3　六氟磷酸 1-烷基-3-甲基咪唑鎓盐离子液体的性质

1-烷基	密度/(g/mL)	溶解度/(g/100mL)	玻璃相转变点/℃	ΔC_p/[mJ/(kg·K)]
丁基	1.363	1.88	0.18	—
戊基	1.333	1.23	−80	0.16
己基	1.307	0.75	−80	0.13
庚基	1.274	0.37	−84	0.23
辛基	1.237	约 0.20	−71	0.17
壬基	1.202	约 0.15	−66	0.02

室温离子液体（RTIL）具有独特物理化学性质：①熔点低，接近或低于周围环境温度；②较宽的液程，很宽的液体范围，很多 RTIL 在 0～300℃甚至 400℃保持液态；③有低至可以忽略的蒸气压；④良好的热稳定性，许多离子液体具有高的热稳定性；⑤非可燃性，大多数离子液体是不可燃的，但某些含有硝酸或高氯酸阴离子的离子液体是可燃的；⑥能溶解各种有机和无机化合物，对各种有机物和金属离子的中性或荷电络合物具有良好的萃取性能；⑦密度大于水（一般在 1.1～2.4g/mL）、黏度大于有机溶剂（一般为 10～100cP，1cP＝1mPa·s）且可以调节；⑧可以与水、有机溶剂混溶或不混溶，与水-有机溶剂的混溶性可以调节；⑨多数离子液体具有中等强度的极性，介于乙腈和甲醇之间。

RTIL 的物理化学性质受阳离子和阴离子的影响，结合不同的阳离子和阴离子，可以获得不同特性的 RTIL，称为"可剪裁和可调节的"材料。在进行离子液体萃取时，对所选离子液体溶剂的要求是：价廉，在实验条件下保持液态，25℃在样液内的溶解度为 50～100mg，多于 100mg 损失过大；小于 50mg 萃取剂相太小，线性范围、精密度和萃取回收率降低。

（二）室温离子液体的萃取特性

室温离子液体作为绿色萃取剂是一种环境友好的新型萃取技术，优点是高富集效率、快速简便、环境友好和安全、离子液体可循环使用。室温离子液体具有独特物理化学性质，提供了良好的萃取特性：高的萃取富集效率，萃取选择性可以调节，易于分相，与后续检测方法有很好的兼容性。

Sangki Chun 等研究了六氟磷酸 1-丁基-3-甲基咪唑鎓盐离子液体对碱金属离子

的萃取特性，发现单独用六氟磷酸 1-丁基-3-甲基咪唑鎓盐离子液体也能明显地萃取碱金属氯化物，随着室温离子液体内 1-烷基链增长萃取量迅速减小，萃取碱金属的效率降低。对于表 3-3 中所列 6 种 RTIL，萃取选择性依次是 $Cs^+ > Rb^+ > K^+ > Li^+ > Na^+$，这与碱金属阳离子相对疏水性是一致的。当存在二环己烷-18-冠醚-6（DC18C6）时，萃取选择性顺序立即发生变化，萃取顺序是 $K^+ > Rb^+ > Cs^+ > Na^+ > Li^+$，这一顺序反映了 18-冠醚-6 配体对碱金属阳离子的相对络合能力。在同样的条件下，水溶液内碱金属氯化物却不为 DC18C6、氯仿、硝基苯和 1-辛醇溶液所萃取。在 DC18C6 与离子液体六氟磷酸 1-烷基-3-甲基咪唑鎓盐体系中，碱金属阳离子萃取效率和选择性不受水相阴离子 Cl^-、NO_3^- 和 SO_4^{2-} 的影响。

（三）室温离子液体萃取体系的应用

室温离子液体作为新颖的"绿色化学"溶剂替代传统的有毒、可燃和挥发性有机溶剂，已成功用于痕量金属离子的萃取分离和富集，是一种环境友好的新型萃取溶剂。

二硫腙在离子液体 $[C_4mim][PF_6]$ 内比在氯仿内更易去质子化，Pb-二硫腙螯合物形成常数大，用 RTIL 萃取金属离子可以在较低的 pH 值下进行，离子液体的萃取效率高于氯仿的萃取效率。Guor-Tzo Wei 等在 pH=2.0 的条件下用 $[C_4mim]$ $[PF_6]$ 从水相萃取 Cu^{2+}、Pb^{2+} 和 Zn^{2+}，只有 Cu^{2+} 被萃取入离子液体相，Pb^{2+} 和 Zn^{2+} 留在水相，将 Pb^{2+} 和 Zn^{2+} 与 Cu^{2+} 分离开；在 pH=1.9 时，97% Cu^{2+} 被萃入 $[C_4mim][PF_6]$ 相，Cd^{2+} 留在水相；92% Ag^+ 被萃入 $[C_4mim]$ $[PF_6]$ 相，Pb^{2+} 留在水相。通过调节萃取体系的 pH 值能够控制金属配合物的萃取效率。阴离子对金属离子萃取的影响取决于阴离子与二硫腙竞争形成金属离子配合物的能力，Cu-二硫腙螯合物的形成常数大，阴离子对 Cu^{2+} 萃取的影响可以忽略不计。Ag^+ 或 Hg^{2+} 与二硫腙的形成常数比 Cu^{2+} 的形成常数大，更易形成中性螯合物，当二硫腙浓度低于金属离子化学计量浓度时，Ag^+ 和 Hg^{2+} 降低 Cu^{2+} 的萃取效率。用 $[C_4mim]$ $[PF_6]$ 萃取富集 Cd^{2+} 和 Pb^{2+}，可获得高倍萃取回收率。用 0.1mol/L HNO_3 从离子液体中反萃取 Pb^{2+}，效率平均达到 98.4%±0.2%。

四、双水相萃取技术

常见的各种萃取体系中，一般其中一相是水相，另外一相是和水不相溶的有机相，而双水相萃取是指被萃取物在两个水相之间进行分配。20 世纪 60 年代，研究者们开始提出双水相萃取技术，利用双水相成相现象及待分离物质在两相间所具有的分配系数来实现分离提纯的目的。20 世纪 70 年代，一些研究者开始进行了双水相萃取的应用性研究，这类研究是从发酵液中提取各种酶的实验开始。双水相萃取技术研究及应用领域已逐步扩展，可对各种酶、核酸细胞、蛋白质、细胞器和菌体进行分离。已有的研究成果表明，双水相萃取技术是一种具有独特性能、针对性强、有前途的分离技术。

（一）双水相的形成

双水相的成相现象实际上是亲水高聚物之间的不相溶性造成的。绝大多数天然的或合成的亲水性高聚物的水溶液在与第二种亲水性高聚物混合时，超过一定的浓度范围就能产生两相，两种高聚物分别溶于互不相溶的两相中，形成所谓的"双水相体系"。一般认为，由于高聚物之间的不相溶性，即高聚物分子的空间阻碍作用，使之相互无法渗透，出现分离的倾向，当满足一定的成相条件时，即可分为两相。近年来，又发现某些高聚物溶液有分离的倾向，某些高聚物溶液与一些无机盐溶液相混合时，同样会在一定的浓度下形成双水相体系，这就是高聚物/无机盐双水相体系。

常用于生物产物分离的高聚物-高聚物双水相体系有聚乙二醇（PEG）-葡聚糖（dex-tran）。可形成双水相的双聚合物体系很多，典型的双水相体系列于表3-4中。

表 3-4　典型双水相体系

聚合物-聚合物-水	聚丙烯乙二醇-甲氧基聚乙二醇
	聚乙二醇-聚乙烯醇
	聚乙二醇-葡聚糖
	聚吡咯烷酮-甲基纤维素
高分子电解质-聚合物-水	硫酸葡聚糖钠盐-聚丙烯乙二醇
	羧基甲基葡聚糖钠盐-甲基纤维素
高分子电解质-高分子电解质-水	硫酸葡聚糖钠盐-羧基甲基纤维素钠盐
	硫酸葡聚糖钠盐-羧基甲基葡聚糖钠盐
聚合物-低分子量组分-水	聚丙烯乙二醇-磷酸钾
	甲氧基聚乙二醇-磷酸钾
	聚乙二醇-磷酸钾
	聚丙烯乙二醇-葡萄糖

（二）双水相萃取原理

水溶性两相的形成条件和定量关系可以用相图表示，图 3-13 为 PEG/Dextran 体系相图。这两种聚合物都能与水无限混合，当它们的组成在图中的曲线上方时（用 M 点表示）体系就会分成两相，在曲线下方时体系为单一的均相。当分成两相时则分别有不同的组成和密度，轻相或称上相的组成用 T 点表示，重相或称下相的组成用 B 点表示。由图 3-13 可见，上相主要含 PEG，下相主要含 Dextran。C 点为临界点，曲线 TCB 称为结线，直线 TMB 称为系线。结线上方是两相区，下方为单相区。

所有组成在系线上的点，分成两相后其上下相组成分别为 T 和 B。M 点时两相 T 和 B 的量之间的关系服从杠杆定律，即 T 和 B 质量之比等于系线上 MB 与 MT 的线段长度之比。又由于两相的密度与水相近，常在 $1.0 \sim 1.1 \mathrm{kg/dm^3}$，故上下相体积之比也近似等于线上的 MB 与 MT 线段长度之比。

由以上可知，当生物物质进入双水相体系后，在上相和下相间进行选择性分配，表现出一个分配系数。该分配系

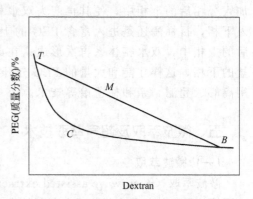

图 3-13　PEG/Dextran 体系相图

数在很大浓度范围内与浓度无关，而与被分离物质本身的性质及特定的双水相体系性质有关。不同的物质在特定的体系中有不同的分配系数。

(三) 双水相萃取特点

双水相萃取与一般萃取有共同之处，在满足成相的条件下，待分离物质若在两个水相之间存在分配差异，就可能实现分离提纯。在常用的双水相萃取体系中，各种细胞、噬菌体等的分配系数大于 100 或小于 0.01，蛋白质（如各类酶）的分配系数在 0.1～10，无机盐的分配系数一般在 1.0 左右。这些不同物质分配系数的差异构成了双水相萃取分离的基础。双水相萃取技术有其特性，主要表现在以下几点。

① 分离对象一般是具有生理活性的生物物质。双水相体系中水的含量高达 70%～90%，组成双水相体系的高聚物 PEG、Dextran 和无机盐等对生物活性物质无毒害，不会造成生理活性物质的失活和变性，甚至有时还能起到稳定和保护的作用。

② 可以从含菌体的发酵液或培养液中直接提取所需要的蛋白质。根据不同物质在双水相体系中分配系数的差异，可以在细胞不经破碎的条件下操作，直接提取细胞内酶。

③ 设备简单，易于连续化操作，且可直接与后续纯化工艺连接；操作条件温和（常温常压）；几乎不使用有机溶剂，避免了生物活性物质的失活和产品中有机溶剂的残留。

④ 易于放大，各种实验参数按比例放大而萃取率基本不变；传质和平衡过程速度快，回收率高，通常在 80% 以上；能耗较小。

(四) 双水相萃取的应用

双水相萃取技术在生物化工技术中已有广泛应用，主要用于生物物质，如酶、核酸、生长激素、病毒等的分离纯化。PEG-磷酸盐双水相体系萃取酶的一般流程如图 3-14 所示。图 3-14 中共有三个双水相萃取分离步骤。第一步，选择合适的条件，首先使目标酶分配在含 PEG 的上相中，部分核酸和多糖会随目标酶进入上相，杂蛋白与细胞碎片则进入富盐的下相。第二步，把磷酸盐加入分相后的上相中，使其再变为双水相体系，这时核酸、多糖、杂蛋白等进入下相，目标酶还是进入富含 PEG 的上相。第三步，再次把磷酸盐加入分相后的上相中，双水相体系再次形成，在此步骤中，要控制条件使目标酶进入富盐的下相，这样才能和大量的 PEG 分开。目标酶与盐以及 PEG 的分离可以采用离心、超滤、亲和柱色谱等技术。

五、微波萃取及超声萃取技术

(一) 微波萃取

微波萃取（microwave-assisted extraction）是利用微波电磁场的作用使固体或半固体物质中的某些有机物成分与基体有效地分离，并能保持分析对象的原本化合物状态的一种分离方法。

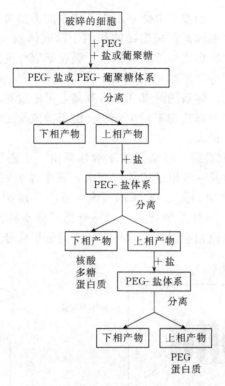

图 3-14 双水相体系萃取酶的一般流程

（1）微波萃取基本原理 通常，萃取溶剂和固体样品中的目标物由不同极性的分子组成，萃取体系在微波电磁场的作用下，具有一定极性的分子从原来的热运动转为跟随微波交变电磁场快速排列取向。不同物质的介电常数不同，吸收微波能的能力不同，在微波场中，这种差异使萃取体系中的某些组分被选择性地加热，从体系中分离出来。例如，采用的微波频率为 2450MHz，就会出现每秒近 25 亿次交变，分子间会产生激烈的摩擦。在这一微观过程中，微波能量转化为样品内的能量，从而降低目标物与样品的结合力，加速目标物从固相进入萃取溶剂相；萃取体系中的一些非极性分子在微波场作用下亦可发生一定程度的弹性变形，但它们吸收微波的能力比极性分子弱，因而微波萃取效率相对较低。

（2）微波萃取的特点 传统的热萃取方式是热传导，通过热辐射方式由外向内进行，是热源→容器→样品的过程，微波萃取方式是分子极化，通过离子导电方式直接对样品加热，是热源→样品→容器的过程。

1986 年，Ganzler 等用家用微波炉对土壤、种子中的有机物进行了萃取。20 世纪 90 年代初，专用微波制备系统的出现促进了微波萃取技术的快速发展和应用。微波萃取的优点是均匀、快速、高效、选择性好、样品质量小，溶剂体积小、萃取量大、回收率高，可同时对多个样品进行萃取，其设备简单且污染少，有利于萃取热不稳定性物质，特别适用于大量试样的快速萃取分离，其适应面宽，较少受被萃取物极性的限制。缺点是被萃取物质必须对微波有吸收，萃取容器需要冷却。

（3）微波萃取系统　微波萃取体系根据萃取罐的类型可分为两大类：密闭式微波萃取体系和开罐式萃取体系；根据微波作用于萃取体系（样品）的方式可分为：发散式微波萃取体系和聚焦式微波萃取体系。微波萃取分离法包括试样的粉碎、与溶剂混合、微波辐射、分离萃取液等步骤，萃取过程一般在特定的密闭容器中进行。由于微波能的作用，体系的温度和压力升高，可通过对时间、温度、压力的控制，保证萃取分离过程中有机物不发生分解。由于微波能是内部均匀加热，热效率高，所以萃取效率大大提高。

① 密闭式微波萃取系统　这类微波萃取体系由一个磁控管、一个炉腔、监视压力和温度的监视装置及一些电子器件所组成。其中在炉腔中有可容放 12 个密闭萃取罐的旋转盘，其结构如图 3-15 所示。该体系有自动调节温度、压力的装置，可实现温-压可控萃取。该体系的优点是：待分析成分不易损失，压力可控。当压力增大时，溶剂的沸点也相应增高，这样有利于待分析成分从基体中萃取出来。

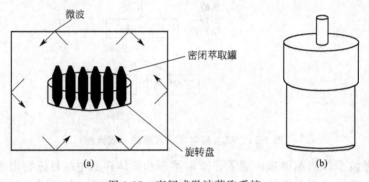

图 3-15　密闭式微波萃取系统

② 开罐式聚焦微波萃取系统　开罐式聚焦微波萃取系统与密闭微波萃取系统基本相似，只是其微波是通过一波导管聚焦在萃取体系上，其萃取罐是与大气连通的，即在大气压下进行萃取（压力恒定），所以只能实现温度控制。该系统将微波与索氏抽提结合起来，既采用了微波加热的优点，又发挥了索氏抽提的长处，同时免去了过滤或离心等分离的步骤。但该体系不足之处在于一次处理的样品数不能太多。其结构如图 3-16 所示。

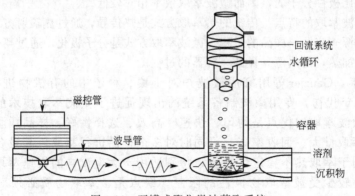

图 3-16　开罐式聚焦微波萃取系统

③ 在线微波萃取系统　Cresswell 等报道了一种微波在线萃取技术，如图 3-17 所示。测定沉积物中 PAHs，进行了两种流动体系的研究：一种是将沉积物样品在水中搅成浆状，通过微波萃取，用 C$_{18}$ 柱富集萃取物，洗脱成分直接进行 HPLC 分析；第二种方法是样品在丙酮中被搅成浆状，通过微波萃取，用 10mL 正己烷富集微波炉流出液中待分析成分，然后用 GC-MS 进行定性、定量分析。此外，Ericsson 等采用了动态微波辅助萃取（dynamic microwave-assisted extraction，DMAE），该体系在萃取过程中可以不断地让新鲜的溶剂进入萃取罐，萃取物可以通过 HPLC 进行实时监测，萃取效率更高。

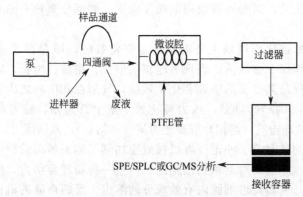

图 3-17　在线微波萃取体系

（4）微波萃取的应用　微波萃取分离法应用很广，例如提取土壤和沉积物中的多环芳烃、杀虫剂、除草剂、多种酚类化合物和其他中性、碱性有机污染物；提取沉积物中的有机锡化合物、磷酸三烷基酯；提取食品中的某些有机物成分、植物种子和鼠粪中的某些生物活性物质及肉食品中的残留药物；从植物和鱼组织中提取芳香油和其他油类；从薄荷、海欧芹、雪松叶和大蒜中提取天然产物。

在环境分析中对土壤、沉积物和水中各种污染物的萃取。有机污染物有多环芳烃（PAHs）、多氯联苯（PCBs）、石油烃（PHs）、邻苯二甲酸酯、酚类、苯等，锡、汞、砷、铅重金属有毒元素及其化合物，此外还有农药残留、杀虫剂、除草剂。

在石油化工中，微波萃取用于对聚合物及其添加物进行过程监控和质量控制。萃取对象有聚对苯二酸-乙二醇（PET）薄膜中的低聚物、聚烯烃中的添加剂等。

微波具有穿透力强、选择性高、加热能力强等特点，微波萃取作为一种提取中药有效成分的优势技术已经获得很大发展。萃取对象有植物皂、植物果胶、挥发油、黄酮类等物质。

（二）超声萃取

超声波是指频率为 20kHz～50MHz 的声波，它是一种机械传播形式。超声波在传播过程中存在正负压强交变周期，在正位时，对介质分子产生的电磁波需要能量载体——介质来进行传播。超声波在传递过程中存在正负压强交变周期，在正相位时，对介质分子产生挤压，增加介质原来的密度；在负相位时，介质分子稀疏、离散，介质密度减小。也就是说，超声波并不能使样品内的分子产生极化，而是在溶剂和样品之间产生声波空化作用，导致溶液内气泡的形成、增长和爆破压缩，从而使固体样品分散，增大样品与萃取溶剂之间的接触面积，提高目标物从固相转移到液相的传质速率。超声波萃取（utrasound extraction，UE）是一种非常成熟且有广泛应用的技术。

① 基本原理　超声萃取是利用超声波具有的机械效应、空化效应及热效应，通过增大介质分子的运动速度、介质的穿透力以提取有效成分的方法。

超声波在介质中的传播可以使介质质点在其传播空间内产生振动，从而强化介质的扩散、传质，这就是超声波的机械效应。超声波在传播过程中产生一种辐射压强，沿声波方向传播，对物料有很强的破坏作用，使待分离物中的有效成分更快地溶解于溶剂中。

超声对萃取的强化作用最主要的原因是空化效应，即存在于液体中的微小气泡，在超声场的作用下被激活，表现为泡核的形成、振荡、生长、收缩乃至崩溃等一系列动力学过程及其引发的物理和化学效应。气泡在几微秒之内突然崩溃，可形成高达 5000K 以上的局部热点，压力可达数十至上百兆帕，随着高压的释放，在液体中形成强大的冲击波（均相）或高速射流（非均相），其速度可以达 100m/s。伴随超声空化产生的微射流、冲击波等机械效应加剧了体系的湍动程度，加快相间的传质速度。同时，冲击流对动植物细胞组织产生一种物理剪切力，使之变形、破裂并释放出内含物，从而促进细胞内有效成分的溶出。且超声波的机械作用同样促进萃取的进行，在媒介传播过程中其能量不断被媒质质点吸收变成热能，导致媒质质点温度升高，加速有效成分的溶解。其产生的波振面上介质质点交替压缩和伸长，使介质质点运动，从而获得巨大的加速度和动能。巨大的加速度能促进溶剂进入提取物细胞，加强传质过程，使有效成分迅速溢出。

和其他物理波一样，超声波在介质中的传播过程也是一个能量的传播和扩散过程，即超声波在介质的传播过程中，其声能可以不断被介质的质点吸收，介质将所吸收能量的全部或大部分转变成热能，从而导致介质本身和有效物质温度的升高，增大了有效成分的溶解度，加快了有效成分的溶解速度。这种吸收声波引起的有效物质内部温度的升高是瞬时的，因此可以使被提取的成分的结构和生物活性保持不变。此外，超声波还可以产生许多次级效应，如乳化、扩散、击碎、化学效应等，这些作用也促进了样品中有效成分的溶解，促进有效成分进入介质，并与介质充分混合，加快了提取成分进入介质，并与介质充分混合，加快了提取过程的进行，并提高了有效成分的提取率。

② 萃取方法　超声波萃取主要通过压电换能器产生的快速机械振动波来减小目标萃取物与样品基体之间的作用力，从而实现固-液萃取分离。超声波萃取对溶剂和目标萃取物的性质（如极性）要求不高。因此，可供选择的萃取溶剂种类多、目标萃取物范围广泛。此外，超声波的振动匀化使样品介质内各点受到的作用一致，整个样品萃取更均匀。目前，实验室广泛使用的超声波萃取仪是将超声波换能器产生的超声波通过介质（通常是水）传递并作用于样品，这是一种间接的作用方式，声振强度较低，因此大大降低了超声波萃取效率。此外，通常实验室所用的超声波发生器功率较大（300W），因而会发出令人感觉不适的噪声（须采取隔音措施

或操作期间远离超声波发生器）。超声波萃取仪如图 3-18 所示。

尽管在不连续超声辅助萃取系统中，超声波也能加快样品的处理进程，固体样品的提取效率比常规的提取技术明显提高，但是由于其操作过程的不连续性，较少使用这种不连续超声辅助萃取系统，多采取连续超声助提系统，即在超声提取过程中，提取剂以一种连续的方式流过样品，萃取出的化合物被溶剂及时带走。连续超声辅助萃取系统的优点主要是：样品和溶剂的用量适中，不需要或仅需要少量化学试剂来溶解样品，分析速度快，易于实现自动化操作。目前，在连续超声辅助萃取系统中，有两种方式是可用的：一种是敞开体

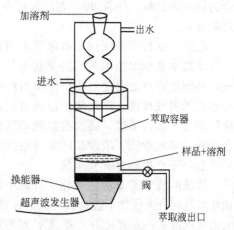

图 3-18 实验室用超声波萃取仪

系，在敞口体系中，新鲜提取剂连续流过样品，传质平衡被溶解平衡所取代；另一种方式是密闭系统，在这种系统中，一定量的提取剂连续循环地流经固体样品，反复进行提取。

六、电泳萃取技术

电泳萃取（electro-extraction）技术是电泳与萃取分离技术交叉耦合形成的一种新分离技术，也是利用外电势强化传质过程及提高萃取率的一种方法。它克服了电泳技术的不足，利用相界面的选择性和阻力，能避免产生对流扩散，可以萃取一些用传统方法难以萃取的物质，因而被认为是一种具有较大潜力的分离方法，故近来有关该技术的研究报道较多。

电泳萃取技术的研究起始于 1987 年，J. Stichlmair 等提出该技术。电泳萃取技术是在多液相状态下，两相电泳体系由两个不相混溶的连续相组成，而不是一连续相一分散相，不同于液液萃取过程。采用两相或多相既可以克服返混造成的不利对流影响，又有利于移出分离物。电泳萃取技术经完善可应用于生化、环保等领域。

电泳技术的实质是利用不同物质的带电粒子在电场中做定向运动的速度不同从而实现物质的分离。当电泳与萃取结合时，首先，由于电泳技术利用了液-液界面的双极性膜性质，使浓差扩散严格地限制在一相中，同时使待分离物质进入萃取剂中，这就解决了浓差扩散及混合难题；其次，这种结合技术能利用扩散、对流等性质加快传质，在设备设计中，选择优良的散热材料，配合较小的操作相比及连续流动的办法，迅速移走电泳过程中所产生的大量热量。另外，外加电场会破坏液-液相界面的弱电场，打破原有的化学平衡，会强化传质及提高萃取率。

J. Stichlmair 等采用正丁醇为溶剂萃取一种染料，萃取率可高达 90％，证明了电泳萃取可以克服电泳技术中因对流而产生的扩散影响。他们还通过多种假设推导了电泳萃取的传质模型，同时还设计了级内并流、级间逆流的电泳萃取设备。文献

报道了采用聚乙二醇与葡萄糖水溶液组成的双水相电泳萃取血红素与白朊的生物混合物的分离过程，结果99％血红素可在重相中富集，95％的白朊可在轻相中富集，效果良好。

电泳萃取技术不仅仅是电泳技术与萃取技术的简单组合。这种新分离技术克服了电泳技术和萃取技术各自的某些不足。制备型电泳存在两个难以解决的问题：第一，必须迅速移走电泳过程中电流所产生的大量热量，否则会在电泳装置内形成各种形式的温度梯度，产生热扩散或对流，造成已分离区带重叠，甚至会使生物活性物质变性失活；第二，必须有效地抑制电泳过程中各种对分离过程有破坏作用的混合过程，如电渗流、浓度扩散和等电点沉淀等。这两大问题的存在使电泳技术的应用大多局限于生物分析和药检。

传统的液-液萃取方法在化工分离中得到了广泛的应用，但对于多组分复杂体系和稀溶液的分离往往不能达到较高的分离要求，使其在生物技术中的应用受到限制。电泳萃取技术一方面利用了液-液界面的双极性膜性质，使浓差扩散严格地限制在一相中，同时使荷电的待分离组分进入萃取剂中，这可以较好地解决制备型电泳技术中的第二个问题。另一方面，该技术还有可能利用扩散、对流等性质加快传质。在设备设计中，可以选择好的散热材料，加之利用较小的操作相比、连续流动等手段，将热量移出，可较好地解决制备型电泳技术中的第一个难题。此外，该技术中应用了外加电场以破坏液-液界面的弱电场，打破了原有的化学平衡，强化了传质。这样，萃取剂的选择可以拓宽条件，且有利于溶剂再生。总之，进行电泳技术的研究具有十分重要的意义。可以看出，电泳萃取技术的研究尚处于起步阶段，以往都是在探索性的研究基础上进行一些工作，对其中的一些规律和机理尚有许多工作要进行。

第三节　固相萃取技术

固相萃取（solid phase extraction，SPE）是利用被萃取物质在液固两相间的分配作用进行样品前处理的一种分离技术。它结合了液-固萃取和柱液相色谱两种技术。SPE以固体填料填充于塑料小柱中作固定相，样品溶液中被测物或干扰物吸附到固定相中，使被测物与样品基体或干扰组分得以分离。SPE基本上只用于样品前处理，其操作与柱色谱类似，在被测物与样品基体或干扰物质得以分离的同时，往往也使被测物得到了富集。

与溶剂萃取相比，固相萃取具有很多优势，如被测物的回收率很高；被测物与基体或干扰物质的分离选择性和分离效率更高；操作简单、快速、易于自动化；不会出现溶剂萃取中的乳化现象；可同时处理大批量样品；使用的有机溶剂量少；能处理小体积样品。正是因为SPE的这些优点，这一技术的发展速度之快是其他样品前处理技术所不及的。目前，其应用对象十分广泛，特别是在生物、医药、环境、食品等样品的前处理中成为最有效和最受欢迎的技术之一。

一、固相萃取基本原理

固相萃取技术是基于液相色谱原理的一种分离、纯化方法，利用固体吸附剂吸附液体样品中的目标物，使目标物与样品基体和干扰化合物分离，然后再用洗脱液洗脱或加热解吸附，达到分离和富集目标物的目的。固相萃取不需要大量互不相溶的溶剂，处理过程中不会产生乳化现象。因采用高效、高选择性的吸附剂（固定相），固相萃取能显著减少溶剂的用量，固相萃取的预处理过程简单，费用低。固相萃取是多种可行分析技术中的一种，它缩短了样品收集和分析步骤的距离。固相萃取技术很少需要样品准备阶段，比如稀释或 pH 值调整等。

固相萃取的目标要么是将待测组分比较牢固地吸附在固定相上，从复杂基体中将待测组分分离富集出来；要么是待测组分在固定相上没有保留或保留很弱，而干扰组分或基体物质在固定相中具有较强的保留，从而使样品中的基体物质或干扰物质除去。采用 SPE 样品前处理技术除了主要用于消除干扰物质和从大量样品中富集痕量组分外，还可以将被测物吸附到固定相中后用与原来不同的溶剂洗脱，达到变换样品溶剂，使之与后续分析方法相匹配的目的；可以用来脱去样品中的无机盐类，方便后续的色谱分析，特别是 LC-MS 分析。

固相萃取的主要萃取模式与 LC 的分离模式相同，可以分为正相固相萃取、反相固相萃取、离子交换固相萃取和吸附固相萃取等。不同的萃取模式所使用的固定相不同。固定相选择主要依据被测物和基体物质的性质，被测物极性与固定相极性越相似，则被测物在固定相中的保留就越强。固相萃取所用的固定相也与 HPLC 常用的固定相相同，只是粒度稍大一些（30～50nm）。

二、固相萃取的吸附剂

在固相萃取中，吸附剂选用的好坏直接关系到能否实现萃取以及萃取效率的高低，同时新型吸附剂的研发也是固相萃取技术发展和应用的关键所在。

正相固相萃取所用的吸附剂都是极性的，吸附剂极性大于洗脱液极性，用来萃取极性物质。在正相萃取时目标物如何保留在吸附剂上，取决于目标物的极性官能团与吸附剂表面的极性官能团之间的相互作用，其中包括了氢键、π 键、偶极-偶极、偶极-诱导偶极以及其他的极性-极性作用。使用的固定相主要是硅胶载体表面键合疏水性烷烃，如十八烷、辛烷、二甲基丁烷。

反相固相萃取所用的吸附剂极性小于洗脱液极性，所萃取的目标物通常是中等极性到非极性化合物，目标物与吸附剂间的作用是疏水性相互作用，主要是非极性-非极性相互作用的色散力。使用的固定相主要是硅胶载体表面键合疏水性烷烃，如十八烷、辛烷、二甲基丁烷。

离子交换固相萃取用的吸附剂是带有电荷的离子交换树脂，用来萃取有机和无机离子性化合物，如有机碱、氨基酸、核酸、离子型表面活性剂等。所萃取的目标物是带有电荷的化合物，目标物与吸附剂之间的相互作用是静电吸引力。所使用的离子交换剂通常是在硅胶载体表面接上季铵基、磺酸基、碳酸基等的物质。

吸附固相萃取是以吸附剂（如氧化铝、硅胶、石墨碳材料、大孔吸附树脂等）作固定相。除石墨碳材料和大孔树脂也可以萃取非极性化合物外，吸附固相萃取主要用于极性化合物的萃取，吸附固相萃取在样品前处理中的应用也相当广泛。

三、固相萃取装置

图 3-19 是实验室常用的固相萃取仪，它由萃取小柱、真空萃取箱和真空泵组成，萃取小柱通常是体积在 1～6mL 的塑料管，在两片聚乙烯筛板之间装填 0.1～2g 填料。为防止污染，一般选用医用级的聚丙烯作柱管材料。聚合物中的添加物或微量杂质有可能在萃取过程中溶出而污染样品，在后续的高灵敏检测方法中可能会检出，如果后续分析方法的分离效率比较高（如色谱），溶出物一般都能与被测物完全分离，不致干扰分析。在有特殊要求的分析中，也可以采用玻璃或高纯聚四氟乙烯材料的柱管。筛板也可能是微量杂质的来源，其材料主要为聚丙烯、不锈钢和钛合金。金属筛板不含有机杂质，但不耐强酸强碱。在痕量分析中，为了消除萃取小柱可能带来的微量杂质的干扰，通常需要做空白实验。SPE 的分离介质（萃取器）除了柱管型小柱外，还有一种盘形固定相，外观上与膜过滤器相似，由含填料的聚四氟乙烯圆片或载有填料的玻璃纤维片构成，后者比较坚固，不需支撑体。这种 SPE 盘的厚度只有约 1mm，填料占 60%～90%。由于填料紧密地嵌在盘片内，在萃取过程中不会产生沟流。SPE 柱与 SPE 盘的主要差异在于填料床厚度与直径之比（L/d）不同。对于等质量的填料，SPE 盘的截面积比 SPE 柱约大 10倍，因此，可以允许液体样品以较高的流量通过，适合从大量产品溶液中富集痕量组分。如 1L 自然环境水样通过直径为 50mm 的 SPE 盘仅需 15～20min。这种简易固相萃取仪真空度要求不高，只需配备一般的真空水泵或油泵，甚至可以接在自来水管上，利用水流的负压抽真空。

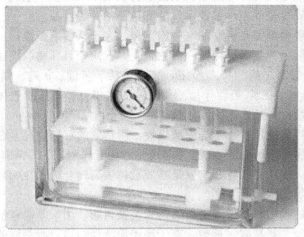

图 3-19　固相萃取仪

四、固相萃取的操作程序

SPE 操作的基本步骤包括柱活化、上样、干扰物洗脱和目标物洗脱四步。基本流程如图 3-20 所示。

柱活化也称柱预处理，其目的一方面是为了打开碳链，增加萃取柱与待测组分相互作用的表面积，也就是通常所说的活化；另一方面是消除萃取柱中可能存在的有机干扰物。未经预处理的萃取柱容易引起溶质过早穿透，影响回收率，而且有可能出现干扰峰。不同类型的萃取柱的预处理方法有所不同。例如，反相固相萃取中的 C_{18} 柱的预处理通常是先用数毫升甲醇通过萃取柱，再用纯水或缓冲液顶替滞留在柱中的甲醇。

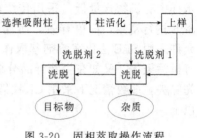

图 3-20　固相萃取操作流程

上样是将样品溶液从上方加到经过预处理的柱上端并通过 SPE 柱。这时目标物被较强地吸附在填料上，而杂质和基体物质不被吸附或仅有微弱吸附。为了增加目标物的吸附，防止目标物的流失，溶解样品的溶剂强度应该很弱，不致起到洗脱的作用而将目标物冲出萃取柱。在反相固相萃取中，通常用水和缓冲液作溶解样品的溶剂，为了增加有机物的溶解，可在水相溶液中加入少量的有机溶剂（如不超过10％的甲醇）。为了避免上样过程中目标物的流失，可以减小样品体积、增加填料量、用弱溶剂稀释样品或选择对目标物吸附更强的填料。SPE 柱选定后可以通过实验测定出其对特定样品溶液的穿透体积。若目标组分和基体组分都竞争吸附位置，则对于不同基体的样品溶液观察到目标物不同的穿透行为。在进行穿透实验时，选择目标物的浓度为实际试样中预期的最大浓度。最后选定的上样体积（上样量）应该小于测定的穿透体积，以防止在后续洗脱杂质的操作步骤中将目标物洗脱出来。

干扰物洗脱通常用相对比较弱的溶剂（清洗剂）通过萃取柱，将弱保留的杂质或基体物质洗脱出来，而目标物仍然保留在萃取柱中。对于反相固相萃取，通常用含适当浓度有机溶剂的水（缓冲）溶液洗脱干扰物质。在此步骤中，应根据需要选择合适的洗脱液强度和洗脱体积，尽可能多地将干扰物质洗脱掉。为了确定最佳清洗溶剂和体积，可以将样品上柱后，用5～10倍柱床体积的清洗剂洗脱，并依次收集和分析流出物，得到清洗溶剂对目标物的洗脱曲线，依次增加清洗溶剂强度，根据不同溶剂强度下的洗脱曲线，决定合适的清洗剂浓度和体积。

目标物洗脱操作是用相对较强的洗脱液将吸附在萃取柱中的目标物全部洗脱出来，同时尽可能使部分强烈吸附在萃取柱上的杂质或基体物质仍然留在萃取柱上。关键还是选择合适的洗脱液浓度和体积。可以加样于 SPE 柱上，改变洗脱液的强度和体积，测定目标物的回收率，用以确定最佳洗脱溶剂强度和体积。洗脱下来的样品可能对于后续分析而言浓度太低，或者洗脱溶剂不适合后续分析，通常须将洗脱下来的样品溶液用氮气吹干（有与固相萃取仪配套的浓缩仪），再用适合后续分析的溶剂复溶。

五、固相萃取技术的应用

近年来随着生物医药等学科的快速发展，固相萃取这一新的样品前处理技术得到了飞速发展，在药物、临床、食品和环境分析等诸多领域都有应用。例如，环境水样中有机物含量低，采用传统的溶剂萃取不仅误差大，而且操作繁琐，若采用 SPE 进行富集，简单有效，而且节省溶剂。目前美国环境标准方法（EPA）已经允许采用 SPE 法代替溶剂萃取作为水样前处理方法，富集水样等环境样品中微量有机污染物。又如在生物样品分析中，大量蛋白质的存在会干扰后续分析，必须预先除去，多数情况下采用 C_{18} 柱即可分离蛋白，目标组分的回收率大多能达到 80% 以上。

第四节　微萃取技术

一、分散液相微萃取技术

2006 年，Rezaee 等首次报道了一种新型样品前处理技术，即分散液相微萃取（dispersive liquid-liquid microextraction，DLLME）。首先在样品溶液中加入数十微升萃取剂和一定体积分散剂，混合液经轻轻振荡即形成一个水/分散剂/萃取剂的乳浊液体系，再经离心分层，用微量进样器取出萃取剂就直接进样分析。该方法集采样、萃取和浓缩于一体，避免了固相微萃取中可能存在的交叉污染的问题，是一种操作简单、快速、成本低、富集效率高且对环境友好的样品前处理新技术，在痕量分析领域具有广泛的应用前景。

（一）分散液相微萃取技术的原理

分散液相微萃取相当于微型化的液-液萃取，是基于目标分析物在样品溶液和小体积的萃取剂之间平衡分配的过程。分配系数 K 为达到平衡时分析物在萃取剂中和样品溶液中浓度的比值。分散液相微萃取只适用于亲脂性高或中等的分析物（$K > 500$），对于高度亲水的中性分析物是不适用的；对于具有酸碱性的分析物，可通过控制样品溶液的 pH 值使分析物以非离子化状态存在，从而提高分配系数。分散液相微萃取的萃取过程如图 3-21 所示。在带塞的离心试管中加入一定体积的

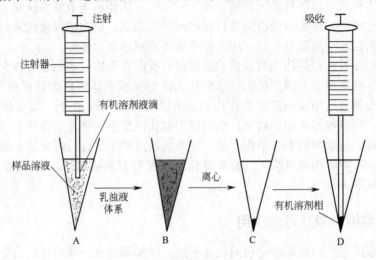

图 3-21　分散液相微萃取的操作步骤

样品溶液（水相）（A），将含有萃取剂的分散剂通过注射器或移液枪快速地注入离心试管中，轻轻振荡，从而形成一个水/分散剂/萃取剂的乳浊液体系（B）；形成乳浊液之后，萃取剂被均匀地分散在水相中，与待测物有较大的接触面积，待测物可以迅速由水相转移到有机相并且达到两相平衡，萃取时间短是分散液相微萃取的一个突出优点；最后通过离心使分散在水相中的萃取剂沉积到试管底部（C），用微量进样器吸取一定量的萃取剂后直接进样测定（D）。

（二）DLLME 萃取效率的影响因素

（1）萃取剂的种类　萃取剂的选择是影响萃取效率的重要因素。萃取剂需满足两个条件：一是其密度必须大于水，这样才能通过离心的方法把水溶液与萃取剂分离；二是萃取剂不溶于水且对待测物的溶解能力要大，以保证取得良好的萃取效率。卤代烃的密度都比较大，所以一般选用卤代烃为萃取剂，如卤苯、氯仿、四氯化碳、二氯乙烷及四氯乙烷（烯）等。

（2）分散剂的种类　分散剂的选择是影响萃取效率的另一个关键因素，要求分散剂不仅在萃取剂中有良好的溶解性而且能与水互溶。这样可以使萃取剂在水相中分散成细小的液滴，均匀地分散在溶液中，即形成一个水/分散剂/萃取剂的乳浊液体系，增大萃取剂与待测物的接触面积，从而提高萃取效率，常用的分散剂包括甲醇、乙醇、丙酮、乙腈及四氢呋喃等。

（3）萃取剂的体积　萃取过程中所加萃取剂的体积直接影响该方法富集倍数的高低。随着所加萃取剂体积的增加，最后离心得到的有机相体积也随之增加，使有机相中待测物的浓度降低。虽然回收率基本保持恒定，但是富集倍数明显下降，方法的灵敏度也随之降低。因此所选萃取剂体积应该既可以保持萃取的较高富集倍数又可以满足离心后进样测定时所需有机相的体积。一般加入 $5\sim100\mu L$ 萃取剂。

（4）分散剂的体积　分散剂的体积直接影响"水/分散剂/萃取剂乳浊液体系"的形成，影响萃取剂在水中的分散程度的高低，从而影响萃取效率。一般需加入 $0.5\sim1.5mL$ 分散剂。

（5）萃取时间的选择　萃取时间在任何萃取过程中都是影响萃取效率的一个重要因素。在分散液相微萃取中，萃取时间是指在水相中注入了萃取剂和分散剂后到混合液开始离心之前这段时间。研究表明，萃取时间对 DLLME 萃取效率没有显著的影响，这是由于在溶液形成乳浊液之后萃取剂被均匀地分散在水相中，待测物可以迅速由水相转移到有机相并达到两相平衡。萃取时间短是分散液相微萃取的一个突出的优点。

（6）盐浓度的影响　一般随着离子强度的增加分析物和有机萃取剂在水相中的溶解度减小，有利于提高回收率；同时所得到的有机相的体积增加，有机相中待测物的浓度降低，富集倍数显著下降。

（三）分散液相微萃取的应用

DLLME 作为一种全新的样品前处理方法可以与气相色谱仪、液相色谱仪、原子吸收分光光度计等多种仪器联用，在农药残留、重金属等的分析中得到了广泛的应用。

（1）DLLME-GC 联用　DLLME 技术非常适合与气相色谱联用。用微量进样器吸出萃取剂后不需要进一步处理即可直接进样分析，所以 DLLME-GC 联用技术在短时间得到了迅速的发展。

对水中污染物的监测是环境分析的重要任务之一，DLLME-GC 联用技术操作简单，非常适合水样中污染物的测定。Rezaee 等首次应用 DLLME-GC-FID 技术建立了水样（井水、河水）中 16 种稠环芳烃的检测方法，在 10mL 带塞的离心试管中加入 5.0mL 样品溶液，将含有 8.0μL 四氯乙烯（萃取剂）的 1.0mL 丙酮（分散剂）快速注入离心试管中，轻轻振荡，形成一个水/丙酮/四氯乙烯的乳浊液体系，然后以 6000r/min 的转速离心 1.5min，分散在水相中的萃取剂沉积到试管底部，用微量进样器吸取 2.0μL 萃取剂直接进样测定。该方法的线性范围和检出限分别为 0.02～200μg/L 和 0.007～0.030μg/L；富集倍数高达 603～1113；加标回收率为 82.0%～111.0%；相对标准偏差在 1.4%～10.2%。随后该研究组应用 DLLME-GC-FPD 分析了水样（河水、井水和农业用水）中 13 种有机磷农药的残留，并将实验结果与 SPME-GC-FPD、SPME-GC-NPD、SDME-GC-MS 和 SDME-GC-FPD 进行了对比，采用 DLLME-GC-FPD 不仅装置简单、操作简便，而且检出限低、线性范围宽、富集倍数高、萃取时间仅需 3 min，远远低于其他方法（15～60min）。该研究组还将 DLLME 应用于分析环境样品中的三氯甲烷、氯苯异构体、多氯联苯化合物等。

（2）DLLME-HPLC 联用　DLLME-GC 联用不适用于热不稳定化合物及表面活性剂、药物、蛋白质等半挥发和不挥发化合物的分析，DLLME-HPLC 联用可以解决其局限性，扩大 DLLME 的应用范围。目前 DLLME-HPLC 联用技术有两种操作模式：一是待测样品经 DLLME 处理，将萃取溶液在高效液相色谱仪中直接进样分析。应用 DLLME 与 HPLC-VWD 联用技术建立了水样中（河水、湖水）灭多威的测定方法，富集倍数为 70.7，检出限为 1.0μg/L，与 SPE、SPME 和 LPME 相比，该方法不需要特殊装置、成本低、易于操作、对环境友好，特别是萃取时间远低于其他方法。DLLME 与 HPLC 结合还应用于酞酸酯和多溴二苯醚的测定。二是待测样品经 DLLME 萃取，萃取剂经过一定的处理再进样分析。

（3）DLLME 与原子吸收分光光度计联用　DLLME 可以与原子吸收分光光度计联用，并已应用于测定环境水样中的痕量重金属离子。在待测溶液中先加入金属离子螯合剂，使待测金属离子生成螯合物，然后加入合适的萃取剂和分散剂，或者将金属离子螯合剂、萃取剂和分散剂一起加到待测溶液中，振荡后溶液形成乳浊液，待测金属离子与螯合剂生成金属螯合物并被萃取到萃取剂中，离心后取出萃取剂进样分析。当 DLLME 与石墨炉原子吸收法（GFAAS）联用时，取出萃取剂就可以直接进样分析。如 Shamsipur 等采用维多利亚蓝 R 作为金离子的螯合剂，$Pd(NO_3)_2$ 作为化学改良剂，应用 DLLME-石墨原子吸收法测定了自来水、硅酸盐与合成样品中 Au 的含量，线性范围 0.03～0.5μg/L，检出限 0.005μg/L。

（4）DLLME 的其他联用方法　DLLME 还可与分光光度计联用测定金属离子的含量。Gharehbaghi 等以 PAN 为螯合剂，应用 DLLME 与分光光度计联用技术测定了水样（自来水与河水）中 Co 的含量，富集倍数 125，检出限 0.5μg/L。Shokoufia 等以 PAN 为螯合剂，采用 DLLME 与光纤线性阵列检测分光光度计

（FO-LADS）联用技术分析了样品（河水、海水、自来水和合成样品）中的 Pd 和 Co，检出限分别为 $0.25\mu g/L$ 和 $0.2\mu g/L$，线性范围分别为 $2\sim100\mu g/L$ 和 $1\sim70\mu g/L$，富集倍数分别为 162 和 165。

　　分散液相微萃取集采样、萃取和浓缩于一体，是一种新型的样品前处理技术，与传统的萃取方法相比具有操作简单、快速、准确、成本低、对环境友好且回收率高和富集倍数高等特点，其在痕量分析领域中展现出愈来愈广阔的应用前景。预计今后 DLLME 的研究发展方向主要有：①进一步应用于较复杂基质样品的测定。因为目前分散液相微萃取技术处理的样品基质大多数为简单基质，将其应用于常见的复杂基质样品的测定是今后发展的一个重要方向。②拓宽 DLLME 萃取剂的选择范围。目前文献报道中所用萃取剂大部分为卤代烃，萃取剂范围的扩大必然导致 DLLME 适用的底物范围扩大，从而使其更具实用前景。③开发与更多分析手段的联用技术。

二、分子印迹微萃取技术

　　分子印迹聚合物（MIP）是指将待分离的目标分子与功能单体通过共价或非共价作用进行预组装，再与交联剂共聚得到的聚合物。除去目标分子后，聚合物中形成与目标分子空间互补并具有预定作用位点的"空穴"，因此对目标分子的空间结构有"记忆"效应，能够高选择性地识别复杂样品中的印迹分子。基于分子印迹技术制备的印迹聚合物兼具生物识别体系和化学识别体系的优点，可从复杂样品中选择性分离富集印迹分子及其结构类似物，在复杂样品前处理领域中有重要的发展潜力和应用前景。微萃取是一种将分析物高效萃取富集于微体积的聚合物或有机溶剂中，集采样、萃取、浓缩、进样于一体的萃取技术。与传统的固相萃取和液相萃取等萃取技术相比，微萃取技术具有快速、方便、无溶剂或少溶剂、易于与气相色谱（GC）、高效液相色谱（HPLC）、气相色谱-质谱（GC-MS）等仪器在线联用等优点。分子印迹微萃取技术集 MIP 的高选择性和微萃取技术的快速、方便、无（少）溶剂、易于其他技术在线联用、易于实现自动化等优点于一体，能选择性分离、富集目标分析物，在复杂样品前处理中得到了广泛的应用。

　　目前常用的分子印迹微萃取（MIME）技术有分子印迹固相微萃取（MI-SPME）、分子印迹搅拌棒吸附萃取（MI-SBSE）、分子印迹磁性微球萃取（MMI-BE）等。

（一）分子印迹固相微萃取

　　分子印迹固相微萃取技术（molecularly imprinted solid-phase microextraction，MI-SPME）是将分子印迹技术与固相微萃取技术相结合，利用分子印迹聚合物具有特异选择性的特点，将其作为固相微萃取的固定相，能够有效地克服传统固相微萃取无专一性的缺点，使固相微萃取过程具备高特异性、高选择性、操作简单、稳定性好和可重复使用等优点。近些年来，应用分子印迹固相微萃取技术对样品进行前处理已成为分析化学领域研究的热点之一。

　　涂层是 SPME 技术的核心，涂层的种类和厚度是影响分析灵敏度和选择性的最重要因素。目前商用的涂层种类较少，且商品化的涂层存在耐高温性能和耐溶剂性能较差、石英纤维基底易折断、使用寿命短和价格偏高等缺点。商品化涂层的萃取机制主要是基于"相似相溶"原理，其选择性不高，从而限制了它的应用。具有选择性的涂层可增强 SPME 的分离能力，扩展它的应用范围，因此研究与应用有选择性乃至特异性的 SPME 涂层备受关注。MI-SPME 技术以 MIP 作为 SPME 萃取涂层，将 MIP 选择性高、稳定性好的优点与 SPME 技术的样品用量少、操作方便、快速、无溶剂或少溶剂、易于与其他仪器在线联用等优势结合起来，从而可以有选择地萃取和富集复杂基体中的痕量目标分析物，因此成为最常用的微萃取技术之一。MI-SPME 在 2001 年被首次报道，但在 2001~2007 年这方面报道较少。近几年该领域得到了迅速的发展。目前报道的 MI-SPME 主要有 3 种形式：分子印迹-探针固 相微萃取（fiber MI-SPME）、分子印迹-管内固相微萃取（in-tube MI-SPME）和分子印迹-固相微萃取整体棒（monolite MI-SPME）。

（二）分子印迹搅拌棒吸附萃取

搅拌棒吸附萃取（SBSE）技术是在 SPME 的基础上发展而来，由 Baltussen 等于 1999 年提出。SBSE 能在搅拌的同时完成萃取，避免了搅拌磁子的竞争吸附，并可实现与 HPLC 和 GC 或 GC-MS 等仪器的联用；在顶空萃取-热解吸联用技术中无须使用萃取溶剂和解吸溶剂，能与 GC 或 GC-MS 实现在线联用。2000 年，Gerstel 公司推出了商品化的涂层，与 fiber MI-SPME 相比，SBSE 涂层的固定相体积大 50 倍以上，具有更高的萃取容量和萃取效率。SBSE 与 GC 联用通常采用热解吸模式，因此只需考虑搅拌棒涂层的热稳定性问题；与 HPLC 联用需要考虑涂层的耐溶剂性和流路中的高压对搅拌棒的影响。由于搅拌棒的内封磁芯是玻璃毛细管基质，难以承受 HPLC 流路中的高压，且涂层溶液发生脱落。MI-SBSE 结合了 MIP 和 SBSE 技术的优势，将具有分子识别功能的 MIP 涂层固载在搅拌棒表面，在搅拌的同时实现对复杂基质中痕量分析物的选择性萃取。

（三）分子印迹磁性微球萃取

分子印迹微球（MIB）是一种具有分子印迹特异性吸附能力的聚合物微球。MIB 结合了微球大比表面积和 MIP 高选择性的特点，对目标分子具有快速的选择性分离和富集能力。分子印迹磁性微球作为样品前处理的一种新型介质，具有分子印迹微球的优点，而且使用时可以通过磁性分离快速地将微球从样品基质中分离，使富集和分离过程变得更加简单易行。

李攻科研究小组以水为分散介质，以 PEG-Fe_3O_4 为磁核，采用微波辐射加热合成了多种分子印迹磁性微球。Fe_3O_4 粒子表面经 PEG 修饰具有大量的不饱和双键，这些不饱和双键在 MIP 聚合过程中参与自由基聚合反应，通过化学键将 MIP 键合到 Fe_3O_4 粒子表面，所得的 MIP 包埋磁性微球粒径均匀可控，无须进行研磨、筛分等后处理步骤，将分子印迹磁性微球萃取与 GC-MS 或 HPLC 联用以实现对复杂样品中痕量目标分析物的分析。

MIB 作为一种微萃取介质，具有易于制备、易于改性、比表面积大等优点，在痕量复杂样品的处理中有广泛的应用前景。但 MIB 采用包被的形式进行聚合，内层的模板分子不易洗脱，存在模板分子渗漏问题，且聚合条件对微球的形貌和吸附性能有很大的影响。

（四）其他分子印迹微萃取技术

分子印迹膜（MIM）萃取技术是 MIP 与膜萃取技术相结合的产物，兼具 MIP 专一识别性与膜分离的操作简单、易于连续化、条件温和等优点，是一种兼具普通微孔膜的筛分作用和分子印迹特异性吸附作用的人工合成膜。1990 年 Piletsky 等首次报道了通过光聚合的方法制备对腺苷酸分子具有识别特性的 MIM，实现了对模板分子腺苷酸的选择性运输。该分子印迹复合膜对特定印迹分子具有高选择性、大通量的特点。

MIP 自出现以来取得了很大的发展，但仍存在许多问题，例如在水相或其他极性溶剂中 MIP 的合成和应用遇到很多问题，且适用于水相的功能单体和交联剂的种类有限。然而很多实际样品都是富水样品，分子识别过程也往往在水相中进行，在富水相中氢键容易受到干扰这个问题在很大程度上制约了 MIP 的发展和应用。因此发展实用于极性环境的 MIP 具有重要的研究意义和实用价值。如何解决 MIP 在水相等极性体系中的合成或应用引起了研究者的关注，发展的配位印迹聚合物（CIP）很好地解决了这个问题。

CIP 是以金属配合物为模板的分子印迹聚合物，在 MIP 中研究较热门，发展也较快，是人们越来越重视的发展和延伸方向。它既具有传统 MIP 高特异性的优点，又适用于强极性体系。CIP 与 MIP 的不同之处在于 CIP 制备时加入了金属作为功能单体和模板分子间的连接轴心，功能单体和模板分子以配位键与中心金属作用形成配合物，增强了彼此之间的相互作用。配位键比氢键、疏水作用、范德华力等具有更强的作用力，且具有定向性，因此有利于制备高识别性的印迹聚合物。金属配位作用在极性体系中可以稳定存在，这就使水溶性目标分子的印迹聚合物的制备和应用成为可能，扩展了 MIP 的应用范围。

配位印迹膜（CIM）萃取集 CIP 与膜技术的优点于一体，是 MIM 的另一种形式，该技术进一步拓宽了 MIP 微萃取的应用范围。黄健祥采用表面修饰的方法制备基于固体表面荧光检测的水杨酸配位印迹膜状传感器（CIM-sensor），建立了水杨酸配位印迹传感器-荧光（sensor-FL）联用分析方法，并将该方法用于药品和加标人体尿样中水杨酸的分析，结果与 HPLC-UV 吻合，加标回收率为 80.6%～88.1%，RSD 为 9.0%～13.2%，满足实际样品中水杨酸的快速分析要求。

由于 CIP 适用于极性环境，将 CIP 与 SPME 结合，使水溶性目标分子的印迹聚合物的制备和应用成为可能，且具有很大的发展潜力。

三、固相微萃取技术

固相微萃取（solid phase microextraction，SPME）技术是 1989 年首先由加拿大的 Pawliszyn 等提出的，1993 年在美国率先推出商品化的 SPME 设备。这是一种吸附并浓缩待测物中目标物质的样品制备方法。它几乎克服了以前一些传统样品处理方法的所有缺点，不需要有机溶剂、简单方便、测试快、费用低，集采样、萃取、浓缩、进样于一体，能够与气相或液相色谱仪联用，有手动或自动两种操作方式，使样品处理技术及分析操作简单省时。

固相微萃取技术是采用涂有固定相的熔融石英纤维来吸附、富集样品中的待测物质。其中吸附剂萃取技术始于 1983 年，其最大特点是能在萃取的同时对分析物进行浓缩，目前最常用的固相萃取（SPE）技术就是将吸附剂填充在短管中，当样品溶液或气体通过时，分析物被吸附萃取，然后再用不同溶剂将各种分析物选择性地洗脱下来。

（一）方法原理

在固相微萃取操作过程中，样品中待测物的浓度或顶空中待测物浓度与涂布在熔融硅纤维上的聚合物中吸附的待测物浓度间建立了平衡，在进行萃取时，萃取平衡状态下和萃取前待分析物的量应保持不变，有下列关系：

$$c_0 V_s = c_s V_s + c_1 V_1 \tag{3-34}$$

式中，c_0 是样品中待测物质的初始浓度；c_s 和 c_1 分别是平衡时样品中待测物质浓度和涂层中待测物质浓度；V_s 和 V_1 分别是样品的体积和涂层的体积。

设待测物质在涂层和样品基质中的分配系数为 K_{f_s}，待测物质被涂层吸附的量为 n，则

$$K_{f_s} = \frac{c_1}{V_s} \tag{3-35}$$

$$n = c_1 V_1 \tag{3-36}$$

将式（3-35）和式（3-36）代入式（3-34），整理得：

$$n = \frac{K_{f_s} V_1 c_0 V_s}{K_{f_s} V_1 + V_s} \tag{3-37}$$

式（3-37）表明涂层吸附的待测物质的量与样品中该物质的初始浓度呈线性关系，即待测物质在样品中原始浓度越高，达到吸附平衡时涂层中被吸附的量越大。SPME 中使用的涂层物质对于大多数有机化合物具有较强的亲和力，K_{f_s} 值对目标分析物来说越大，意味着 SPME 具有的浓缩作用越高，对待测物质检测的灵敏度越高。在式（3-37）中，由于相对 V_1 而言 V_s 很大（$V_s \gg K_{f_s} V_1$），那么可近似地认为，涂层萃取的待测物质的量与样品的体积无关，而与样品中待测物质的初始浓度成正比：

$$n = K_{f_s} V_1 c_0 \tag{3-38}$$

对于某一 SPME 装置，$K_{f_s} V_1$ 为一常数，设 $K_{f_s} V_1 = K$，则：

$$n = K c_0 \tag{3-39}$$

式（3-39）即为固相微萃取的定量关系式。

（二）固相微萃取技术条件的选择

（1）萃取头的选择　由不同固定相所构成的萃取头对物质的萃取吸附能力是不同的，故萃取头是整个 SPME 装置的核心，这包括两个方面，即固定相和其厚度的选择。萃取头的选择由欲萃取组分的分配系数、极性、沸点等参数共同确定。

一般而言，纤维头上一层厚膜比薄膜要萃取更多的分析物，厚膜可有效地从基质中吸附高沸点组分。但是解吸时间相应要延长，并且被吸附物可能被带入下一个样品萃取分析中，薄膜纤维头被用来确保分析物在热解吸时较高沸点化合物的快速扩散与释放。膜的厚度通常在 $10 \sim 100 \mu m$。

按照聚合物的极性固定相涂层可分为 3 大类：第一类为极性涂层；第二类为非

极性涂层；第三类为中等极性混合型涂层。表 3-5 中列出了几种常用萃取头的适用范围及性能。

表 3-5　常用 SPME-GC/MS 萃取头

萃取头类别	具体描述	用　　途	极性	分子量范围
PDMS	100μm，非键合	小分子挥发性非极性物质	非极性	60～275
PDMS	30μm，非键合	半挥发性非极性物质	非极性	80～500
PDMS	7μm，非键合	半挥发性非极性物质	非极性	125～600
PA	85μm，非键合	极性半挥发性物质，酚类	极性	80～300
PDMS/DVB	65μm，非键合	极性挥发性物质，胺类，硝基芳香类化合物	中极性	50～300
CAR/PDMS	75μm，非键合	痕量 VOC，气体硫化物	中极性	30～225
DVB/CAR/PDMS	50/30μm，非键合	挥发性物质	中极性	C_3～C_{20}
CW/DVB	85μm，非键合	极性物质，尤其醇类	中极性	40～275

注：PDMS—聚二甲基硅氧烷；CW—聚乙二醇；PA—聚丙烯；DVB—二乙烯苯；CAR—碳分子筛。

（2）萃取时间的确定　萃取时间主要指达到或接近平衡所需要的时间。影响萃取时间的因素主要有萃取头的选择、分配系数、样品的扩散系数、顶空体积、样品萃取的温度等。萃取开始时萃取头固定相中物质浓度增加得很快，接近平衡时速度极其缓慢，因此萃取过程中不必达到完全平衡，因为平衡之前萃取头涂层中吸附的物质的量与其最终浓度就已存在一个比例关系，所以在接近平衡时即可完成萃取过程，视样品的情况不同，萃取时间一般为 2～60min。延长萃取时间也无坏处，但要保证样品的稳定性。

（3）萃取温度的确定　萃取温度对吸附采样的影响具有双面性，一方面，温度升高会加快样品分子运动，导致液体蒸气压的增大，有利于吸附，尤其对于顶空固相微萃取（HS-SPME）；另一方面，温度升高也会降低萃取头吸附分析组分的能力，使吸附量下降。实验过程中还要根据样品的性质而定，一般萃取温度为 40～90℃。

（4）样品的搅拌程度　样品经搅拌可以促进萃取并相应地减少萃取时间，特别对于高分子量和高扩散系数的组分。一般搅拌形式有磁力搅拌、高速匀浆、超声波搅拌等方式。采取搅拌方式时一定要注意搅拌的均匀性，不均匀的搅拌比没有搅拌的测定精确度更差。

（5）萃取方式、盐浓度和 pH 值效应　SPME 的操作方式有两种：一种为顶空萃取方式；另一种为浸入萃取方式，实验中采取何种萃取方式主要取决于样品组分是否存在蒸气压，对于没有蒸气压的组分只能采用浸入方式来萃取。在萃取前向样品中添加无机盐可以降低极性有机化合物的溶解度，产生盐析，提高分配系数，从而增加萃取头固定相对分析组分的吸附。一般添加无机盐用于顶空方式，对于浸入方式，盐分容易损坏萃取头。此外调节样品的 pH 值可以降低组分的亲脂性，从而大大提高萃取效率，注意 pH 值不宜过高或过低，否则会影响固定相涂层。

（6）其他优化措施　在萃取过程中还可以采用减压萃取及微波萃取，都可以提高萃取效率，在顶空萃取的过程中，顶空体积的大小、样品的大小对检测的灵敏度、方法的精密度及萃取效率都有重要影响。

（三）固相微萃取的应用

SPME 方法最早应用于环境样品的检测，主要针对样品中各种有机污染物，如水样和土壤中的有机汞、脂肪酸、杂酚油等以及有机磷农药、有机氯农药、多环芳烃等作为水和废水检测重要指标的化合物。SPME 在医学上的应用多见于分析人体血液中的氰化物、苯和甲苯以及体液中的乙醇、有机磷酸酯等方面。

自从 SPME 问世不久，就有人把它应用于分析食品中的微量成分，近 10 年来，已经广泛应用于食品风味、食品中的农药残留和食品中有机物的分析。SPME在食品风味中的分析多见于顶空固相萃取法（HS-SPME），分析对象主要针对酒类、果汁类、奶类、油类和调味品类中的挥发性成分。

固相微萃取技术发展的关键在于萃取头上的涂层，涂层的性质决定了该方法的应用范围和分析中能检测到的浓度范围。随着一些无机吸附质的出现及该技术的完善，固相微萃取可望用于检测无机物，特别是当 SPME 直接与原子吸附、感应耦合等离子体、电火花或者辉光放电等仪器联用时可大大拓展它在检测无机物时的应用范围，因此，一些具有特殊性质的高效涂层的研制将成为固相微萃取今后发展的重要方向。

固相微萃取技术可以与高效液相色谱（HPLC）、气相色谱（GC）、质谱（MS）等技术联用，但应用最广、方法最成熟的是与 GC 技术联用。与气相色谱的联用主要用于检测一些沸点相对较低的挥发性或半挥发性有机物。发展到目前，该技术与液相色谱以及毛细管电泳的联用技术也很成熟，使一些极性、热稳定性的化合物也能用固相微萃取进行分析。相信随着耦合技术的发展及固相微萃取技术自身的发展，SPME 将与更多的分析仪器配合使用，使固相微萃取技术应用于更多领域中的分析检测。

第五节　萃取分离的实际应用

一、应用溶剂萃取分离干扰物质

用溶剂萃取法分离干扰物质，可以通过两种途径：一种是将干扰物质从试液中萃取除去；另一种是用有机溶剂将欲测定组分萃取出来而与干扰物质分离。

例如，测定钢铁中微量的稀土元素，应先将主体元素铁以及钢铁中经常可能存在的一些其他元素如铬、锰、钴、镍、铜、钒、铌、钼等除去。为此，把试样溶解后，可在微酸性溶液中加入铜铁试剂作为萃取剂，再以氯仿或四氯化碳萃取之，这些元素和主体元素基本上都被萃取进入溶剂相，分离除去后，以偶氮胂为显色剂，用光度法测定留于水相中的稀土元素。

又如测定邻甲基苯甲酸中少量邻苯二甲酸时，可将试样溶于热水，冷却后用氯仿将邻甲基苯甲酸萃取除去，然后在水相中测定邻苯二甲酸。

以上所述是用溶剂萃取法分离除去主体组分或干扰组分，在水相中测定欲测组分的例子。

又如测定矿石、烟道灰中锗时，可在分解试样后，在较浓的盐酸溶液中用四氯

化碳萃取 $GeCl_4$，从而与试样中的其他元素分离。溶剂相中的 $GeCl_4$ 可用水反萃取进入水相，以苯基芴酮显色后测定之。这是用有机溶剂将欲测组分萃取出来而与干扰离子分离的例子。

二、萃取联用分析

萃取分离后进行分光分析，即为萃取分光光度分析。萃取分离和分光分析相结合，连续完成，大大精简了方法的步骤，同时也提高了方法的灵敏度。常用螯合物萃取比色和离子缔合萃取比色。所生成的可被萃取物质呈现明显的颜色，溶于有机相后可直接进行光度法测定。这样不但测定步骤简单快速，而且还可以提高测定的灵敏度。

例如 8-羟基喹啉与许多金属离子所形成的螯合物溶于氯仿后具有很深的颜色，如与 Fe^{3+}、V^{5+}、Ce^{4+}、Ru^{2+} 形成绿色或墨绿色螯合物，与 U^{6+}、Ti^{4+}、Tl^{3+} 等形成黄色的螯合物，等，都可用光度法测定。又如双硫腙可以和 21 种金属离子螯合，所生成的螯合物溶于氯仿或四氯化碳中具有各种不同的颜色。例如 Bi^{3+} 的螯合物呈黄色，Cd^{2+}、Pb^{2+}、Co^{2+}、Cu^{2+} 等的螯合物呈紫红色，Ni^{2+} 的螯合物呈紫褐色，等，据说可以直接采用光度法测定 17 种金属离子。可是双硫腙的氯仿或四氯化碳溶液也都呈绿色，因此用双硫腙为萃取剂进行萃取光度法测定时，要设法消除萃取剂本身对光度测定的干扰作用。又如二乙基二硫代甲酸钠与某些金属离子所形成螯合物的氯仿溶液也是有色的，如 U^{6+} 的螯合物显棕红色，Bi^{3+} 的螯合物显黄色，Cu^{2+}、Fe^{2+}、Fe^{3+} 的螯合物显棕色，Co^{2+} 的螯合物呈绿色，Ni^{2+} 的螯合物呈黄绿色等。萃取剂本身无色，也可以直接用于光度法测定。

在形成离子缔合物的萃取体系中，在阳离子或阴离子中只要有一种是有色的，所生成的可萃取物就是有色的，这时在萃取后就可以直接用于光度测定。例如 BF_4^- 阴离子与亚甲基蓝染料的阳离子缔合成中性分子，用二氯乙烷萃取后呈蓝色，可直接进行光度法测定，这是目前测定硼的较好的方法。又如 $SbCl_6^-$ 与孔雀绿染料的阳离子作用生成绿色缔合物，可用甲苯萃取后直接用光度法测定。又如 TlC_4^- 与甲基紫染料的阳离子作用生成紫色缔合物，可用苯或甲苯萃取后直接进行光度法测定。在前面讨论三元络合萃取体系时也讨论过这类测定的示例，这里就不再重复。

此外，许多金属离子螯合物的有机溶剂萃取液有很强的荧光，如 Al^{3+}、Ga^{3+}、In^{3+}、Zn^{2+} 等与 8-羟基喹啉的螯合物的氯仿萃取液具有强烈的荧光，可用荧光光度法测定。又如桑色素与 Al^{3+}、Sc^{3+}、Be^{2+}、Ga^{3+}、In^{3+} 等离子的螯合物的有机溶剂萃取液具有强烈的荧光，也可用荧光光度法测定。

三、萃取分离其他示例

溶剂萃取分离与光谱分析、电化学分析、色谱分析等配合应用都有不少成功的示例。表 3-6～表 3-8 列出了一些金属离子溶剂萃取的示例，以供参考。

表 3-6　常用螯合萃取剂应用示例

螯合剂	被萃取元素	最 佳 萃 取 条 件
乙酰丙酮 （HAA）	Al(Ⅲ)	pH=3～6,用纯 HAA,或 pH=5～9,用 0.1mol/L HAA/苯,反复萃取,可使 Al 定量分离
	Be(Ⅱ)	pH=1.5～3,用纯 HAA,或 pH=3.6～8,用 0.100mol/L HAA/苯,可定量萃取 Be,用 EDTA 作掩蔽剂以增加选择性
	Co(Ⅱ)	pH=6～7,H_2O_2 存在并加热煮沸,Co 与 HAA 形成稳定络合物,pH=0.3～2 时为纯 HAA 所萃取。各种干扰离子可在室温和 pH<4 时用 HAA 预萃弃去
	Cr(Ⅲ)	在 pH=6 时加 HAA 加热回流,然后调节酸度为 3mol/L H^+,用 50%的乙酰丙酮-氯仿溶液萃取。可萃取分离多种离子
	Cu(Ⅱ)	pH=4～10,0.1mol/L HAA/苯反复萃取,可使 Cu 定量分离
	Fe(Ⅲ)	pH=1 时用纯 HAA 定量萃取,pH=2.5～7 时可用 0.1mol/L HAA/苯完全萃取
	Ga(Ⅲ)	6mol/L HCl 中 HAA 可定量萃取 Ga,pH=3.5～8 时可用 0.1mol/L HAA/苯定量萃取
	In(Ⅲ)	pH=3～6 时可用纯 HAA 定量萃取;pH>5.5 时用 0.1mol/L HAA/苯、CCl_4 或氯仿定量萃取
	Mo(Ⅵ)	从 0.01～6mol/L H_2SO_4 中用纯 HAA 或 HAA-氯仿(1∶1)反复萃取,可使 Mo 分离完全。强酸中萃取 Mo 有很高的选择性,有柠檬酸存在时许多金属离子不干扰
	Th(Ⅳ)	pH=5～9 时,能被 0.1mol/L HAA/苯萃取完全,与稀土元素分离
	Tl(Ⅲ)	pH=2.0～10 时能被 0.1mol/L HAA/苯定量萃取
	U(Ⅳ)	pH>3 时能被 0.5mol/L HAA/苯或氯仿定量萃取
	V(Ⅲ)	pH=2～3 时被 HAA-氯仿(1∶1)定量萃取
噻吩甲酰 三氟丙酮 （HTTA）	Ac(Ⅲ)	pH>5.5 时,用 0.25mol/L HTTA/苯可定量萃取 Ac
	Al(Ⅲ)	pH=5.5～6 时,Al(Ⅲ)能被 0.1mol/L HTTA/苯定量萃取
	Be(Ⅱ)	HTTA/苯从中性溶液中可以萃取 Be
	Bi(Ⅲ)	pH>2.5 时,可以被 0.25mol/L HTTA/苯定量萃取
	Ca(Ⅱ)	在 pH～8 时,用 0.05mol/L HTTA/甲基异丁基酮可定量萃取痕量 Ca
	Cu(Ⅱ)	pH=3～6 时,0.15mol/L HTTA/苯可定量萃取
	Hf(Ⅳ)	在 2mol/L $HClO_4$ 中能被 HTTA/苯定量萃取
	Pd(Ⅱ)	在 pH=4.5～8.8 时,Pd 能被 HTTA/丁醇萃取,此时 Pt 不被萃取
	Sc(Ⅲ)	pH 值约为 1.5,用 0.5mol/L HTTA/二甲苯萃取可使 Sc 与稀土元素分离。pH 值约为 2.0,用 0.1mol/L HTTA/环己烷萃取,可使 Sc 与 Tl(Ⅰ)、V(Ⅳ)分离。pH=3～4,用 0.2mol/L HTTA/二甲苯萃取可使 Sc 与 U 分离
	Th(Ⅳ)	pH>1 时,用 0.25～0.45mol/L HTTA/苯可萃取 98%以上的 Th
	Ti(Ⅳ)	10mol/L HCl 中,用 0.1mol/L HTTA/异戊醇+苯(2∶1)可萃取 Ti
	Tl(Ⅲ)	pH 值约为 4 时,用 0.25mol/L HTTA/苯能定量萃取 Tl
	U(Ⅵ)	在 pH=3.5～8 时能被 0.15mol/L HTTA/苯定量萃取
	V(Ⅴ)	在 pH=2.5～4.1 时,用 0.3mol/L HTTA/正丁醇可以定量萃取
	W(Ⅵ)	9mol/L HCl 中用 0.15mol/L HTTA/丁醇+苯乙酮(5∶8)可定量萃取 W
8-羟基喹 啉（喔星 或 Ox）	Al(Ⅲ)	pH=4.5～11 能被 0.01～0.1mol/L 喔星/氯仿完全萃取。KCN 共存时可掩蔽 Cu、Ni、Zn、Co 和 Cd。Fe^{3+} 还原后用 1,10-邻二氮杂菲掩蔽
	Ba(Ⅱ)	pH>10 时可被 0.5～1.0mol/L 喔星/氯仿萃取
	Bi(Ⅲ)	pH=2.5～11,用 0.1mol/L 喔星/氯仿可定量萃取 Bi
	Ca(Ⅱ)	pH>10.7 时,用 0.5mol/L 喔星/氯仿可以定量萃取 Ca
	Cd(Ⅱ)	pH=5.5～9.5 时,用 0.1mol/L 喔星/氯仿可完全萃取
	Co(Ⅱ)	pH=4.5～10.5 时,可被 0.1mol/L 喔星/氯仿定量萃取
	Cr(Ⅲ)	只有在加热煮沸时才能形成内络盐,pH=6～8 时被氯仿完全萃取

续表

螯合剂	被萃取元素	最 佳 萃 取 条 件
8-羟基喹啉（喔星或 Ox）	Cu(Ⅱ)	pH=2～12 时,用 0.1mol/L 喔星/氯仿可以完全萃取 Cu
	Fe(Ⅲ)	在 pH=2～10 时,用 0.01～0.1mol/L 喔星/氯仿可以定量萃取 Fe
	Ga(Ⅲ)	pH=2～12 时,用 0.01mol/L 喔星/氯仿可完全萃取 Ga
	In(Ⅲ)	pH=3.0～11.5,用 0.01mol/L 喔星/氯仿可定量萃取 In
	Mg(Ⅱ)	pH=9,用 0.1mol/L 喔星/氯仿可以定量萃取 Mg,但摇动时间不应超过 1min,否则络合物分解
	Nb(Ⅴ)	pH=6～8 时,用 0.04mol/L 喔星/氯仿从 2.5%酒石酸溶液中几乎可以定量萃取 Nb
	Ni(Ⅱ)	pH=4.5～9.5 时,用 0.07mol/L 喔星/氯仿能定量萃取 Ni
	Pb(Ⅱ)	pH=6～10 时,Pb 可以被 0.01～0.1mol/L 喔星/氯仿完全萃取
	Sn(Ⅳ)	pH=2.5～5.5 时,Sn 能被 0.07mol/L 喔星/氯仿萃取
	Th(Ⅳ)	pH=4～10 时,用 0.10mol/L 喔星/氯仿可以定量萃取 Th
	Ti(Ⅳ)	pH=2.5～9.0 时,Ti(Ⅳ)以 TiOA₂ 型络合物被 0.1mol/L 喔星/氯仿完全萃取
	Tl(Ⅲ)	pH=3.5～11.5 时,用 0.01mol/L 喔星/氯仿可定量萃取 Tl(Ⅲ)
	U(Ⅵ)	在 pH=5～9 时,U(Ⅵ)以加和络合物 VO₂A₂·HA 的形式被喔星/氯仿定量萃取,许多干扰离子可用 EDTA 掩蔽
	V(Ⅴ)	pH=2～6 时,V(Ⅴ)以 VO₂A 型络合物被 0.10mol/L 喔星/氯仿萃取
	W(Ⅵ)	pH=2.5～3 时,有 0.01mol/L EDTA 存在,用 0.01～0.14mol/L 喔星/氯仿可以萃取 99%以上的 W
	Zr(Ⅳ)	在 pH=1.5～4.0 时,Zr(Ⅳ)以 ZrOA₂ 型络合物被 0.1mol/L 喔星/氯仿定量萃取
钢铁试剂（HCup）	Al(Ⅲ)	pH=3.5～9.5 时,用 0.05mol/L HCup/氯仿可以完全萃取 Al
	Bi(Ⅲ)	pH=2～12,有 0.005mol/L HCup 存在时,氯仿可以定量萃取 Bi
	Cu(Ⅱ)	pH=2～10,有 0.05mol/L HCup 存在时,Cu 可被氯仿定量萃取
	Fe(Ⅲ)	pH=0～12,有 0.05mol/L HCup 存在时,可用氯仿定量萃取 Fe
	Ga(Ⅲ)	pH=1.5～12,有 0.005mol/L HCup 存在时,可用氯仿定量萃取 Ga
	Mo(Ⅵ)	pH=0～1,有 0.005mol/L HCup 存在时,可用氯仿定量萃取 Mo
	Pb(Ⅱ)	pH=3～9,有 0.05mol/L HCup 存在时,可用氯仿定量萃取 Pb
	Sb(Ⅲ)	pH=0～12,有 0.005mol/L HCup 存在时,用氯仿可定量萃取 Sb
	Th(Ⅳ)	pH=2.5～8.5,有 0.005mol/L HCup 存在时,用氯仿可定量萃取 Th
	Ti(Ⅳ)	pH=0～4,有 0.005mol/L HCup 存在时,用氯仿可定量萃取 Ti
	Zr(Ⅳ)	pH=0～3,有 0.005mol/L HCup 存在时,用氯仿可定量萃取 Zr
双硫腙	Ag(Ⅰ)	在 pH=4～5 和 0.025～0.050mol/L 双硫腙存在下,用 CCl₄ 可定量萃取 Ag⁺,加入 EDTA 以掩蔽干扰
	Bi(Ⅲ)	在 pH=3～10 和 0.025～0.050mol/L 双硫腙存在下,用 CCl₄ 可定量萃取 Bi。氰化物存在时,在碱性溶液中萃取 Bi,选择性很好,此时和双硫腙反应的仅 Pb(Ⅱ)、Tl(Ⅰ)、Sn(Ⅱ)
	Cd(Ⅱ)	pH=6.5～14,0.025mol/L 双硫腙存在时,CCl₄ 可以定量萃取 Cd
	Co(Ⅱ)	pH=5.5～8.5,0.025mol/L 双硫腙存在时,CCl₄ 可以定量萃取 Co
	Cu(Ⅱ)	pH=1～4,0.050mol/L 双硫腙存在时,CCl₄ 可以定量萃取 Cu
	In(Ⅲ)	pH=5～6.3 时用 CCl₄,pH=8.2～9.5 时用 CHCl₃,In(Ⅲ)可以被过量双硫腙完全萃取
	Pb(Ⅱ)	0.025～0.05mol/L 双硫腙存在下,pH=8.0～10 时可用 CCl₄ 定量萃取 Pb;pH=8.5～11.5 时可用氯仿定量萃取 Pb
	Pd(Ⅱ)	在强酸性溶液中,稍过量双硫腙存在下,CCl₄ 可能定量萃取 Pd
	Pt(Ⅱ)	Pt(Ⅱ)很容易被 0.01%双硫腙/苯从 1～10.5mol/L H₂SO₄ 中萃取
	Zn(Ⅱ)	pH=6～9.5,0.025mol/L 双硫腙存在时,CCl₄ 可定量萃取 Zn;pH=7～10 时可用 CHCl₃ 定量萃取 Zn

表 3-7 离子缔合物萃取体系应用示例

元素	缔合物	试剂	酸　度	萃取溶剂
镓	$GaCl_4^-$	罗丹明 B	6mol/L HCl	苯,苯-乙醚(3:1),苯-乙酸丁酯(4:1),C_6H_5Cl-CCl_4(4:1)
		孔雀绿	6mol/L HCl	苯,C_6H_5Cl-CCl_4(4:1)
		亮绿	6mol/L HCl	苯
		甲基紫	7mol/L HCl	$CHCl_3$-丙酮(3:1)
		结晶紫	7mol/L HCl	$CHCl_3$-丙酮(3:1)
铟	$InBr_4^-$	罗丹明 B	2.5mol/L HBr	苯-丙酮(5:1)
		罗丹明 3B	2.5mol/L HBr	苯
		罗丹明 6G	12～13mol/L H_2SO_4	苯
		结晶紫	1.5mol/L H_2SO_4+0.4mol/L KI	苯
		甲基紫	0.16mol/L H_2SO_4+0.24mol/L KI	苯
铊	TlC_4^-	甲基紫	0.15～0.2mol/L HCl	甲苯
		结晶紫	H_3PO_4	甲苯
		罗丹明 B	1mol/L HCl	异丙醚
	$TlBr_4^-$	亮绿	0.04～0.1mol/L HBr	乙酸戊酯
		甲基紫	0.04～0.1mol/L HBr	乙酸戊酯
			1mol/L HBr	甲苯
锑	$SbCl_6^-$	罗丹明 B	1.5～3.0mol/L HCl	苯
			6 mol/L HCl	异丙醚,C_6H_5Cl-CCl_4(3:1)
	$SbCl_6^-$		4 mol/L HCl	苯
	$SbCl_6^-$	亮绿	1～1.8mol/L HCl	甲苯
	$SbCl_6^-$	甲基紫	0.15～0.2mol/L HCl	甲苯
	$SbCl_6^-$	结晶紫	1.1mol/L HCl+2.2mol/L Na_2SO_4	甲苯
		乙基紫	6mol/L HCl	异丙醚
金	$AuCl_4^-$	罗丹明 B	0.5mol/L HCl+NH_4Cl	异丙醚
			0.75mol/L HCl+KCl	苯-乙醚(3:2)
			0.75mol/L HCl+NH_4Cl	苯
	$AuCl_4^-$	甲基紫	0.1mol/L HCl	三氯乙烷
			0.15～0.2mol/L HCl	甲苯
		结晶紫	0.5mol/L HCl	苯
	$AuBr_4^-$	丁基罗丹明 B	1mol/L H_2SO_4+0.05mol/L Br^-	苯
钽	TaF_6^-	甲基紫	pH=2.3	苯
			0.3mol/L HF	苯
	TaF_6^-	结晶紫	酒石酸-HF	苯
	TaF_6^-	孔雀绿	0.1mol/L H_2SO_4+NH_4F	苯
	TaF_7^{2-}	罗丹明 6G	10mol/L H_2SO_4	苯
			7.5%酒石酸	苯-丙酮(5:1)
碲	$TeCl_5^-$	罗丹明 B	5%～7% HCl	苯-乙醚(2:1)
	$TeBr_5^-$	丁基罗丹明 B	12mol/L H_2SO_4+0.5mol/L HBr	苯
			10～11mol/L H_2SO_4+0.1mol/L HBr	苯-乙酸丁酯(5:1)
铼	ReO_4^-	甲基紫	pH=3.0～7.0	苯,甲苯
硼	BF_4^-	结晶紫	pH=1.6,H_2SO_4	苯
	BF_4^-	亮绿	pH=3～5	苯
铬	$Cr_2O_7^{2-}$	甲基紫	0.016mol/L HCl	苯
锌	$Zn(SCN)_4^{2-}$	罗丹明 B	pH=3～3.5	乙醚
锡	$SnCl_4^{2-}$	结晶紫	0.25mol/L HCl+0.2mol/L NaCl	4-辛酮

表 3-8 罗丹明类及三芳基甲烷类碱性染料

基 本 结 构	A	B	D	试剂名称
	$N(C_2H_5)_2$	COOH	H	罗丹明 B
	$N(C_2H_5)_2$	$COOC_2H_5$	H	罗丹明 3B
	$N(C_2H_5)_2$	$COOC_4H_9$	H	丁基罗丹明 B
	NHC_2H_5	$COOC_2H_5$	CH_3	罗丹明 6G
				(2,7-二甲基罗丹明 6G)
	$N(CH_3)_2$	H		孔雀绿
	$N(CH_3)_2$	$NHCH_3$		甲基紫
	$N(C_2H_5)_2$	$N(C_2H_5)_2$		乙基紫
	$N(CH_3)_2$	$N(CH_3)_2$		结晶紫
	$N(C_2H_5)_2$	H		亮绿

第四章
离子交换分离技术

第一节　概　　述

　　离子交换色谱分离（ion exchange chromatography，IEC）是利用离子交换剂上的可交换离子与周围介质中被分离的各种离子间的亲和力不同，经过交换平衡达到分离目的的一种柱色谱分离法。该法可以同时分析多种离子化合物，具有灵敏度高、重复性、选择性好、分析速度快等优点，是当前最常用的色谱分离法之一。这种分离方法是以离子交换剂为固定相，利用流动相中的组分离子与交换剂上的平衡离子进行可逆交换时的结合力大小的差别而进行分离的。早在 1848 年，Thompson 等在研究土壤碱性物质交换过程中发现了离子交换现象，到 19 世纪 40年代，出现了具有稳定交换特性的聚苯乙烯离子交换树脂。19 世纪 50 年代后，离子交换色谱分离进入了生物化学领域，应用于氨基酸的分析。目前离子交换色谱分离仍是化学、生物领域中常用的一种色谱分离方法，广泛地应用于各种生化物质如氨基酸、蛋白质、糖类、核苷酸等的分离纯化。离子交换色谱分离的发展是随科学技术的进步不断在完善的，在 19 世纪中期人们注意到泥土和矿石具有离子交换的能力后，最初研究的是泡沸石（zeolite）的交换作用。泡沸石是一种天然复杂的含水的硅铝酸盐。到了 1905 年，人们开始人工合成泡沸石硅铝酸钠，并利用其中所含的 Na^+ 交换除去水中的 Ca^{2+}、Mg^{2+} 等离子以软化水质，所以在当时泡沸石主要是作为一种软水剂来进行离子交换。

　　随着科学的发展，人们对有机物质的离子交换现象开始进行了深入的研究。1930 年 C. Rullgron 发现，用亚硫酸钠处理过的纸浆具有交换能力，这是由于纸浆纤维上结合了不少磺酸基团，磺酸基团中可电离的 H^+ 能与其他离子进行交换。在这之后不久，磺化煤和人工合成的离子交换树脂开始问世，这些物质尤其是离子交换树脂在离子交换方面具有较为优越的性质，不论在工业生产上或分析化学中都获得了日益广泛的应用。但离子交换树脂也存在一些缺点，它不能耐高温、耐辐射。为了适应原子能工业发展的需要，20 世纪 50 年代以后，人们又对无机离子交换剂重新进行了研究，生产出了耐高温、耐辐射、交换能力大的无机离子交换剂。现有的离子交换剂种类繁多，用途广泛，工业上常用于硬水软化、纯水制备、化工、冶金、医药等方面的杂质分离、产品提纯及浓缩。目前在离子交换色谱分离中应用最多最广泛的是离子交换树脂，这种离子交换剂的分离效果很好，不仅可以用于带相反电荷的离子的分离，而且可以用于带相同电荷或性质相近的离子之间的分离，同时还广泛地应用于微量组分的富集和高纯物质的制备分离，在分析化学中一般用来完成某些比较复杂的分离工作，本章将对离子交换色谱分离的基本原理和应用进行讨论。

第二节　离子交换剂的结构、性质和分类

一、离子交换剂的结构和性质

离子交换剂（ion-exchanger）是具有与溶液中的离子进行选择性交换的性质并可用来进行离子交换分离的物质，是离子交换分离法的主体。离子交换剂通常是指固体离子交换剂，但从广义上来说，可指具有离子交换能力的所有物质，也包括液体交换剂。离子交换剂种类很多，不同的书上分类方式也有很大差异，主要分为无机离子交换剂和有机离子交换剂两大类。无机离子交换剂由天然物质如黏土、泡沸石、腐殖土、泥煤等；合成物质如分子筛、合成沸石、水合金属氧化物、多价金属酸性盐类、杂多酸等化合物构成。天然无机离子交换剂具有化学和物理机械性能不够稳定、交换容量小、颗粒易碎等特点，因此在应用上较合成无机离子交换剂受到了限制。有机离子交换剂则是人工合成的带有离子交换功能团的高分子聚合物，分为离子交换树脂、离子交换膜、离子交换纤维及液体离子交换剂等，其中应用最为广泛的是离子交换树脂。在有机离子交换剂和无机离子交换剂两大类交换剂中，按其所交换物质的类型可将它们又分阳离子交换剂和阴离子交换剂两种，每种之中按其酸（碱）性强弱又分为强酸（碱）型和弱酸（碱）型两种类型。如果按交换剂中空隙的孔径大小来划分，又可分为大孔型和微孔型树脂。在这些树脂中最为重要的是有机离子交换树脂。

离子交换树脂（ion exchange resin）是一种聚合物，其化学结构主要由两部分组成：一部分称为骨架，这是具有立体网状结构的聚合物。树脂的骨架部分化学性质十分稳定，对酸、碱和一般溶剂都不起作用；另一部分是连接在骨架上的可被交换的活性基团，也就是交换基，它对离子交换剂的交换性质起决定性作用，可与溶液中的离子进行离子交换反应。这些在网状结构的骨架上的可电离、可被交换的基团，随着树脂种类的不同，可能是磺酸基（$-SO_3H$）、羧基（$-COOH$）、季铵基（$\equiv NOH$）等活性基团。

离子交换树脂的骨架常用的为聚苯乙烯型磺酸基阳离子交换树脂，最常用的是由苯乙烯与二乙烯苯聚合所得的聚合物经浓硫酸磺化制得的强酸型阳离子交换树脂。此外作为树脂骨架的还有乙烯吡啶系、环氧系、脲醛系、酚醛树脂等。图 4-1 为磺酸型阳离子交换树脂的结构示意图，在图中波形线表示树脂的骨架，$-SO_3H$ 为离子交换基。

1. 磺酸型阳离子交换树脂的结构

由苯乙烯和二乙烯苯经共聚制成的聚苯乙烯型磺酸阳离子交换树脂，在其聚苯乙烯的长链状结构中间存在"交联"所形成的网状结构，在这种网状结构的骨架上

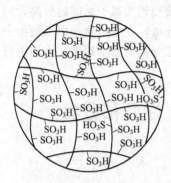

图 4-1 磺酸型阳离子交换
树脂结构示意图

分布着磺酸基团，网状结构的骨架有一定大小的孔隙，可允许离子自由通过。如图 4-1 所示在合成树脂时，二乙烯苯是交联剂，它的用量愈多，交联程度越大，反之交联程度低。将树脂中所含二乙烯苯的质量百分数称为交联度（degree of cross-linkage），通常用"X"来表示，标有"X-4""X-8""X-10"的树脂，表明该树脂的交联度分别为 4%、8%、10%。一般在分析中所用树脂的交联度在 X-4~X-12，常用的为 X-8 左右的树脂，交联度越大，树脂在水中的溶解度越小，如果交联程度过大时，树脂在水中溶胀时的网状结构过于紧密，网络间形成的孔隙很小，会阻碍外界离子扩散到树脂内部，从而降低了离子交换反应的速率。孔隙过小也会使体积较大的离子，比如水合程度较高的无机离子和大分子的有机离子，难以扩散到树脂的网状结构内部，使树脂的交换能力下降。交联度是影响树脂的选择性的有效因素，通常交联度大的树脂其在交换过程中的选择性也比较高。苯乙烯与二乙烯苯经浓硫酸磺化聚合交联的过程如下：

二乙烯苯交联单元

当树脂被浸泡在水中时，由于磺酸基亲水性基团的存在，水分子能扩散渗入树脂内部的网状结构中，使树脂产生溶胀。随着水分子的不断渗入，聚合物的网络也随之扩张，增大了对内部溶液的压力，在一定条件下使溶胀过程达到了平衡。树脂溶胀的程度也与交联度有关，交联度越大，溶胀程度越小。外界溶液中离子浓度也会影响树脂的溶胀程度，当溶液比较稀时，树脂的溶胀程度较大。交联度大小对离子交换树脂性能的影响如表 4-1 所示。

表 4-1 交联度大小对离子交换树脂性能的影响

交联度	大	小	交联度	大	小
磺化反应	困难	容易	离子交换的选择性溶胀程度	好	差
离子交换反应速率	慢	快		小	大
大离子及水化半径的离子进入树脂	难	易			

当由苯乙烯与二乙烯苯的共聚物经磺化制得的树脂浸泡在水中时，树脂网状结构上的磺酸基活化基团—SO_3H 电离产生 H^+，这些 H^+ 可与外界的阳离子如 Na^+ 等进行交换，如果以 R 表示树脂的骨架部分，RSO_3H 代表磺酸基阳离子交换树脂，交换反应过程如下：

$$R—SO_3H+Na^+ \Longrightarrow R—SO_3Na+H^+$$

离子交换反应发生后，Na^+ 留存在树脂上，与 Na^+ 量相等的 H^+ 被交换了下来，离子交换树脂的交换过程是可逆的，已经交换了的树脂用酸处理后，树脂又可以恢复到原状，这就是洗脱过程或称为树脂的再生过程，它是交换过程的逆反应过程。在分析化学中，交换和洗脱过程都是在离子交换柱中完成的。通常树脂的骨架部分和不发生交换作用的部分用 R— 来表示，树脂则可以表示为 R—H。

2. 交换容量

交换容量（exchange capacity）是指离子交换剂能提供交换离子的量，它反映了离子交换剂与溶液中离子进行交换的能力的大小。通常所说的离子交换剂的交换容量是指离子交换剂所能提供的交换离子的总量，又称为总交换容量（total exchange capacity），它只和离子交换剂本身的性质有关。在实际应用中，色谱柱与样品中各个待分离组分进行交换时的交换容量，不仅与所用的离子交换剂有关，还与反应条件有很大的关系，一般又称为有效交换容量。通常交换容量如未经说明都是指其有效交换容量（effective exchange capacity）。

树脂上网状结构中所含有的可被交换基团，即活泼基团数目的多少，决定了树脂的交换容量。活泼基团越多，交换容量也越大。影响交换容量的因素很多，主要有两个方面：一方面是离子交换剂颗粒大小、颗粒内孔隙大小以及所分离的样品组分的大小等。这一因素主要是影响离子交换剂中能与样品组分进行作用的有效表面积。样品组分与离子交换剂作用的表面积越大其交换容量越高。一般离子交换剂的孔隙应尽量能够让样品组分进入，这样样品组分与离子交换剂作用面积大。分离小分子样品，可以选择较小孔隙的交换剂，因为小分子可以自由地进入孔隙，小孔隙离子交换剂的表面积大于大孔隙的离子交换剂。对于较大分子样品，可以选择小颗粒交换剂，因为很大的分子一般不能进入孔隙内部，交换只限于颗粒表面，而小颗粒的离子交换剂表面积大。另一方面，如实验中的离子强度、pH 值等主要是影响样品中组分和离子交换剂的带电性质。一般 pH 值对弱酸和弱碱型离子交换剂影响较大，如弱酸型离子交换剂在 pH 值较高时，电荷基团能充分解离，因而交换容量大；在较低的 pH 值下，电荷基团不易解离，交换容量小。同时 pH 值也会影响样品组分的带电性。尤其对于蛋白质等两性物质，在离子交换色谱分离中要选择合适的 pH 值以使样品组分能充分地与离子交换剂交换、结合。一般来说，离子强度增大，交换容量下降。实验中增大离子强度，进行洗脱，就是要降低交换容量，目的是将结合在离子交换剂上的样品组分洗脱下来。

离子交换剂的总交换容量通常以每毫克或每毫升交换剂能交换的离子的物质的量（单位为 mmol）来表示，通常由滴定方法测定。如果是阳离子交换剂首先用 HCl 处理，使其平衡离子为 H^+，再用水洗至中性，对于强酸型离子交换剂，用 NaCl 充分置换出 H^+，再用标准浓度的 NaOH 滴定生成的 HCl，就可以计算出离子交换剂的交换容量；对于弱酸型离子交换剂，用一定量的碱将 H^+ 充分置换出来，再用酸滴定，计算出离子交换剂消耗的碱量，就可以计算出交换容量。阴离子交换剂的交换容量也可以用类似的方法测定。对于一些常用于蛋白质分离的离子交换剂也通常用每毫克或每毫升交换剂能够吸附的某种蛋白质的量来表示，一般这种表示方法对于分离蛋白质等生物大分子具有更大的参考价值。常见离子交换树脂的交换容量为 3～6mmol/g。

二、离子交换树脂的分类与用途

离子交换树脂的分类方法有几种，通常根据树脂的离子交换基进行分类，大致分为阳离子交换树脂、阴离子交换树脂、螯合型交换和其他特种树脂等。

(一) 阳离子交换树脂

能交换阳离子的树脂为阳离子交换树脂，这类树脂的交换基是酸性基团。这些能交换阳离子的活泼基团在水中浸泡溶胀后电离产生的 H^+ 可被阳离子交换。可根据交换基团酸性的强弱，将其分为强酸型、弱酸型两类阳离子交换树脂。强酸型树脂含有磺酸基（$-SO_3H$）；弱酸性树脂含有羧基（$-COOH$）或酚羟基（$-OH$）。

1. 强酸型阳离子交换树脂

含有强酸性活泼基团$-SO_3H$ 的阳离子交换树脂都属于这一类，根据合成时原料的不同，又可分为聚苯乙烯型和酚醛型阳离子交换树脂两类。强酸型阳离子树脂的交换基在溶液中能完全离解，在酸性或碱性溶液中均能进行交换吸附，交换容量基本一致，化学稳定性好。交换树脂的外形为细颗粒球形，呈淡黄色或黄色，耐磨性能好，可重复使用很多次，交换反应速率快，对于无机和有机的阳离子均可以进行交换，因而应用最为广泛。常见的有国产强酸阳 1 号、强酸 732、美国的 Dowex 50 和 Amberlite IR-120、英国 Zerolite 225、日本的 Diaion SK-1 等树脂。

酚醛型阳离子交换树脂是一种混合型的阳离子交换树脂，是将苯酚先用硫酸磺化，得到苯酚和对苯酚磺酸混合物，然后再与甲醛发生缩聚反应后制得。其结构式如下：

这种树脂中虽然具有$-OH$ 和$-SO_3H$ 两种可被交换的活泼基团，但在酸性溶液中只有磺酸基上的 H^+ 可电离、可被交换；当溶液的 pH 值大于 9.5 时，酚羟基上的 H^+ 才开始被交换。这种树脂是黑色无定形颗粒，其在耐磨性、耐热性、耐氧化性和交换能力上都比苯乙烯型的树脂差，交换反应的速率也较慢，所以在实际应用中不多。它的优点是对 Cs^+ 的选择性好，适用于碱金属的分离。国产的强酸 42 号、美国的 Amberlite IR-100、英国的 Zerolite 215 等属于这一类型的交换剂。

2. 弱酸型阳离子交换树脂

具有弱酸性活泼基团如羧基（$-COOH$）、酚羟基（$-OH$）的树脂为弱酸型阳离子交换树脂。这类树脂在溶液中的离解行为与弱酸相似，与 H^+ 的亲和力较大，在酸溶液中仅微弱离解，其交换能力受外界酸度的影响较大。羧基（—COOH）在 pH 值大于 4、酚羟基（—OH）在 pH 值大于 9.5 时才有交换能力，因此应用受到限制。这类树脂主要应用于弱碱存在下有选择性地交换强碱物质，属于羧酸基的弱酸型阳离子交换树脂，对铜、钴、镍的选择性较高。这类树脂有国产的弱酸性阳 101×4、美国的 Amberlite IRC-50、英国的 Zerolite 216 等，属于酚羟基的弱酸型阳离子交换树脂酸性最弱，很少用。

（二）阴离子交换树脂

能交换阴离子的树脂为阴离子交换树脂，这类树脂的交换基是碱性基团，只与溶液中的阴离子进行交换。根据碱性基团的强弱，可分为强碱型和弱碱型两类。强碱型树脂含有季铵基 $[—N(CH_3)_3]$，弱碱性树脂含有伯、仲、叔氨基（—NH$_2$、—NHR、—NR$_2$）等。强碱型阴离子交换树脂其交换容量不受溶液中 pH 值的影响，羟型树脂似强碱一样，可完全离解。弱碱型阴离子交换树脂其交换容量随溶液中 pH 值变化而改变。

1. 强碱型阴离子交换树脂

这类树脂具有强碱性的活泼基团季铵基。由苯乙烯和二乙烯苯聚合制得聚合物后，再与氯甲基醚（CH_3OCH_2Cl）反应，使其氯甲基化，然后再与三甲胺 $(CH_3)_3N$ 反应，即得聚苯乙烯型季铵基强碱阴离子交换树脂 $[R—N^+(CH_3)_3Cl^-$ 或记为 R—Cl]。结构式如下：

这种树脂为 Cl^- 型的阴离子交换树脂，其中的 Cl^- 可以被其他阴离子所交换。这类树脂如用 NaOH 溶液处理后，发生交换过程，转变为 OH^- 型的树脂：

$$R—N(CH_3)_3^+Cl^- + OH^- \rightleftharpoons R—N(CH_3)_3^+OH^- + Cl^-$$

这种树脂为淡黄色球状颗粒，对酸、碱、氧化剂和某些有机溶剂都比较稳定，与强酸根和弱酸根阴离子都能交换，在酸性、碱性和中性溶液中都能应用，因此在分析化学上应用较为广泛。一般都处理成 Cl^- 型树脂出售，因为 Cl^- 型比 OH^- 型更稳定，阴离子交换树脂的交换容量一般也是对 Cl^- 型树脂而言的。

属于这种类型的树脂有国产的强碱阴 * 717、强碱阴 * 201、美国的 Amberlite IRC-400、英国的 Zerolite FF、日本的 Diaion SA-100 等。

2. 弱碱型阴离子交换树脂

含有伯、仲、叔氨基（—NH_2、—NHR、—NR_2）的树脂为弱碱型阴离子交换树脂。这些树脂在水中溶胀发生水合作用后生成—$NH_3^+ OH^-$、—$NH_2(CH_3)^+ OH^-$、—$NH(CH_3)_2^+ OH^-$，这些分子中的 OH^- 可以被其他阴离子所交换。这些树脂的交换能力受溶液中酸度的影响较大，其交换容量随溶液中的 pH 值变化而变化，在较强的碱性溶液中，它们就失去了离子的交换能力，因而它们在分析化学上极少使用。属于这类树脂的有弱碱阴 * 704、弱碱阴 * 330、美国的 Amberlite IR-45 等。

（三）螯合型离子交换树脂

螯合树脂是将高选择性的有机试剂引入树脂骨架中，在离子交换树脂中引入某些能与金属离子螯合的活性基团，使树脂具有选择性交换的能力，就成为了螯合树脂（chelating resin）。这类树脂用于分离时，在树脂上同时进行离子交换反应和螯合反应，从而呈现出特殊的高选择性和高稳定性。其稳定性是由于它与金属离子形成了内配合物盐；其选择性主要取决于树脂中螯合基的结构，因此对无机离子的分离和富集十分有用。现已经合成出多种类型的螯合树脂，如国产的 401 型属于氨羧基 [—$N(CH_2COOH)_2$] 螯合树脂。

螯合树脂按其含有的官能团区分，大致上分为亚胺二乙酸型树脂、偶氮类树脂、偶氮脲类树脂、8-羟基喹啉类树脂、水杨酸树脂、葡萄糖型树脂等。近年来，各种新型的螯合树脂不断问世，几乎所有分析官能团和螯合剂基团都可以被引入高分子骨架中成为螯合树脂，为了达到定量分离的目的，有时仅靠树脂的选择性是难以实现的，如果在溶液中加入某种络合剂，并控制一定的 pH 值，使各种离子形成稳定性不同、带有不同电荷的配离子后，再进行离子交换，其分离效果会更好。螯合树脂的优点在于其高选择性，如含有氨基二乙酸基的树脂，对 Cu^{2+}、Co^{2+}、Ni^{2+} 有很好的选择性，其结构如下：

$$CH_2—CH—\bigcirc—CH_2—N\begin{array}{l} CH_3COOH \\ CH_3COOH \end{array}$$

（四）特殊离子交换树脂

普通离子交换树脂对一般元素分离有一定的效果，操作简便，但交换速度慢，洗脱体积较大，洗脱时间长，同时选择性不好，应用仪器自动检测时就会受到一定的限制，因此针对需要，在树脂的合成过程中，可有意识地引入特殊的活泼基团，因这些基团对某些离子具有特殊的选择性，故合成树脂就成了特种离子交换树脂。如萃淋树脂和具有特殊结构冠醚树脂等。

（1）大孔径树脂　大孔径树脂也称大网树脂，通常的离子交换树脂为微网孔树脂，网孔的大小为 $2\sim4nm$，比表面积为 $2\sim120m^2/g$，而大孔径树脂的骨架部分网孔很粗，孔径可达 $20\sim120nm$，比表面小于 $0.1m^2/g$，其力学性能良好。这类树脂在合成中加入了一定量的致孔剂，如汽油或苯等，借助特殊的悬浮聚合方法制备，待聚合完毕后，再将这些惰性溶剂从聚合物中挥发掉，结果形成了海绵状的高强度大孔径树脂。这种树脂在极性和非极性溶剂中溶胀程度的差异比一般树脂小，对氧化剂的稳定性好，树脂内有可让离子穿过的孔道，对大离子的交换较快，因此可以在非水溶液和混合介质中进行离子分离交换，可用于交换分子量高的离子，现已经引起人们的重视，大孔树脂对于在有机溶剂中的离子交换特别有利。

（2）具有高选择性的离子交换树脂　离子交换树脂本身就对某些离子具有选择性，在合成树脂的过程中，如果引入特殊的活性基团，可提高其对某些离子的交换能力，如六硝基二苯胺是鉴定 K^+ 的试剂，在阳离子交换树脂的合成过程中引入六硝基二苯胺后，可制成五硝基二苯胺聚苯乙烯型树脂，这种树脂对 K^+、Cs^+、Rb^+、NH_4^+ 具有极高的选择性，可作为从海水中提取 K^+ 的离子交换树脂。其交换反应如下：

（3）萃淋树脂　萃淋树脂是一种含有液态萃取剂的树脂，它兼有离子交换和萃取两者的优点，是 20 世纪 70 年代新发展起来的一类树脂。它是将液体萃取剂加入苯乙烯和二乙烯苯单体混合物中，用特殊的悬浮聚合法制成，其对金属离子的选择性主要由所含的萃取剂决定。几乎所有的萃取剂和多孔材料都可作为制备萃淋树脂的原料，常用的多孔惰性材料有交联聚苯乙烯、交联聚丙烯酸酯、聚三氟氯乙烯、聚四氟乙烯、聚氨酯泡沫塑料、纤维素衍生物、硅胶、烷基化硅化物等。萃淋树脂由于其萃取剂存在于树脂的间隙中，树脂中固定相（萃取剂）含量较高，固定相与支持剂苯乙烯-二乙烯苯聚合物结合牢固，不易脱落流失，所以这种球形颗粒树脂的负载量大、传质性能好，常用于萃取色谱分离。

常用离子交换树脂的性能及应用范围见表 4-2。

表 4-2　离子交换树脂及其性能

类型	结构	活性基团	可交换 pH 值范围	树脂商用牌号举例
强酸型	交联的聚苯乙烯	$-SO_3H$	0～14	强酸阳 1 号，强酸 732，Amberlite IR-120，Dowex 50，Zerolite 225
中等酸型	交联的聚苯乙烯	$-PO(OH)_2$	4～14	KF-1，KF-2，Doulite ES-63
弱酸型	聚丙烯酸	$-COOH$	6～14	弱酸阳离子交换树脂，弱酸性阳＊101，Amberlite IRC-50
强碱型	交联聚苯乙烯	$N(CH_3)_3Cl$	0～14	强碱阴＊717，强碱阴＊201，Amberlite IRA-400，Amberlite IRA-410，AV-15 Dowex 1，Dowex 2
弱碱型	交联聚苯乙烯	$-NH(CH_3)_2OH$ $-NH_2(CH_3)OH$	0～7	弱碱阴＊704，弱碱阴＊330，Amberlite IR-45，Dowex 3，Zerolite H

类型	结构	活性基团	可交换pH值范围	树脂商用牌号举例
双交换基团	酚甲醛聚合物	—OH 和—SO$_3$H	酚羟基pH>9,后者任意pH值下	强酸42,Amberlite IR-100,Zerolite 215
配合物树脂	交联的聚苯乙烯	—CH$_2$N(CH$_2$COOH)$_2$	6～16	Dowex A-1 Chelex100

第三节 离子交换的基本理论

一、Donnan 理论

离子交换树脂在溶液中溶胀后,其交换基团所离解的离子可在树脂网状结构内部的水中自由移动,如果溶液中存在离子,则在树脂和溶液之间可能发生等物质的量的离子交换,并保持两相呈电中性,经过一段时间达到平衡,整个过程是可逆过程,这是离子交换的理论基础。著名的唐南(Donnan)理论认为,离子交换树脂是一种具有弹性的凝胶,因吸收水分而溶胀。溶胀后的离子交换树脂内部可以看作一滴浓的电解质溶液,树脂颗粒和外部溶液的界面可以看作一种半透膜。树脂内部活性基团上电离出来的平衡离子和外部溶液中带同种电荷的离子可以通过半透膜往来扩散进行交换,树脂骨架上的固定离子当然是不能扩散的。

对于阳离子交换树脂,它的平衡离子是阳离子,因而可以和外部溶液中的阳离子进行交换,它的固定离子是带负电荷的阴离子。由于阳离子交换树脂内部存在众多的带负电荷的固定离子,它们所产生的排斥力使溶液中的阴离子不能进入树脂内部进行交换,这种现象称为唐南排斥。这就是阳离子交换树脂只能交换阳离子,不能交换阴离子的原因。但在离子交换反应进行过程中,还是有极少量的阴离子会扩散进入阳离子交换树脂的内部,这就称为唐南入侵。同样,阴离子交换树脂也只能与阴离子交换,是不能用来交换阳离子的。

(一) 离子交换反应和离子交换平衡

离子交换树脂在溶液中溶胀后,其交换基团所离解的离子可以在树脂网状结构内部的水中自由移动,如果溶液中存在离子,则在树脂和溶液之间可能发生等物质的量的离子交换,并保持两相呈电中性,经过一段时间后达到平衡,整个过程是一个可逆过程。如氢型阳离子交换树脂与溶液中一价阳离子发生交换反应时:

$$R—H+M^+ \rightleftharpoons R—M+H^+$$

如果在交换柱上进行,随着溶液下移,这种交换不断进行,直到溶液中的阳离子交换完毕为止。此时再向交换柱的顶端注入合适的洗提液,可将树脂上已经吸附的阳离子再交换到溶液中。

(二) 选择系数和平衡系数

离子交换反应是一种多相分配过程,唐南理论认为两种离子的交换反应也服从质量作用定律。当把树脂 R-A 浸入含有 B^+ 的溶液中时，离子交换树脂溶胀后，B^+ 将通过树脂的半透膜进入树脂相，与树脂上的 A^+ 发生交换，树脂中的 A^+ 则透过半透膜进入外部溶液，即

$$A^+_{内}+B^+_{外}\rightleftharpoons A^+_{外}+B^+_{内}$$

经过一定时间交换过程达到平衡，可求得平衡常数 E^B_A，其表达式如下：

$$E^B_A=\frac{[A^+]_外[B^+]_内}{[A^+]_内[B^+]_外}=\frac{K^B_D}{K^A_D}=\beta^B_A$$

这个常数称为选择系数（selectivity coefficient），可用它来表示交换过程达到平衡后，A^+、B^+ 两种离子在两相间的分配情况。E^B_A 的数值说明了离子交换树脂对于 A^+、B^+ 两种不同离子的交换选择性，当 $E^B_A>1$ 时，平衡向前移动，表示 B^+ 比较牢固地结合在树脂上，说明树脂对 B^+ 的亲和力大于 A^+，这时 B^+ 的交换选择性好；如果 $E^B_A<1$ 时，则表示 A^+ 可比较牢固地结合在树脂上，表明树脂对 B^+ 的亲和力小于树脂对 A^+ 的亲和力，A^+ 的交换选择性好。若 $E^B_A=1$，表示树脂对 A^+、B^+ 的结合能力相等。当溶液中各种离子的浓度相同时，亲和力大的离子先被交换上去，亲和力小的后被交换上去。若选用适宜的洗提液洗脱时，则后被交换上去的离子先洗脱下来，从而可以分开各种离子。

二、交换反应过程及离子交换选择系数

（一）离子交换选择系数

在离子交换反应过程达到平衡后，将上面平衡关系的公式变换为以下形式：

$$E^B_A=\frac{[A^+]_外[B^+]_内}{[A^+]_内[B^+]_外}=\frac{K^B_D}{K^A_D}=\beta^B_A$$

在上面公式中，K^B_D、K^A_D 分别代表 B^+、A^+ 两种离子在树脂相和水相间的分配系数，所以，选择系数即为分配系数之比，因而选择系数也就是"分离因数"，常用 β^B_A 来表示分配系数之比，把其称为分离因数或分离因子。选择系数的测定通常采用下述方法来进行，将一定量的树脂 R-A 置于一定量已知浓度的 BX 溶液中，交换达到平衡后，分别测定外部溶液中 A^+、B^+ 的浓度后即可测出具体值。外部溶液和树脂内部都不是处于理想状态，因此需要以活度代替浓度代入平衡常数表达式中：

$$K^B_A=\frac{\alpha^外_A\alpha^内_B}{\alpha^内_A\alpha^外_B}=\frac{[A^+]_外[B^+]_内}{[A^+]_内[B^+]_外}\times\frac{\gamma^外_A\gamma^内_B}{\gamma^内_A\gamma^外_B}=E^B_A\frac{\gamma^外_A\gamma^内_B}{\gamma^内_A\gamma^外_B}$$

所以

$$K^B_A=E^B_A\frac{\gamma^外_A\gamma^内_B}{\gamma^内_A\gamma^外_B}$$

K^B_A 为热力学交换常数，由于树脂相中离子浓度很高，远远偏离理想状态，$\gamma^内_B/\gamma^内_A$ 的测定有困难，因此这个常数的测定也有困难，于是需要引入另一个常数 k^B_A：

$$k^B_A=E^B_A\frac{\gamma^外_A}{\gamma^外_B}$$

k_A^B 称为平衡系数 (equilibrium coefficient)，在稀溶液中，对于一价离子交换系统来讲，$\gamma_A^{\text{外}}/\gamma_B^{\text{外}}$ 的比值接近 1，所以一般认为平衡系数就等于选择系数。

当不同交联度的 H^+ 型强酸型阳离子交换树用 Na^+ 来进行交换时，k_A^B 是可变的。随着交换作用的进行，树脂相中的 R—Na 的增加，k_H^{Na} 是逐渐减小的，其中，较低交联度的树脂的 k_A^B 变化不大。当树脂中 R—Na 含量较低时，随树脂的交联度增加，k_A^B 也迅速增加，高交联度的树脂选择性高。但当树脂中 R—Na 含量较高时，k_A^B 的变化就更为复杂，同时，不同的离子在不同的树脂上进行交换时，k_A^B 也受不同反应条件的影响而改变，由此可见，平衡系数 k_A^B 不是一个固定不变的常数。在树脂相中离子活度系数的比值 $\gamma_B^{\text{内}}/\gamma_B^{\text{内}}$ 也是随着树脂交联度及树脂相中 R-B 的含量的改变而改变的。表 4-3 给出了碱土金属离子在不同交联度树脂上的平衡系数。

表 4-3 碱土金属离子在不同交联度树脂上的平衡系数

离子	交联度与平衡系数 I	交联度与平衡系数 II	交联度与平衡系数 III
	4%	8%	16%
Mg^{2+}	2.95	3.29	3.57
Ca^{2+}	4.15	5.16	7.27
Sr^{2+}	4.70	6.51	10.1
Ba^{2+}	7.47	11.5	20.8

各种不同的离子对于同一种离子交换树脂的选择系数和平衡系数的大小是不同的，也就是说各种不同离子交换的亲和力 (affinity) 不相同，离子在离子交换树脂上的交换能力称为离子交换树脂对离子的亲和力，不同的离子亲和力不一样。

(二) 离子交换的亲和力和选择性

离子交换树脂对不同离子的亲和力会有差别，这是因为离子在水溶液中以水合离子形式存在，阳离子的水合程度随离子半径的减小和电荷数的增大而增加，由于树脂主要靠静电引力吸引离子，离子的体积越大，电荷越低，静电引力越小，因此树脂对离子的亲和力的大小取决于水合离子半径的大小和电荷数的多少。同价的离子其水合离子半径大者，也就是原子半径小者或离子半径小者，其亲和力小，反之则大。螯合树脂对离子的亲和力取决于树脂上螯合基团的性质。实验证明，在常温下，在离子浓度不大的水溶液中，离子交换树脂对不同离子的亲和力有如下的规律。

① 强酸型阳离子交换树脂对离子的亲和力随交换离子的价态增高而变大。对不同价态的离子，电荷越高，亲和力越大，$Na^+ < Ca^{2+} < Al^{3+} < Th^{4+}$；对于同价离子如一价阳离子的亲和力顺序为：$Li^+ < H^+ < Na^+ < NH_4^+ < K^+ < Rb^+ < Cs^+ < Tl^+ < Ag^+$；对二价阳离子的亲和力顺序为：$UO_2^{2+} < Mg^{2+} < Zn^{2+} < Co^{2+} < Cu^{2+} < Cd^{2+} < Ni^{2+} < Ca^{2+} < Sr^{2+} < Pb^{2+} < Ba^{2+}$；对三价阳离子的亲和力顺序为：$Al^{3+} < Sc^{3+} < Y^{3+} < Eu^{3+} < Pr^{3+} < Ce^{3+} < La^{3+}$；但是对于稀土元素的亲和力随原子序数增大而减小，这是镧系收缩现象所致，其原子序数增大，离子半径减小，而水合离子的半径增大，故 $La^{3+} > Ce^{3+} > Pr^{3+} > Nd^{3+} > Sm^{3+} > Eu^{3+} > Gd^{3+} > Tb^{3+} > Dy^{3+} > Y^{3+} > Ho^{3+} > Er^{3+} > Tm^{3+} > Yb^{3+} > Lu^{3+} > Sc^{3+}$。

② 弱酸型阳离子交换树脂对 H^+ 的亲和力比其他阳离子大，其他阳离子的亲

和力顺序与强酸型阳离子交换树脂相似。

③ 强碱型阴离子交换树脂亲和力的顺序为：$F^-<OH^-<CH_3COO^-<HCOO^-<Cl^-<NO_2^-<CN^-<Br^-<CrO_4^{2-}<NO_3^-<HSO_4^-<I^-<SO_4^{2-}<$ 柠檬酸根。

④ 弱碱型阴离子交换树脂亲和力的顺序为：$F^-<Cl^-<Br^-<I^-=CH_3COO^-<MoO_4^{2-}<PO_4^{3-}<AsO_4^{3-}<NO_3^-<$ 酒石酸根 $<CrO_4^{2-}<SO_4^{2-}<OH^-$。

以上所述的离子交换亲和力的规则仅为一般的规律，在高温、高浓度、有络合剂存在的水溶液中，或在非水介质中，它们的亲和力顺序会发生变化，不同型号的树脂对各种离子的亲和力的顺序有时也略有不同，例如对于螯合树脂中含有氨基二乙酸基团的树脂，二价阳离子的交换亲和力大小的顺序就改变为：

$$Mg^{2+}<Sr^{2+}<Ba^{2+}<Ca^{2+}<Mn^{2+}<Co^{2+}<Zn^{2+}<Cd^{2+}<Ni^{2+}<Cu^{2+}<Hg^{2+}$$

这些离子的选择系数差异很大，因此选择性良好，这种改变主要是因为各种离子与螯合剂形成的螯合物的稳定性有很大不同。

（三）离子交换亲和力影响因素的讨论

影响离子交换选择性的因素有很多，可以从不同的角度加以解释和说明，其中Eisenman 理论是较为成熟的理论，可以很好地解释碱金属离子的交换选择性变化规律。

由表 4-4 可见，在碱金属离子中，离子半径最小的是 Li^+，静电场引力最强。因此它吸引水分子形成水合离子的现象最显著，所形成的水合离子的半径最大，于是水合了的 Li^+ 静电场引力最弱。离子半径最大的 Cs^+，静电场引力最弱，同时水合 Cs^+ 的半径最小，水合了的 Cs^+ 静电场引力也最强。

表 4-4　碱金属和碱土金属离子的裸核半径和水合离子半径

离子	裸核半径/Å	水合离子半径/Å	离子	裸核半径/Å	水合离子半径/Å
Li^+	0.68	100	Mg^{2+}	0.89	10.8
Na^+	0.98	7.9	Ca^{2+}	1.17	9.6
K^+	1.33	5.3	Sr^+	1.34	9.6
Rb^+	1.49	5.09	Ba^{2+}	1.49	8.8
Cs^+	1.65	5.05			

注：$1Å=10^{-10}m$。

离子交换树脂上的活性基团在电离以后也存在静电引力，但是不同的活性基团静电场的强弱不同，$-COO^-$ 与 $-SO_3^-$ 相比，前者要比后者弱。所以在弱酸型阳离子交换树脂中交换基团上的静电场引力强，而强酸型阳离子交换树脂中交换基团上的静电场引力弱。对于弱静电场引力的强酸型阳离子交换树脂，它和水合 Cs^+ 间的引力最大，交换亲和力最大；同水合 Li^+ 间的引力是最小的，所以交换亲和力最小。因而碱金属离子的交换亲和力顺序为：$Li^+<Na^+<K^+<Rb^+<Cs^+$。

对于含有 $-COO^-$ 的弱酸型阳离子交换树脂，由于它自身具有较强的静电引力场，将和水分子竞争阳离子，结果它从水合离子中夺取阳离子并与之结合，这时离子半径最小的 Li^+ 结合能最大，离子交换亲和力也最大；离子半径最大的 Cs^+ 交换亲和力最小，这时的交换亲和力顺序为：$Cs^+<Rb^+<K^+<Na^+<Li^+$。

在强酸型阳离子交换树脂上，碱土金属离子的交换亲和力随离子半径的增大而增大，也可以用同样的原理解释。Ag^+ 的交换能力在有的树脂上特别大，这主要是由于 Ag^+ 易产生极化作用，诱导力增强，可促使其更牢固地结合在交换树脂上。

需要指出，离子交换亲和力的顺序规律仅适用于稀的水溶液，随着溶液中离子浓度的增大，上述顺序会发生很大的变化，这一现象也可以由离子的水合理论来解释。在稀溶液中，离子已经充分水合，树脂对离子的吸附能力主要取决于它们的水合离子半径及电荷的多少，但当溶液浓度增加时，离子的水合程度会减小，这时离子半径就会起主要的作用。水合离子半径的大小顺序和裸核离子相反，因而最终使选择性顺序也相应地改变。

在非水溶剂或者水-有机混合溶剂中，离子交换选择性也会改变，在水溶液中加入与水互溶的乙醇、丙酮等有机溶剂时，一般会使选择系数变大，这同样也可以解释为由于离子水合程度改变，影响溶液中水合离子的大小。有机溶剂的存在会使选择系数增大，有利于离子间的分离。通过加入有机溶剂以改善分离效果，这在离子交换色谱分离法中已有应用。各种离子的交换亲和力的不同，因此应用离子交换色谱分离法可以很好地分开带有相同电荷的离子。

离子交换树脂对有机物的选择性表现在对有机物的酸碱性较为敏感，其中，阳离子交换树脂对有机碱的选择性是 pK_b 越大时，亲和力越大。阴离子交换树脂对于有机酸的选择性为 pK_a 越大，亲和力越好。有机酸、有机碱本身的酸碱性越弱时，以分子形式存在的有机酸、有机碱越多，交换亲和力就越大，这是树脂对有机酸或有机碱存在较强的分子间吸引力的缘故。

所讨论的离子交换的亲和力规则通常是指在室温条件下的变化规律，温度会对离子交换亲和力产生很大的影响，这是因为离子交换选择系数是随温度变化而改变的，而且变化关系较为复杂，因此这一规则只适合常温条件下的离子交换反应。

第四节　离子交换的分离操作方法

一、离子交换树脂的选择及预处理

(一) 离子交换树脂的选择

应用离子交换色谱分离技术分离物质时，选择理想的离子交换剂是提高选择性和分辨率的重要环节。任何一种离子交换剂都不可能适用于所有的样品物质的分离，因此必须根据各类离子交换剂的性质以及待分离物质的理化性质，选择一种最理想的离子交换剂进行色谱分离。在分析化学中应用最多的树脂是聚苯乙烯型的强酸型阳离子交换树脂和强碱型阴离子交换树脂。选择离子交换剂的一般原则如下。

① 选择阴离子抑或阳离子交换剂，取决于被分离物质所带的电荷性质。如果被分离物质带正电荷，应选择阳离子交换剂；如带负电荷，应选择阴离子交换剂；如被分离物为两性离子，则一般应根据其在稳定 pH 值范围内所带电荷的性质来选择交换剂的种类。

② 强型离子交换剂适用的 pH 值范围很广，所以常用它来制备去离子水和分离一些在极端 pH 值溶液中解离且较稳定的物质。弱型离子交换剂适用的 pH 值范

围狭窄，在 pH 值为中性的溶液中交换容量高，用它分离生物大分子时，其活性不易丧失。

③ 离子交换剂处于电中性时常带有一定的反离子，使用时选择何种离子交换剂取决于交换剂对各种反离子的结合力。为了提高交换容量，一般应选择结合力较小的反离子。据此，强酸型和强碱型离子交换剂应分别选择 H^- 型和 OH^- 型；弱酸型和弱碱型交换剂应分别选择 Na^+ 型和 Cl^- 型。

④ 交换剂的基质具有疏水性还是亲水性，对被分离物质有不同的作用性质（如吸附、分子筛、离子或非离子的作用力等），因此对被分离物质的稳定性和分离效果均有影响。一般认为，在分离生物大分子时，选用亲水性基质的交换剂较为合适，它们对被分离物质的吸附和洗脱都比较温和，活性不易破坏。

在应用过程中，当需要测定某种阳离子而受到共存的阴离子的干扰时，应选用强碱型阴离子交换树脂，当试液通过交换柱时，阴离子进行交换而留在树脂上，阳离子留在流出液中可以测定。当需要测定某种阴离子而受到共存的阳离子干扰时，应选用阳离子交换树脂，交换除去干扰的阳离子，阴离子留在流出液中可供测定。如果需要测定某种阳离子而受到共存的其他阳离子的干扰，也可以先将该阳离子转化为配阴离子，然后再用离子交换法分离。

强酸型阳离子交换树脂对于 H^+ 的亲和力很小，H^+ 型阳离子交换树脂易和其他阳离子发生交换反应，因此一般都把树脂处理成 H^+ 型使用。但用 H^+ 型阳离子交换树脂进行交换后，流出液的酸度将显著增加。如果在交换过程中需要严格控制溶液的酸度，或者在强酸性溶液中树脂可被氧化时，则不应该用 H^+ 型树脂，可改用 Na^+ 型或 NH_4^+ 型树脂。

通常采用的阴离子交换树脂为 Cl^- 型强碱型阴离子交换树脂，它们对 Cl^- 的亲和力较小，Cl^- 易与其他阴离子发生交换。羧酸型的弱酸型阳离子交换树脂在分析上用来分离碱性氨基酸以及从弱的有机碱中分离较强的有机碱等。这时必须用一定酸度的缓冲溶液预先处理树脂和进行洗脱。这种树脂的特点是对 H^+ 的亲和力特别大，因此只要用少量稀盐酸进行洗脱就可以使之再生。

一方面，树脂颗粒的大小与离子交换过程的速度密切相关，颗粒越小，达到交换平衡的速度越快；另一方面，树脂颗粒的大小也影响交换柱的始漏量。因此在分析中必须根据需要选择一定粒度的树脂。一般来说，制备去离子水可用较粗的树脂，对粒度均匀性的要求也可以低些。一般分析上进行分离用的树脂粒度应更细些，粒度的均匀性要求也高些。用于离子交换色谱分离法的树脂应更细些，要用 $100\sim200$ 目甚至 $200\sim400$ 目的树脂。但是充填了 200 目以上的树脂的交换柱阻力极大，溶液流速很慢，这时需要增加柱前压，或在柱尾接减压装置，才能使溶液通过交换柱的速度提高。不同用途树脂粒度的选择可以参阅表 4-5。

表 4-5　不同用途下交换树脂粒度的选择

用途	筛孔	用途	筛孔
制备分离	$50\sim100$ 目	离子交换色谱分离法分离常量元素	$100\sim200$ 目
离子交换柱色谱对不同电荷离子的分离	$80\sim120$ 目	离子交换色谱分离法分离微量元素	$200\sim400$ 目

通常用在分析中的阳离子交换树脂交联度为 8%，阴离子交换树脂一般可选用

4%左右的交联度。

(二) 离子交换树脂的处理

商品离子交换树脂为干树脂，其粒度往往不十分均匀或粒度大小不符合要求，要用水浸透使之充分吸水溶胀。同时也会含有少量的杂质，因此在使用前必须要加以处理，处理过程包括研磨、过筛、浸泡和净化等步骤。

在处理过程中，首先将树脂置于阴凉通风处自然晾干，以除去树脂中所含有的潮气，为了防止树脂的性质发生改变，不能采用把树脂放在烘箱中加热或者在强烈阳光下曝晒的方法，这样会使树脂部分发生分解，因而引起其性能的改变。干燥后的树脂就可以放在研钵中小心研磨，并根据实际需要，用一定粒度的筛子不断进行筛取，树脂研磨程度要适中，树脂研磨时间过长时会因磨得过细而损失。对于需求量很大的树脂，也可以利用球磨机来进行研磨，可选用瓷球的球磨机对树脂进行合理的加工处理，并筛选出经研磨目数较细、粒度均匀的树脂。

经过筛选的树脂要进行浸泡，将它们放在 $4\sim6$mol/L 的 HCl 溶液中浸泡 $1\sim2$d，以溶解除去树脂中的杂质。若杂质较多时，盐酸溶液会呈现出较深的颜色，可以重新换上新的盐酸浸泡，泡好后的树脂要用去离子水冲洗到洗涤液完全呈中性为止，这时得到的阳离子交换树脂是 H^+ 型、阴离子交换树脂是 Cl^- 型的。对于其他不同类型的树脂，可根据需要，分别用 NaCl、NH_4Cl、H_2SO_4 等溶液进行浸泡处理，以制备成 Na^+ 型、NH_4^+ 型或者 SO_4^{2-} 型的树脂，用去离子水冲洗完全洁净后，浸在去离子水中待用即可。

树脂用酸碱处理的次序决定了离子交换剂携带离子的类型。在每次用酸或碱处理后，均应先用水洗至近中性，再用碱或酸处理，最后用水洗至中性，经缓冲溶液平衡即可使用或装柱。离子交换剂可以再生，再生就是指对使用过的离子交换剂进行处理，使其恢复原来性能的过程。用过的离子交换剂经再生恢复原状，再生时并非每次都用酸碱反复处理，往往只要转型处理就行。所谓转型就是指离子交换剂由一种平衡离子转为另一种平衡离子的过程。如对阴离子交换剂用 HCl 处理可将其转为 Cl^- 型，用 NaOH 处理可转为 OH^- 型。长期使用后的树脂会含有很多杂质，欲将其除掉，应先用沸水煮沸处理，然后用酸、碱来进行处理。树脂中若含有脂溶性杂质，可用乙醇或丙酮淋洗。长期使用过的亲水型离子交换剂的处理，一般只用酸、碱浸泡即可。对离子交换剂的处理、再生和转型的目的都是一致的，每一过程都是为了使离子交换剂带上所需的平衡离子，使其保持良好的交换作用能力。

(三) 离子交换分离方式

离子交换分离一般分为静态法和动态法两种；前者是间歇操作（batch operation），后者是柱上操作（column operation）。在分析工作中为了分离和富集某种离子或某些离子，一般采用动态法，在交换柱中进行。在实际工作中，根据所选择的交换条件、离子亲和力的大小、样品量、测量方法以及待测元素分离程度等要求，又可选用不同的操作方法进行。间歇操作是将离子交换树脂置于盛有试液的容器中，不断搅拌或放置一定时间，使之发生交换过程，这种方法的离子交换效率低，它常用于离子交换现象的研究。柱上操作是将离子交换树脂填充于玻璃管中制成交换柱，试液一般都是从上到下地流经交换柱，该方法被广泛采用。

（1）静态法　这种方法的操作步骤是将离子交换树脂置于含有欲分离元素的溶液中，经不断搅拌或连续振荡，在一定时间后，使之达到交换平衡，将离子交换树脂滤出后使两相分开，并用少量溶液洗涤，可使某些元素达到部分分离或全部分离。静态法常用于分配系数的测量，若用于元素间的分离，则必须是一种或一些元素分配系数大（$>10^4$），可以被强烈地吸附；而另一种或另一些元素分配系数极小（$<10^{-1}$），几乎完全不被吸附。这样的条件是很苛刻的，只有那些对于欲分离元素的分离程度要求不那么高的某些测定方法，可以用静态法达到粗分的目的。如用阳离子交换树脂以静态法交换吸附稀土元素，再以光谱定量法测定。

（2）动态法　动态法又称为柱滤法，可以将交换柱比拟为过滤器，试样溶液流经交换柱中的树脂层时，从上到下一层层地发生交换过程。如果柱中装的是阳离子交换树脂，试液中的阳离子与树脂上的 H^+ 进行交换而留在柱子中，阴离子不交换而存在于流出液中，阳离子阴离子由此得以分离。如果柱子中是阴离子交换树脂时，则阴离子交换而留于柱中，阳离子存在于流出液中，阳离子和阴离子分开后，用少量与交换液组成相同或相近的溶液洗涤，即可分析测定其中的阳离子和阴离子。洗净后的交换柱可以进行洗脱，以洗下交换在树脂上的离子，就可以在洗脱液中测定交换的离子。用这种离子交换分离法分离不同电荷的离子是十分方便的，这种分离方法要求待分离的离子间的分配系数的差别在（$\geqslant 10^2$）和（$\leqslant 10$）。

（3）离子交换的仪器装置　离子交换分离的操作都在交换柱中进行，交换柱即离子交换色谱柱，有不同类型的交换柱，有的交换柱上有加压或减压装置，实验室中最简单的色谱柱可用碱式滴定管代替。一般用玻璃或有机玻璃制成管，底部熔接有 3 号烧结滤板，也可用玻璃纤维代替，柱的下端有旋塞。柱的高度依分离物质的不同而定，当所用的交换剂与待分离物质各组分之间的亲和力相差不多而需要较大体积的交换剂时，以增加柱长为宜，使待分离的组分被洗脱后再结合于交换剂上的概率增加，使性质相近的组分能较好地分离，因而增加了分辨率。在分析工作中一般所用的交换柱的内径为 8～15mm，柱的直径与高度的比以 1∶20 左右为宜。如采用离子强度较大的梯度洗脱时，以选用粗而短的柱子为宜。因为当柱上洗脱液的离子强度高到足以完全取代被吸附的离子时，这些被置换的离子则同洗脱液以等速率沿柱从上向下移动，如果柱细长，即从脱附到流出之间的距离长，使脱附的离子扩散的机会增加，结果造成分离峰过宽，降低分辨率。用交联葡聚糖离子交换剂和纤维素离子交换剂时，常用的柱高为 15～20cm。

二、离子交换分离操作方法

（一）装柱

将树脂净化处理好后充分浸泡溶胀，先放入烧杯中，加入少量水，边搅拌边倒入垂直固定的色谱柱中，将已溶胀好的树脂带水慢慢装入柱中，使交换剂缓慢沉降构成交换层。交换剂在柱内必须分布均匀，不应有明显的分界线，严防气泡产生，否则将严重影响交换性能。为防止气泡和分界线（即所谓"节"）的出现，在装柱时，可在柱内先加入一定高度的水，一般为柱长的 1/3，后加入的交换剂就可借水的浮力缓慢沉降。同时控制好排液口放出速率，以保持交换剂面上水的高度不变，交换剂就会连续而缓慢地在柱中沉降，"节"和气泡就不会产生。如在树脂层中混有气泡时，应将树脂倒出重装，装好后的交换柱以去离子水洗涤。

离子交换剂的装柱量要依据其全部交换量和待吸附物质的总量来计算。当溶液含有各种杂质时，必须考虑使交换量留有充分余地，实际交换量只能按理论交换量的25%～50%计算。在样品纯度很低时，或有效成分与杂质的性质相近时，实际交换量应控制得更低些。

(二) 柱上操作

交换柱准备好后，就可以开始进行柱上的交换操作。柱上操作通常包括交换、洗涤、洗脱、再生几个步骤。

(1) 交换　将待分离的溶液倒入交换柱，溶液的浓度一般为0.05～0.1mol/L，转动旋塞使溶液以一定的速度流经柱内的树脂层，这时就发生了交换反应。如Ca^{2+}在H^+型强酸型阳离子树脂上的交换反应：

$$2R-SO_3H+Ca^{2+} \underset{\text{洗脱或再生过程}}{\overset{\text{交换过程}}{\rightleftharpoons}} (RSO_3)_2Ca+2H^+$$

通过交换，阳离子交换H^+后留在了树脂上，阴离子不发生交换而随流出液流出，阳离子和阴离子得以分离。如果用的是阴离子交换树脂，情况同上面相反，也同样可以分开阳离子和阴离子。

(2) 洗涤　洗涤的目的是将留在交换柱中不发生交换作用的离子洗下来，交换步骤完成后，通常用洗涤液将树脂上残留的试液洗下去，同时把树脂交换出来的离子洗掉。洗涤液通常是水，也可以是不含试样的空白液，但为了防止某些离子水解，洗涤液可选用0.01mol/L的稀HCl。

(3) 洗脱　洗净后的交换柱就可以进行洗脱过程。将被交换的离子洗脱下来，可在洗脱液中测定该组分。对于阳离子交换树脂通常采用HCl溶液作为洗脱液，HCl溶液的浓度为3～4mol/L。对于容易洗脱的离子，也可以用较稀的HCl溶液作为洗脱液，如在上面Ca^{2+}的交换中，可用2mol/L的HCl溶液来洗脱Ca^{2+}。对于阴离子交换树脂，常用HCl、NaOH或NaCl溶液为洗脱液。通过洗脱过程，大多数的树脂同时也被再生，再用去离子水洗涤干净后，就可以重复使用。

(三) 柱上离子交换分离

1. 柱上交换过程

在交换柱上进行离子之间的分离时，试液倒入交换柱中后，首先接触到的是上层的新鲜树脂，当试液不断流经离子交换层时，交换层的树脂就从上而下地一层层地依次被交换。经过一段时间的交换，交换层的上层树脂已经被交换完，下层树脂还未被交换，中层树脂则是部分被交换，中间这一段称为"交界层"。

当试液继续流经交换柱时，被交换了的树脂层会越来越厚，交界层逐渐向下移动，直至最后交界层到达柱子的底部，在此以前，即从交换作用开始到这一点为止，从柱子下部流出的溶液中应该没有待交换的离子，也就是说通过交换柱的溶液中的待交换的阳离子或阴离子全部被交换了，在流出液中待交换离子的浓度等于零，如图4-2所示。交界层是向下不断延伸的，如果以c表示交界层在某一高度时的浓度，c_0为到达交界层前树脂被交换掉后不再起交换作用时溶液所保持的原浓

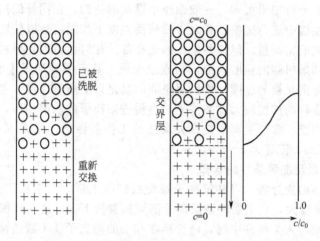

图 4-2 交换过程与交界层

度，从图上的浓度比 c/c_0 与高度间的关系曲线反映出交换过程中被交换离子通过交界层时浓度的变化情况。

如果将试液继续加入交换柱中，则流出液中会开始出现未被交换的离子，当流出液中刚出现该种离子时，交界层底部到达交换层底部的这一点为交换过程的"始漏点"，也叫"流穿点"（break-through point）。到达始漏点为止交换柱的容量称为"始漏量"（break-through capacity），而柱子中树脂的全部交换容量称为"总交换量"（total capacity）。由于到达始漏点时，交界层中还留有部分树脂未被交换完，始漏量总是小于总交换量的，它们都以物质的量（mol）来表示。

2. 始漏量的影响因素

对于某一特定的交换柱来说，总交换量是一定的，始漏量却与许多因素有关。在分析工作中离子的交换过程只能进行到始漏点为止，因此始漏量比总交换量更为重要。在选择工作条件时，总是希望树脂的利用率高，即希望树脂的始漏量越大越好。影响始漏量的因素主要有下面几个方面：

① 离子本身对树脂的亲和力。通常来说亲和力大的离子易于交换，这些离子通过交换柱时，交界层较薄，始漏量与总交换量接近，始漏量较大。

② 树脂颗粒的大小。树脂的颗粒越细，越容易进行交换，所以交换速度越快，交换过程达到平衡越快，交界层薄，始漏量相对较大。

③ 溶液的流速。当交换过程中流速过大时，会使交换反应还没有达到交换平衡时，溶液就快速往下移动，待交换物质很快通过了交换柱，使交界层较薄，始漏量较大。

④ 温度。在较高的温度下，可以使交换作用进行较快，容易达到交换平衡，交界层较薄，始漏量也较大。

⑤ 交换柱的形状。对于一定量的树脂，交换柱直径小些时，交换层会厚些，但交界层中树脂量较少，始漏量较大。

⑥ 溶液的酸度。对于 H^+ 型阳离子交换树脂，溶液的酸度越高，交换作用越不容易进行，始漏量越小。

　　根据上面的分析结果可知，一般选择小颗粒的树脂，在同量的树脂条件下，装在细而长的交换柱中进行交换，在允许的较高温度下控制溶液以较慢的流速流经交换柱，以求得大的始漏量，但这些条件的选择都是相对而言的，要根据实际情况具体分析，因为如果树脂的粒度太细，则流速很慢，甚至需要加压才能使溶液通过，这将影响整个分离交换的速度。所以要想同时满足以上所有条件，在实验中是很难做到的，在温度较高酸度较大的条件下，会促进阳离子的水解作用，会破坏某些树脂本身的交换功能。常用的离子交换分离法的工作条件是：柱高 20～40cm，柱内径为 0.8～1.5cm，流速为 2～5mL/min。

3. 洗脱过程及洗脱条件的选择

　　洗脱是交换的逆过程，当某阳离子被交换到柱上后，如果从柱上加入 HCl 淋洗，由于 H^+ 浓度大，最上层的该阳离子随即被置换下来，这一过程称为"洗脱"。当洗脱液不断地加入交换柱中时，已交换在柱上的阳离子就不断地被洗脱下来，洗脱作用也是由上而下地依次进行的。开始时，由于柱的下端存在一层未被交换的树脂，从柱上端洗脱下来的阳离子，通过柱的下部未交换的树脂层时，又可以被交换上去，因此在淋洗过程中，开始的流出液中没有被交换上去的离子，如果不断加入洗脱液 HCl，流出液中阳离子的浓度会逐渐增大，达到一个最高浓度后，又逐渐减小，直至最后流出液中检查不到该阳离子。如果以洗脱液体积为横坐标、流出液中阳离子的浓度为纵坐标作图，所作的图即为洗脱曲线。在图 4-3 中曲线下所包围的面积

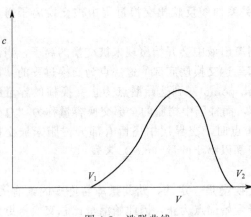

图 4-3　洗脱曲线

A 即代表了洗脱出来的也就是交换在柱上的阳离子的总含量，这个含量可以通过分析来测定。根据洗脱曲线可以知道在该条件下离子的洗脱情况，即截取某一段流出液（V_2-V_1），从中可以测定该离子的含量。

　　洗脱剂的性质、浓度和流速会影响离子的洗脱情况，洗脱的条件一般都是通过实验来确定。

4. 影响洗脱效率的因素

　　树脂颗粒的大小会影响洗脱效果，树脂的颗粒越粗，洗脱效果相对越低，要得到同样的洗脱效率，所需的洗脱液的体积越多，这是因为交换在树脂内部的离子比较难以洗脱。

　　对于阳离子交换树脂，通常以 HCl 为洗脱剂，当 HCl 溶液的浓度很低时，洗脱效率差。随 HCl 浓度的增加，洗脱率也迅速增加，在 HCl 的浓度为 3～4mol/L 时，洗脱效率达到最高值，如果再增加 HCl 的浓度，洗脱效率会逐渐降低，这主要是由于在浓度过高的酸溶液中，树脂脱水而收缩，交换在树脂颗粒内部的离子不容易扩散出来；同时浓度高了，洗脱液的黏度也将增加，会阻碍扩散作用的进行，

因而洗脱效率下降。阳离子交换树脂用酸溶液洗脱后，就恢复为原来的 H^+ 型树脂，得到再生，经洗涤可多次使用。常用作洗脱剂的有无机酸、碱、盐类化合物，经分离所得到的溶液体系简单，便于做进一步的处理和测定，如 HCl 和 HF，它们都易加热蒸发掉。

在洗脱过程中，要注意控制流速，洗脱液流速大时，洗脱剂流过以后，洗脱过程还没有完全达到平衡，会降低洗脱效率，增加所需的洗脱剂的用量。

第五节　离子交换分离的实际应用

离子交换分离在分析化学上的应用很广泛，概括地说，主要用于去离子水的制备、痕量组分的预富集、性质相似离子间的彼此分离及生物大分子分离等方面。

一、去离子水的制备

自然界中的水约占地球表面积的 3/4，在人体内约占体重的 70%，天然水中所含的成分比较复杂，杂质可分为三类：悬浮物、胶体和溶解物。要去除这些杂质，国家生活饮用水标准（GB 5749—2006）对水质的标准和卫生要求做出了明确的规定，工农业生产、科学研究和日常生活对水质也各有一定的要求。化学实验中常用的水是蒸馏水和去离子水，将饮用水加热到沸腾使之汽化后再冷却，变为液体的水称为蒸馏水；去离子水是用离子交换法或电渗析制备的一种较纯净的水，与蒸馏法相比，设备简单，节约燃料且水质化学纯度高，缺点是不能全部去除水中的有机杂质。在分析实验中经常要用到大量的纯水，用离子交换法制备去离子水，纯度可以达到国家标准和分析工作的要求，生产成本较低。离子交换的制备原理是：利用阴阳离子交换树脂分别同水中存在的各种阴阳离子进行交换，以实现纯化水的目的。在制备去离子水的过程中，阴阳离子交换达到饱和时，树脂会失效或老化，以高浓度酸碱分别处理后，可以使树脂重新再生，经多次再生，若不能恢复其交换能力时，树脂被毒化失去交换作用，可重新更换后再进行去离子水的制备。

将强酸型阳离子交换树脂处理成 H^+ 型，强碱型阴离子交换树脂处理成 OH^- 型，让自来水依次通过 H^+ 型强酸型阳离子交换树脂和 OH^- 型强碱型阴离子交换树脂，分别交换去除水中所含的各种杂质阳离子和各种杂质阴离子：

$$Me^+ + R{-}SO_3H \rightleftharpoons R{-}SO_3Me + H^+$$

$$H^+ + X^- + R{-}N(CH_3)_3^+OH^- \longrightarrow R{-}N(CH_3)_3^+X^- + H_2O$$

用过的树脂分别用酸或碱溶液来洗脱再生，去离子水制备装置流程图如图 4-4 所示。

交换反应是可逆的，因此通过离子交换树脂后的水中存在微量未被交换掉的离子，如果将阳离子交换树脂和阴离子交换树脂混合装入一根交换柱，制成混合柱，它相当于阳离子、阴离子交换柱多次串联，水流过混合柱时，由于两种交换作用同时进行，离子交换生成的 H^+ 和 OH^- 结合生成了水，消除了逆反应，可以使离子交换进行到底，提高了去离子水的质量。混合柱通常设置有再生的管路和阀门，先反洗（反冲洗水下进上排），逐渐增加流量，树脂层从松动至能明显看到树脂上下

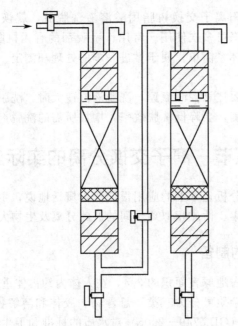

图 4-4　离子交换法制备
去离子水装置示意图

翻动。反洗 15～20min 后，同时关进水阀和开下排阀，让水在最短时间内排光，让树脂沉降。这时阳离子交换树脂密度大沉在下面，阴离子树脂密度小浮在上面，两种树脂明显分开，再加以相应酸碱再生。混合树脂分开后分别再生，操作复杂。为了解决这个问题，可使自来水先依次通过一根阳离子交换柱和一根阴离子交换柱，将阳离子与阴离子交换柱串联起来应用，交换除去存在于水中的大部分盐类后，再通过一根混合柱，除去残留的少量盐类物质，即可以制得纯度很高的去离子水。

二、痕量元素的预富集

试样中痕量组分的测定往往是一项很困难的分析工作，利用离子交换法可以富集痕量组分，离子交换分离技术能将痕量元素从多至几百升的溶液中选择性吸附到交换柱上，被吸附的元素可以用体积很少的洗脱液洗脱，这样得到的富集因子可达到 $10^3 \sim 10^5$ 数量级，对于检测十分方便。例如测定天然水中含有的 K^+、Na^+、Ca^{2+}、Mg^{2+}、SO_4^{2-}、Cl^- 等组分时，可以取数升的水样，让它流过阳离子交换柱，再流过阴离子交换柱，然后用 10～100mL 的稀 HCl 把交换在柱上的阳离子洗脱；用 10～100mL 的稀氨溶液来洗脱各种阴离子。经过交换和洗脱处理，原来水中所含组分的浓度就增加很多倍，可以很容易地在流出液中测定出这些离子的含量。利用同样的原理，可以检测蔗糖中金属离子的含量、测定饮用水中碘的含量、对牛奶中的锶含量进行检测等，这些检测都是利用离子交换法预先对待测离子进行富集。为了从大体积溶液中成功地富集痕量元素，或从大量成分中分离出微量成分，对痕量组分的相互分离，必须选择合适的离子交换剂和洗脱溶液体系，要求被分离元素对离子交换剂有很高的亲和力，或它们彼此间的亲和力有较大的差异。用离子交换剂分离和预富集痕量元素时，只要痕量元素的分配系数足够大，而主体成分的分配系数接近于零，便可以使痕量元素保留在交换柱上，主体元素不被吸附而通过交换柱流出。可以用阳离子交换剂从已转变为中性配离子或配阴离子的大量主体金属离子中分离痕量元素；也可以用阴离子交换树脂，在大量主体金属仍为阳离子的情况下，选择吸附已转变为稳定配阴离子的痕量元素。另一种方式是离子交换树脂将主体元素保留在柱上，待测的痕量元素通过柱子直接流出，这样可以很方便地得到被分离的痕量元素溶液。这种方法需要较长的交换柱子和较多的溶液。

在矿石中 Pt^{4+}、Pd^{2+} 的含量是以每吨中含有的克数来计量的。为了精确测定其中含有的 Pt^{4+} 和 Pd^{2+}，往往只需要称取 $10\sim20g$ 的试样。为了富集 Pt^{4+}、Pd^{2+}，可以将含有 Pt^{4+}、Pd^{2+} 的样品处理成 $[PdCl_4]^{2-}$ 和 $[PtCl_6]^{2-}$ 的形式后，流经装有 Cl^- 型强碱型阴离子交换树脂的微型交换柱，此时 $[PdCl_4]^{2-}$ 和 $[PtCl_6]^{2-}$ 被吸附于交换柱中的交换树脂上。取出树脂，高温灰化后，用王水浸取残渣，于溶液中用比色法即可测出 Pt^{4+} 和 Pd^{2+} 在矿石中的含量。

三、性质相似离子间的彼此分离

离子交换吸附应用于稀土元素分离和提纯已经有几十年的历史，稀土元素的化学性质相似，它们对阳离子树脂的亲和力由 La 到 Lu 逐渐减小，但差别微小。它们在中低浓度的 HCl、HBr、HNO_3、H_2SO_4、$HClO_4$ 中不形成稳定的配合物，因此均可被阳离子树脂吸附，可采用不同条件下的离子交换的方法，将这些元素彼此分离。例如锆和铪的分离，这两种元素的性质十分相似，它们易聚合或水解。Zr、Hf 在硫酸溶液中用阳离子树脂分离效果不好，当加入适量的高氯酸时，可以提高 Zr、Hf 的分离效果。但用阴离子树脂吸附时，Zr 的分配系数大于 Hf。在 $0.5\sim0.8mol/L$ 的 H_2SO_4 中 Zr、Hf 的分离效果很好。其分离方法是：在试样进入交换柱前，应将硫酸加热冒烟，尽可能使 Zr、Hf 解聚，然后稀释至适宜浓度，稀释后 H_2SO_4 的浓度不能低于 $0.5mol/L$。一般用 $0.65mol/L$ H_2SO_4 与 0.1% H_2O_2 溶液流经阴离子交换柱，$0.65mol/L$ H_2SO_4-0.1% H_2O_2 溶液洗提 Hf，$1.0mol/L$ H_2SO_4-$0.1\%H_2O_2$ 溶液洗提 Zr，可以完全分离锆和铪。

四、生物大分子分离

离子交换色谱分离不仅广泛应用于无机离子的富集和分离，也可应用于有机蛋白质、核苷酸、氨基酸、抗生素等多种物质的分离纯化。离子交换色谱分离可以用来分离纯化生物大分子物质，离子交换色谱分离是依据物质的带电性质的不同来进行分离纯化的，是分离纯化蛋白质等生物大分子的一种重要手段。由于生物样品中蛋白质的复杂性，一般很难只经过一次离子交换色谱分离就达到高纯度，往往要与其他分离方法配合使用。使用离子交换色谱分离法分离样品要充分利用其带电性质的不同，只要选择合适的条件，通过离子交换色谱分离可以得到较满意的分离效果。

　　将阴离子交换树脂（本身带正电荷）颗粒填充在色谱分离管内，带负电荷的蛋白质就被吸引，但由于各种蛋白质所带电荷的种类和数量不同，它们被吸引的程度也不同。然后再用含阴离子（如 Cl^-）的溶液洗脱交换柱，带电荷少的蛋白质首先被洗脱下来，逐步增加 Cl^- 浓度，带电荷多的蛋白质也被洗脱下来，于是两种蛋白质可被分开。

　　离子交换色谱分离还可用于各种氨基酸的分离，例如使用 Dowex 50 树脂，基于各种氨基酸对树脂交换基团亲和力的差异，选用 pH 值递增的柠檬酸盐缓冲溶液（pH＝3.4～11.0）作为洗脱剂，分步洗脱吸附在树脂上的氨基酸，每一种氨基酸都可得到清晰的洗脱曲线，实际回收率为 100%±3%。

　　又如用交联度为 8% 的磺酸基苯乙烯树脂，采用直径为 $50\mu m$ 或更细些的球状微粒树脂，以柠檬酸钠溶液为洗脱剂，控制适当的浓度和酸度梯度，可在一根交换柱上把各种氨基酸分离。首先流出的是"酸性的"氨基酸，即其分子中含有两个羧基和一个氨基，如天氨酸、谷氨酸等。接下来是"中性的"氨基酸，即分子中含有氨基和一个羧基，如丙氨酸、缬氨酸；分子中同时含有芳环时，则排这一类型的最后，如酪氨酸、苯基丙氨酸。最后流出的是"碱性的"氨基酸，如赖氨酸、精氨酸，这类氨基酸分子中含有两个或两个以上的氨基和一个羧基。

　　除了蛋白质和氨基酸的分离，离子交换在核酸及其衍生物的分离、核苷和核苷酸的分离等方面也都取得了成功。

　　Moore 和 Stein 利用两根离子交换树脂柱建立了氨基酸混合液的离子交换层分离法，为后来面世的氨基酸自动分析仪提供了基础；Cohn 等建立了分析核酸和核苷酸的常用离子交换树脂色谱分离。由于某些离子交换树脂在蛋白质色谱分离分析中交换容量低，易导致大分子蛋白变性，且对各蛋白质组分的分辨率不够高，所以主要用于分子量相对较小的球状蛋白的分离纯化。对分子量较大的蛋白质进行分离纯化，可采用新近出现的离子交换纤维素或葡聚糖凝胶色谱，因为其蛋白质渗透条件好，结合容量大，不易使蛋白质变性，且有利于在稳定条件下进行洗脱。

第五章
液相色谱分离技术

色谱（chromatography）的特点是分离效率高，它能使各种性质极为类似的组分彼此分离，而后分别加以定性和定量分析。这样的物质如果用一般的化学方法来分离是十分困难的，甚至是不可能的。本章主要介绍以液体为流动相的平板色谱和柱液相色谱。

第一节　概　述

色谱法起源于 1906 年，由 M. 茨维特提出。茨维特将叶绿素的石油醚提取液流经装有碳酸钙的管柱，并继续以石油醚洗脱，发现由于碳酸钙对于叶绿素中各种色素吸附能力的不同而使它们彼此分离，于是在管柱中出现了不同颜色的谱带，因此就称这种分离方法为色谱分析法。直到 1931 年，该方法才得到人们的关注，将此分离法应用于分离复杂的有机混合物时，人们才发现它十分有用。此后色谱分析法得到了迅速的发展。现在，色谱分析法作为一种分离手段不但广泛地应用在分析化学中，也广泛地应用在科研和工业生产的分离技术上，引起了人们极大的重视和关注。色谱学已发展成为一门新兴的、独立的学科，每年都有大量的文献、专著出版，而且历久不衰，足见其生命力的旺盛。如今色谱分析法经常用于分离无色物质，因此色谱分析已没有颜色这个特殊含义，但这个名词仍保留了下来。

色谱分析法有许多分支。但是在色谱分析过程中总是由一种流动相（例如上述的石油醚）带着被分离的物质（如上述的叶绿素）流经固定相（如上述的碳酸钙），从而使试样中的各种组分分离。按流动相和固定相性质的不同，色谱分析分类如表 5-1 所示：

表 5-1　色谱分类方法

流动相	固定相	色谱分析名称	统称
气体	固体	气固色谱	气相色谱
	液体	气液色谱	
液体	固体	液固色谱	液相色谱
	液体	液液色谱	

按固定相所处的状态不同，色谱分析可以分类如下：

① 柱色谱：将固定相装填在金属或玻璃制成的管中，做成色谱柱以进行分离

的，为柱色谱；把固定相附着在毛细管内壁，做成色谱柱的，为毛细管色谱。

② 平面色谱：平面色谱包括纸色谱和薄层色谱。纸色谱是利用滤纸作为固定相以进行色谱分离的；薄层色谱是把吸附剂粉末铺成薄层作为固定相以进行色谱分离的。

按色谱分离的原理不同，又可分类如下：

① 吸附色谱。固定相为吸附剂，利用它对被分离组分吸附能力的强弱差异来进行分离，气固色谱和液固色谱属于这一类。

② 分配色谱。利用各个被分离组分在固定相和流动相间分配系数的不同来进行分离，气液色谱和液液色谱属于这一类。

③ 离子交换色谱。以离子交换剂作固定相，利用各种组分的离子交换亲和力的差异来进行分离。

④ 凝胶色谱分离。又称排阻色谱，用凝胶作固定相，利用凝胶对大小不同的组分分子所产生阻滞作用的差异来进行分离。

此外还有其他的分类方法，这里就不一一介绍了。

纸色谱和薄层色谱都属于液相色谱；柱色谱可以是气相色谱，也可以是液相色谱，后者在 20 世纪 70 年代以来又发展了高效（或高速）液相色谱。气相色谱和高效液相色谱属于仪器分析范围，本书不予讨论，在本章中只讨论经典的柱色谱、纸色谱和薄层色谱，且把重点放在薄层色谱上。它们的分离原理是利用组分在流动相和固定相间的吸附作用或分配作用的不同或利用离子交换和凝胶排阻作用的差异来进行分离。

第二节　常压柱色谱分离法

这里将经典的柱色谱分离（column chromatography）分为吸附柱色谱分离和分配柱色谱分离加以讨论。

一、吸附柱色谱分离

(一) 吸附等温线

吸附柱色谱分离是利用多孔性的微粒状物质作为填充物，对不同的物质具有不同的吸附能力，从而达到分离目的。吸附剂表面具有许多吸附中心（或吸附位置），这些吸附中心数量的多少以及其吸附能力的强弱直接影响吸附剂的吸附性能。如果在吸附剂中含有一定量水分，则吸附剂表面那些强有力的吸附中心被水分子所占据，吸附剂的吸附能力减弱；加热驱除水分，可使吸附剂的吸附能力加强，即所谓"活化"。反之，加入一定量的水分，可使活性降低，或称为脱活性。

在一定温度下，某种组分在吸附剂表面的吸附规律可用平衡状态下该组分在两相中浓度的相对关系曲线来表示，这种关系曲线称为吸附等温线（adsorption isotherm）。吸附等温线有线性和非线性两种，即线性吸附等温线和非线性吸附等温线。当溶质 A 随着流动相缓缓流过色谱柱中的吸附剂时，溶质 A 在两相之间不断地发生了吸附、解吸、再吸附、再解吸。如果以 c_m 表示溶质 A 在流动相中的浓度，c_s 表示溶质 A 在固定相中的浓度，吸附平衡可用下式表示：

$$c_m \Longleftrightarrow c_s$$

吸附平衡的平衡常数：$K_D = \dfrac{c_s}{c_m}$ (5-1)

K_D 为溶质在固定相和流动相中浓度的比值，称为分配系数。对于这类吸附过程 K_D 为一常数。当流动相的流速保持恒定时，溶质 A 在色谱柱中将以恒速前进，最后流出柱外。如果测定流出液中 A 的浓度，绘制流出液浓度 c 和体积 V 的关系曲线，将得到符合高斯分布的曲线，为一对称形的色谱图，或称为洗脱曲线、洗提曲线。

非线性等温线主要可分为两种：一种是呈凸形的吸附等温线（Langmuir 等温线）；另一种是呈凹形的吸附等温线（反 Langmuir 等温线）。由于吸附剂表面具有吸附能力强弱不同的吸附中心，溶质在其上的分配系数是不同的。吸附能力较强的吸附中心，溶质在其上的分配系数（K_D）较大，溶质分子将首先占据它们，其次再占据较弱的、弱的和最弱的。于是分配系数 K_D 值随着溶质在吸附中心上的浓度的增加、强吸附中心的质点被饱和而逐渐变小，因而吸附等温线逐渐向下弯曲而呈凸形。对这种色谱分离过程进行洗脱时，数量较多的弱的和较弱的吸附中心上的溶质先被洗下，因而溶质浓度较集中的区域前进较快，先行流出；接着较少的强吸附中心上的溶质也被洗下而流出。于是获得的色谱分离图谱呈拖尾形，吸附色谱分离等温线以这种形式为主。但如果减少溶质的量，只利用凸形等温线开始的一部分，接近于线性关系，这时洗提曲线也就变得对称了。

在试样中各组分的分配系数往往有差异。分配系数较大的组分在柱中被吸附得较牢，在固定相中保留的时间较长，要把它从柱上洗脱下来，所需的溶剂（流动相）也较多。分配系数 K_D 值较小的组分被吸附得较不牢固，在柱中保留时间较短，较易被洗脱下来。于是就可以利用各组分在固定相上吸附能力的差异即保留特性的差异来把它们分开。

组分在柱上的保留特性可用保留时间和保留体积来表示。保留时间是从进样开始到流出液中出现浓度最高点的时间；保留体积是从进样开始到流出液中出现浓度最高点时流过色谱柱的流动相的体积。

（二）吸附剂及其选择

为了使试样中各种吸附能力稍有差异的组分能够分开，必须选择适当的固定相（吸附剂）和流动相（洗脱剂），这里先讨论固定相。

吸附剂一般应为粒度均匀的细小颗粒，具有较大的表面积和一定的吸附能力；吸附剂与欲分离的试样和所用的洗脱剂不起化学反应，也不溶于洗脱剂。常用的吸附剂有氧化铝、硅胶和聚酰胺等。

（1）氧化铝 色谱分离用氧化铝由 $Al(OH)_3$ 在 $300 \sim 400 \,^\circ\!C$ 时脱水制得。对其表面的吸附机理，有人认为表面存在铝羟基 Al—OH，由于羟基的氢键作用使其对成键组分产生吸附力。因生产时条件的不同氧化铝可分为中性、酸性和碱性三种，吸附性能有所不同。酸性氧化铝适用于酸性化合物，如酸性色素、某些氨基酸以及对酸稳定的中性物质的分离；中性氧化铝应用较广泛，适用于醛、酮、醌、酯、内酯化合物及某些苷的分离；碱性氧化铝适用于分离碱性化合物如生物碱、醇以及其他中性和碱性物质。一般来讲，能用酸性或碱性氧化铝分离的物质也可用中性氧化铝分离。氧化铝具有吸附能力强、分离能力强等优点。

氧化铝的活性和含水量密切有关。活性强弱用活度级 I～V 级来表示，活度 I 级吸附能力最强，V 级最弱。把氧化铝加热至 100～150℃，除去与羟基结合的部分水分，使氧化铝具有一定的活性；加热至 150℃以上，氧化铝活性增至 II～III 级；加热至 300～400℃，氧化铝活性增至 I～II 级；再升温至 600℃以上，进一步脱水，并开始烧结。由于脱水过程受到许多因素的影响，因此每批生产的氧化铝，其表面积和表面孔穴结构并不一致，活性也不相同。

一般来讲，分离弱极性的组分选用吸附活性强一些的吸附剂，分离极性较强的组分，应选用吸附活性弱的吸附剂。

（2）硅胶　色谱分离常用的吸附剂之一。在硅酸钠的水溶液中加入盐酸可以得到一种胶状沉淀，这是一种缩水硅胶，常以 $SiO_2 \cdot nH_2O$ 表示。这种沉淀在 100～120℃脱水即形成多孔性硅胶吸附剂。典型的色谱分离用硅胶的比表面积约为 $500m^2/g$，孔体积约为 $0.4mL/g$，平均孔径约为 100nm。

$$
\begin{array}{ccc}
 & & \text{OH-----OH} \\
\mid & & \mid \quad \mid \\
\text{—Si—OH} & & \text{—Si—Si—} \\
\mid & & \mid \quad \mid \\
\text{游离型硅氧烷} & \text{束缚型硅氧烷} & \text{活泼型硅氧烷}
\end{array}
$$

硅胶是由于表面结构中的硅羟基 $\left(\begin{array}{c}\mid\\ \text{—Si—OH}\\ \mid\end{array}\right)$ 与极性化合物或不饱和化合物形成氢键而具有吸附性的。硅胶表面和孔径中的硅羟基与极性化合物或不饱和化合物形成氢键，因而具有吸附性。对硅羟基而言，没形成氢键的称为游离型硅羟基；当两个硅羟基形成氢键时，以氢成键的称为束缚型硅羟基，以氧成键的称为活泼型硅羟基。活泼型硅羟基构成最强烈的吸附中心，游离型次之，束缚型又次之。活性羟基在硅胶表面较小的孔穴中较多，因而表面孔穴较小的硅胶吸附性能较强。水与硅胶表面的羟基结合形成水合硅醇，使原来的吸附质点失去吸附性能。加热至 100℃左右能可逆地除去这些水分，使硅胶活化。最佳的活化条件为 105～110℃加热 30min。如果加热至 200℃以上，则硅胶逐渐失去结构水，造成硅氧烷吸附能力下降。加热至 400℃以上，上述反应发生在两相邻表面间，硅胶的表面积逐渐变小，以致烧结。

$$
\begin{array}{ccc}
\text{OH} & \text{OH} & & \text{O} \\
\mid & \mid & \xrightarrow{\text{加热}} & / \quad \backslash \\
\text{—Si—} & \text{—Si—} & & \text{—Si—Si—} + H_2O \\
\mid & \mid & & \mid \quad \mid
\end{array}
$$

硅胶具有微酸性，吸附能力较氧化铝稍弱，可用于分离酸性和中性物质，如有机酸、氨基酸、萜类、甾体等。

（3）聚酰胺　它由己内酰胺聚合而成，因而又称为聚己内酰胺，或称为尼龙。色谱分离用聚酰胺是白色多孔性的非晶形粉末，易溶于浓盐酸、热甲酸、乙酸、苯酚等溶剂，不溶于水及甲醇、乙醇、丙酮、乙醚、氯仿、苯等有机溶剂。对碱比较稳定，对酸的稳定性较差，热时更敏感。

聚酰胺分子内存在很多的酰胺键，可与酚类、酸类、醌类、硝基化合物等形成氢键，因而对这些物质有吸附作用。酚类和酸类以其羟基或羧基与聚酰胺中酰胺键的羰基形成氢键；芳香硝基化合物和醌类化合物以其硝基或醌基与聚酰胺分子中酰胺键的游离氨基形成氢键。各种化合物因其与聚酰胺形成氢键能力的不同，吸附能力也就不同，因此可以得到分离。一般来讲，具有以下规律：形成氢键基团较多的溶质，其吸附能力较大；对位、间位取代基团都能形成氢键时，吸附能力增大，使邻位的吸附能力减小；芳香核具有较多共轭双键时，吸附能力增大；能形成分子内氢键者，吸附能力减小。

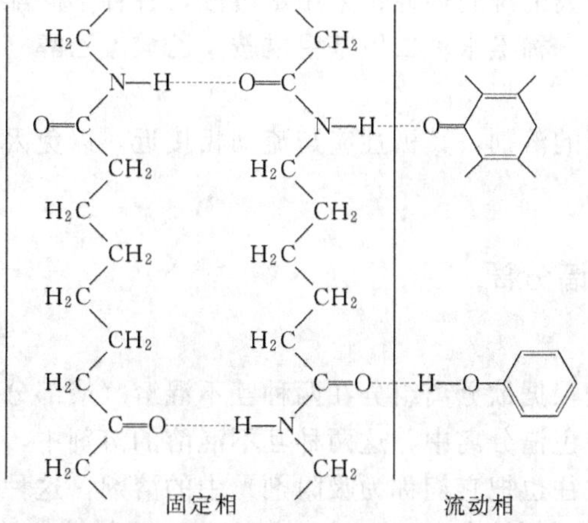

固定相　　　　　流动相

此外，硅藻土、纤维素等也可以用作吸附剂。

（三）流动相及其选择

流动相的洗脱作用实质上是流动相分子与被分离的溶质分子竞争占据吸附剂表面活性中心的过程。强极性的流动相分子占据吸附中心的能力强，因而具有强的洗脱作用。非极性流动相竞争占据活性中心的能力弱，洗脱作用就要弱得多。因而要使试样中吸附能力稍有差异的各种组分分离，就必须根据试样的性质、吸附剂的活性选择极性适当的流动相。

显然，强极性的组分容易被吸附剂所吸附，应选用极性较强的流动相才能把它从吸附剂上洗脱下来，使之沿着色谱柱前进；弱极性的组分则应选用弱极性的流动相洗脱。被分离组分的结构不同，其极性也不相同。饱和碳氢化合物系非极性化合物，其氢原子一旦被官能团取代，化合物极性便会改变，极性改变的幅度与官能团的极性有关。常见的官能团按其极性增强次序排列如下：烷烃＜烯烃＜醚类＜硝基化合物＜二甲胺＜酯类＜酮类＜醛类＜硫醇＜胺类＜酰胺＜醇类＜酚类＜羟酸类。

当有机分子的基本母核相同时，取代基团的极性增强，整个分子的极性增强；极性基团增多，整个分子的极性增强。分子中双键多，吸附力强；共轭双键多，吸附力增强。分子中取代基团的空间排列对吸附性能也有影响，如同一母核中羟基处于能形成内氢键位置时，其吸附力弱于不能形成内氢键的化合物。

流动相极性较弱时，可使试样中弱极性的组分洗脱下来，在色谱柱中移动较快，从而与极性较强的组分分离。同样，强极性和中等极性的流动相适用于强极性和中等极性组分的分离。常用的流动相按其极性增强顺序排列如下：石油醚＜环己烷＜二硫化碳＜四氯化碳＜三氯乙烯＜苯＜甲苯＜二氯甲烷＜氯仿＜乙醚＜乙酸乙酯＜乙酸甲酯＜丙酮＜正丙醇＜乙醇＜甲醇＜吡啶＜酸。而且可以把各种溶剂按不同配比配成混合溶剂作为流动相，因此流动相的种类很多，流动相的选择也就比固定相的选择更为复杂了。

当然，在选择色谱分离条件时，必须从被分离组分、吸附剂和洗脱剂三方面来考虑。对于某种试样，就必须考虑如何选择合适的固定相和流动相，上面讨论的仅是一般的规律，对于具体的某种试样尚须通过实践进行适当选择。

聚酰胺柱色谱分离的洗脱剂通常采用水溶液，各种不同配比的乙醇水溶液，不同配比的丙酮水溶液，稀氨水：二甲基甲酰胺：乙酸：乙醇（1：2：6：4）配成的混合溶剂。

至于溶解试样用的溶剂，其极性应与流动相接近，以免因两者极性相差过大而影响色谱分离。

二、分配柱色谱分离

（一）比移值

分配色谱分离是根据欲分离组分在两种互不混溶（或部分混溶）溶剂间溶解度的差异来实现的。在色谱分离中，这两种互不混溶的溶剂中，一种是流动相；另一种是附着在载体（往往也把它们称为吸附剂）中的溶剂，这种溶剂在色谱分离过程中不流动，是固定相，例如含有一定量水分的硅胶吸附性能消失（或极弱），它含有的水分是固定相，硅胶为载体。当流动相带着试样中的各种组分沿着色谱柱流动时，各种组分就在流动相和固定相之间进行分配，分配系数的差异使它们在色谱柱中行进速度不相同，于是得以分离。分配柱色谱分离中的分配系数以 K_D 表示之。

在分配柱色谱分离中，在单位时间内，一个分子在流动相中停留的时间分数（即在流动相中出现的概率）以 R 表示。假如 $R=1/3$，从溶质在两相中存留的总体时间分配看，该溶质分子有 1/3 时间在流动相，2/3 时间在固定相；对于大量的分子，则可认为有 1/3 的溶质分子在流动相，有 2/3（即 $1-R$）的溶质分子在固定相。在流动相和固定相中溶质的量分别为 $c_m V_m$ 及 $c_s V_s$，其中 V_m、V_s 分别为色谱柱中流动相和固定相的体积。于是：

$$\frac{1-R}{R} = \frac{c_s V_s}{c_m V_m} = K_D \frac{V_s}{V_m} \tag{5-2}$$

整理上式得：

$$R = \frac{1}{1 + K_D \dfrac{V_s}{V_m}} \tag{5-3}$$

R 是溶质分子出现在流动相中的概率，它表示了色谱分离过程中溶质分子在色谱柱中移动的情况，也表示了溶质分子与流动相分子在色谱柱中移动速度的相对值，常以 R_f 表示，称为比移值。由此可见，在某一色谱分离条件下，V_m、V_s 为定值，R_f 只和分配系数 K_D 有关。对于各种不同组分，它们的分配系数不同，比移值不同，因而可以得到分离。K_D 愈大，溶质分子停留在固定相的时间分数愈大，色谱分离时移动愈慢，R_f 值愈小。

（二）分配柱色谱分离的载体、固定相和流动相

载体在柱色谱分离中只起负载固定液的作用，本身应该是惰性的。但实际上并不是这样，对于同一种试样，改变载体，常常会使 R_f 值发生改变，这可能是由于载体表面固定液膜较薄，部分尚未被固定液覆盖的载体裸露在外面，产生吸附作用。因此，分配柱色谱分离往往混杂着吸附色谱分离。

分配柱色谱分离常用的载体有如下几种：

① 硅胶。分配柱色谱分离中用作载体的硅胶应在较低温度下活化，表面残留的水分作固定液。

② 纤维素。色谱分离用纤维素可分两种，即天然纤维素和微晶纤维素。前者由质量较好的纸浆经干燥、粉碎制成，纤维长 $2\sim20\mu m$，平均聚合程度为 $400\sim500$；微晶纤维素是由棉花等较纯的纤维素与强酸一起加热，部分水解后形成的微小晶体纤维素，平均聚合程度为 $40\sim200$。纤维素上有许多羟基，易与水形成氢键而将水吸附，吸附在纤维素表面的水分构成分配柱色谱分离中的固定液。

③ 硅藻土。系天然存在的非晶形硅胶，其中除含 SiO_2 外还含 Al_2O_3、Fe_2O_3、CaO、Na_2O 和有机物及水分等。须经适当处理才能供色谱分离用。处理步骤包括淘洗、干燥、灼烧。硅藻土比表面积仅 $1\sim5m^2/g$，用作吸附剂不如硅胶，但适用于分配柱色谱分离中作为载体。

分配柱色谱分离中常用的固定液为水，此外也有用稀硫酸、甲醇、甲酰胺等强极性溶剂作固定液的。

分配柱色谱分离中的流动相一般是与水不相混溶的有机溶剂如正丁醇、正戊醇等。为了防止色谱分离过程中流动相把吸附于载体上的少量水分带走，流动相应预先以水饱和，并应加入乙酸、氨水等弱酸、弱碱，以防止某些被分离组分的离解。

分配柱色谱分离常用来分离强极性、亲水性的物质，如脂肪酸、多元醇、水溶性氨基酸等。

如用来分离亲脂性的有机物时，用疏水性的有机物作固定相，用亲水性溶剂作流动相。此时非极性、脂溶性组分的 R_f 值小，不易洗脱；极性较强、脂溶性较差的组分易被洗脱，R_f 值大，这和一般色谱分离的规律不同，故称反相（或逆相）分配色谱分离。

分配柱色谱分离速度较慢，处理量小，温度的影响较大，因此能用吸附柱色谱分离的试样总是尽量采用吸附柱色谱分离来解决。

三、柱色谱分离的操作

色谱柱如图 5-1 所示，基本上还与茨维特当年所用的相类似。用玻璃或塑料制管柱，其直径与长度比为 $1:10\sim1:60$，底部塞以玻璃纤维或脱脂棉。然后可将吸附剂装入柱内，装柱可用干法、湿法两种。

① 干法装柱。将已选定并经处理的吸附剂通过漏斗缓缓流入管柱内，必要时

图 5-1 色谱柱

可轻轻敲打管柱，使之装填均匀。装填完毕后，在吸附剂表面铺一层滤纸。然后打开下端旋塞，并从管口徐徐加入洗脱剂，注意勿冲起吸附剂。注意吸附剂润湿后柱内应无气泡。但干法装柱常常会在柱内出现气泡，使色谱分离时发生沟流现象。

② 湿法装柱。先在柱内加入已选定的洗脱剂，将下端旋塞稍打开，同时将吸附剂缓缓加入管柱内，吸附剂一面沉淀一面添加，加入的速度不宜太快，以免带入空气。必要时可使色谱柱轻轻振动，这有助于填充均匀，并可使吸附剂带入的气泡向上溢出。

③ 色谱分离。色谱柱经装填完毕可以加入试液。前面已经提到，溶解试样的溶剂极性应与洗脱剂相似，以免因两种溶剂极性不同而影响色谱分离。将试液轻轻注入管柱上端，注意勿使吸附层受到扰动。试液应该浓一些，这样就只须加入较小体积的试液，使试样集中在管柱顶部尽可能小的范围内，以利于展开。如果试样难溶于极性与洗脱剂相似的溶剂中，也可先将试样溶于适当溶剂中，加入少量吸附剂，拌匀，待溶剂挥发后，再将吸附着试样的吸附剂加于柱中吸附层上，然后进行色谱分离。

将已选定的洗脱剂小心地从管柱顶端加入色谱柱，勿冲动吸附层，并保持一定液面高度，以控制流速，一般在 $0.5\sim2\text{mL/min}$。如为有色物质，色谱展开后可以清楚地看到各个分离后的谱带，如为无色物质，应用各种方法定位。

分离后的各个组分，可分段洗脱，分别测定，亦可将整条吸附剂从色谱柱中推出，分段切开，分别洗脱后测定。

柱色谱分离可以处理较大量的试样，因而常用来提纯某些物质，作为分析中的标准物质；或将组成复杂的试样首先分成几组，每组中各组分极性相近，再选择其他步骤进一步分离。

第三节　平面色谱分离技术

一、纸色谱分离技术

(一) 概述

纸色谱分离又称纸上色谱分离，简称 PC (paper chromatography)，是在滤纸上进行的色谱分离分析方法。它的分离原理一般认为是分配色谱分离，滤纸被看作一种惰性载体，滤纸纤维素中吸附着的水分为固定相。部分吸附水是以氢键缔合形式与纤维素的羟基结合在一起的，在一般条件下难以脱去，因而纸色谱分离不但可用与水不相混溶的溶剂作流动相，而且也可以用丙醇、乙醇、丙酮等与水混溶的溶剂作流动相。实际上纸色谱分离的分离原理往往是比较复杂的，除了分配色谱分离外还可能包括溶质分子和纤维素之间的吸附作用，以及溶质分子和纤维素上某些基团之间的离子交换作用，这些基团可能是在造纸过程中引入纤维素上去的。

纸色谱分离的操作一般是取滤纸条，在接近纸条的一端点上欲分离的试液，然后把滤纸条悬挂于玻璃圆筒即色谱筒内，如图 5-2 所示，并让纸条下端浸入流动相中，一般纸色谱分离的流动相称为展开剂。由于滤纸条的毛细管作用，展开剂将沿着滤纸条不断上升，当展开剂接触点在滤纸上的试样时，试样中的各种组分就不断地在固定相和展开剂之间进行分配，从而使试样中分配系数不同的各种组分得以分离。色谱分离进行一定时间，待溶剂前缘上升到接近滤纸条上端时，取出纸条，在溶剂前缘处做上记号，晾干滤纸条。如果试样中各组分是有色物质，在滤纸条上就可以看到各组分的色斑；如为无色物质，则可用各种方法使之显现出来，然后确定其位置。

各组分在色谱分离谱中的位置可用比移值 R_f 来表示。已知比移值是溶质分子和流动相分子在色谱分离过程中移动速度的相对值，因此在纸色谱分离中：

$$R_f = \frac{原点至斑点中心的距离}{原点至展开剂前沿的距离}$$

如图 5-2 所示，对于组分 A，$R_f = \dfrac{a}{L}$；对于组分 B，$R_f = \dfrac{b}{L}$。式中 a、b、L 分别为展开结束时组分 A、B 和溶剂前沿至原点的距离。

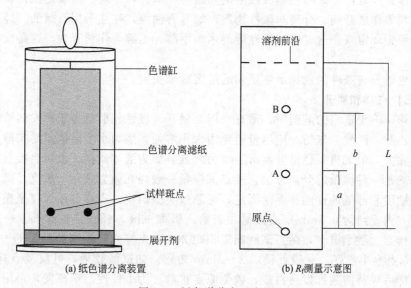

(a) 纸色谱分离装置　　　　(b) R_f 测量示意图

图 5-2　纸色谱分离示意图

由于影响 R_f 值的因素很多，从文献上查得的在某种色谱分离条件下某种组分的 R_f 值只能供参考。为了进行定性鉴定，必须用纯物质，在同一滤纸上与试样并排点样，在相同条件下进行对照色谱分离，得到相同的 R_f 值时，才能认为两者可能是同一组分。但用某种展开剂展开时，可能有两种或两种以上组分具有相同的 R_f 值，因此要确定某种组分，最好用两种以上不同的展开剂展开，这时如获得相同的 R_f 值，才能无误地确证某种组分。

（二）色谱分离条件的选择

为了获得良好的色谱分离效果和重现性较好的 R_f 值，必须适当选择和严格控制色谱分离条件。首先，色谱分离用纸（即载体）的选择十分重要。色谱分离用纸要组织均匀，平整无折痕，边缘整齐，以保证展开速度均匀。色谱分离用纸的纤维素要松紧合适，如过于疏松，易使斑点扩散，如过于紧密，则色谱分离进度太慢。其次，但也要结合展开剂的性质和分离对象来考虑。当以较黏稠的正丁醇作为展开剂时，应选较疏松薄型的快速滤纸，用石油醚、氯仿等为展开剂时，应选用较紧密较厚的慢速滤纸；试样中各组分的 R_f 值相差较大时可用快速滤纸，反之则应用慢速滤纸，滤纸应质地纯净，杂质含量小，必要时可加以纯化处置。色谱分离用滤纸有多种不同规格可供选用，此外，还应注意滤纸纤维素的方向，应使色谱分离方向与纤维素方向垂直。

纸色谱分离中的固定液大多为纤维素中吸附着的水分，因而适用于水溶性有机物如氨基酸、糖类等的分离，此时流动相多用以水饱和的正丁醇、正戊醇、酚类等，同时加入适量的弱酸和弱碱如乙酸、吡啶、氨水以调节 pH 值并防止某些被分离组分的离解。有时也加入一定比例的甲醇、乙醇，以增大水在正丁醇中的溶解度，增加展开剂的极性。分离某些极性较小的物质如酚类时，为了增加其在固定液中的溶解度，常用甲酰胺、二甲基甲酰胺、丙二醇等预先处理滤纸，使之吸着于纤维素中作为固定液，此时用非极性溶剂如氯仿、苯、环己烷、四氯化碳以及它们的混合溶剂等作展开剂。分离非极性物质，如芳香油等，往往采用石蜡油、硅油、正十一烷等为固定液。这时常用极性溶剂水、甲醇、乙醇等作展开剂，这是反相色谱分离。

纸色谱分离条件的选择最终还须通过实验来决定。

（三）点样和展开

试样须溶于适当的溶剂中，最好采用与展开剂极性相似且易于挥发的溶剂，一般可用乙醇、丙酮、氯仿，应尽量避免用水作溶剂，因为水溶液斑点易扩散，且不易挥发除去，但无机纸色谱分离常用水为溶剂。如为液体试样，也可直接点样。纸色谱分离是一种微量的分离方法，所点试样量一般为几微克到几十微克，随显色反应的灵敏度和滤纸的性能和厚薄而定，可通过实验确定。点样可用管口平整的玻璃毛细管（内径约为 0.5mm）或微量注射器，吸取试液，轻轻接触滤纸。一张滤纸条可并排点上数个试样，两点试液间应相距 2cm，点样处应距离滤纸条的一端 3～4cm。原点愈小愈好，一般直径以 2～3mm 为宜。如试液较稀，可反复点样数次，每次点样后应待溶剂挥发后再点，以免原点扩散。为了促使溶剂挥发，可用红外线灯照或用电吹风吹。

纸色谱分离常用上升法，如图 5-2 所示。层析缸盖应密闭不漏气，缸内应先用展开剂蒸气饱和。上升法设备简单，应用较广，但展开较慢。对于 R_f 值较小的试样用下降法可得到较好的分离效果。下降法是把试液点在滤纸条接近上端处，把纸条的上端浸入盛展开剂的玻璃槽中，玻璃槽放在架子上，玻璃槽和架子一并放在色谱筒中。色谱分离时展开剂沿着滤纸条逐渐向下移动。

还可以利用圆形滤纸进行色谱分离。此时可在滤纸中心穿一小孔，小孔周围点上试液，小孔中插入一条由滤纸条卷成的灯芯。另取两只直径较滤纸略小的培养皿，在一皿中放置展开剂，滤纸就平放在这只培养皿上，并使滤纸芯向下浸入展开剂中，上面再罩一只培养皿以防止展开剂挥发，如图 5-3 所示。展开剂沿着纸灯芯上升，待展开剂接触滤纸时就向小孔周围的滤纸扩散，点在小孔周围的试样就随着展开剂向外移动而进行色谱分离，形成同心圆的弧形谱带，这种色谱分离称径向展开，又称灯芯法。这种方法简单快速，适用于 R_f 值相差较大的各种组分的分离，亦可用于试探性分析。

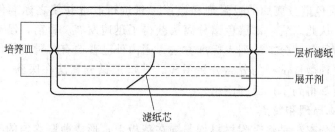

图 5-3　径向色谱分离装置图

对于组成极为复杂的试样，一次色谱分离往往不可能把各种组分完全分离，则可用双向色谱分离。为此，可用长方形或方形的滤纸，在滤纸的一角点上试液，先用一种展开剂朝一个方向进行展开，展开完毕，溶剂挥发后，再用另一种展开剂朝着与原来垂直的方向进行第二次色谱分离。如两次色谱分离展开剂选择适当，可以使各种组分完全分离。例如氨基酸的分离可用双向色谱分离法。

（四）显色和应用示例

对于有色物质，展开后即可直接观察到各个色斑。对于无色物质，应用各种物理和化学方法使之显色。最简单的是用紫外线灯照，许多有机物对紫外线有吸收，或者吸收紫外线后能发射出各种不同颜色的荧光。因此可以观察有无吸收和荧光斑点，并记录其颜色、位置及强弱，从而进行检出。例如生物碱在色谱分离展开后即可用这种方法检出。亦可喷以各种显色剂，例如被分离物质可能含有羧酸时，可喷以酸碱指示剂溴甲酚绿，如出现黄色斑，可证明羧酸的存在；如可能为氨基酸，则可喷以茚三酮试剂，多数氨基酸呈紫色，个别呈紫蓝色、紫红色或橙色。

纸色谱分离设备简单、操作方便、试样用量少、分离后可在纸上直接进行定性鉴定，比较斑点面积和颜色深浅还可以进行半定量测定，因此纸色谱分离常用于有机化合物的分离和检出，也可用于分离和检出无机物质。举例说明如下：

对于磺胺类药物如磺胺噻唑和硝胺嘧啶混合物的分离和检出，可用 1% 的氨水作展开剂，用对二甲氨基苯甲醛（即 Ehrlich 试剂）乙醇溶液作显色剂。

氨基酸的分离和检出须用双向色谱分离。先用酚∶水（7∶3）作展开剂进行第一次展开，再用丁醇∶乙酸∶水（4∶1∶2）作展开剂进行第二次展开，可分离出近 20 种氨基酸。展开后喷以茚三酮的丁醇溶液，使之显色。

纸色谱分离不但可用于分离各种常见无机离子，由于它试样用量很少，在各种贵金属和稀有元素的分离方面也已得到了很好的应用。例如金、铂、钯、铑离子的分离，可用乙醚∶丁醇∶浓盐酸（1∶2∶2.5）混合溶剂作展开剂，展开后喷以 $SnCl_2$ 溶液，金、铂、钯立即出现色斑，铑则在稍温热后显色。铑、钌、钯、铂、铱、金离子的分离则可用 N,N-二仲辛基乙酰胺为固定液、5mol/L HCl 溶液为展开剂进行纸上反相色谱分离等。

二、薄层色谱分离技术

薄层色谱分离法（thin layer chromatography，TLC）是 20 世纪 50 年代以后在柱色谱分离和纸色谱分离的基础上发展起来的一种分离分析方法。1958 年，E. Stahl 对薄层色谱分离用的吸附剂和涂层工具进行改进并使之标准化，克服了技术上的困难，从此以后，薄层色谱分离法获得了迅速发展。目前，已有不少国家的药典将各种薄层色谱分离法列入标准方法，国内外已普遍有各种规格的商品薄层板供应。作为一种微量试样的分离分析手段，薄层色谱分离法在医药、生化、环保、科研等各方面都得到了广泛的应用。

(一) 基本原理和特点

薄层色谱分离法是将吸附材料均匀铺在载板上，形成薄厚均匀的吸附层。把一定量的待分离试液点在距薄板一端一定距离处，然后将色谱板放在层析缸中，使点有试样的一端浸入流动相（展开剂）中（流动相液面低于样品斑点），由于薄层的毛细管作用，展开剂即沿薄层上升。当展开剂流过试样时，流动相带着试样中各组分上行，在此过程中，组分在固定相和流动相之间发生连续不断的吸附、解吸、再吸附、再解吸的吸附过程。显然，与吸附剂作用力大的组分，前行阻力较大，在薄层中移动得慢些；与吸附剂作用力小的组分，则在薄层中移动得快些。因此，在展开剂沿薄层上升过程中不同组分得以分离。

被分离后各组分的色斑在薄层中的位置同样也可用比移值 R_f 来表示：

$$R_f = \frac{原点至组分斑点中心的距离}{原点至流动相前沿的距离}$$

在固定的色谱分离体系和条件下，组分的 R_f 值是常数，也是定性检测的基础。

薄层色谱分离是在柱色谱分离和纸色谱分离的基础上发展起来的，和它们有相似之处，但和它们相比又具有不少优点：

① 快速，完成一次薄层色谱分离只需 $10\sim60\text{min}$，纸色谱分离往往需数小时至数十小时。

② 分离效率高，薄层色谱分离可使性质相类似的化合物如同系物、异构体等得以分离。薄层色谱分离的柱效要比柱色谱分离高 $10\sim100$ 倍。

③ 灵敏度高，薄层色谱分离可以检出 $0.01\mu g$（$10^{-8}g$）的物质，比纸色谱分离灵敏 100 倍。

④ 色谱分离后可以用各种方法显色，甚至可以喷强腐蚀性的浓硫酸，可以高温灼热，这些都是纸色谱分离所不容许的。

⑤ 应用面广，它可以进行定性鉴定，亦可以进行定量测定；对于各种试样，可以选用各种不同的吸附剂和展开剂，可以做吸附色谱分离、分配色谱分离，还可以做离子交换色谱分离。

基于上述种种特点，薄层色谱分离得到日益广泛的应用和迅速发展。

(二) 薄层色谱分离常用吸附剂（固定相）

薄层色谱分离常用的吸附剂有氧化铝、硅胶、聚酰胺、硅藻土、纤维素等。根据被分离组分的性质选择吸附剂，极性组分样品的分离选择非极性或弱极性的吸附剂；非极性或弱极性物质的分离选用极性较强的吸附剂。上述吸附材料中，最常用的是氧化铝和硅胶，因为它们的吸附能力强，可分离的试样种类多，既可作吸附色谱分离，又可作分配色谱分离（制板时活化程度不同）。只是薄层色谱分离用的固定相比柱色谱分离用的固定相的粒度更细些，因此分离效率比相同长度的柱色谱分离和纸色谱分离高得多。

（1）氧化铝　铺薄层时一般不加胶黏剂，直接就用干粉铺层，这样的色谱分离板称为"干板"或"软板"。但也可以加煅石膏作胶黏剂，这种混有煅石膏的氧化铝称氧化铝 G。用氧化铝 G 加水调成糊状，铺层活化后使用的色谱分离板称为"硬板"。

干法铺层的氧化铝用 150～200 目，相当于颗粒直径 75～100μm；湿法铺层以 250～300 目（相当于颗粒直径 50～60μm）较合适。吸附剂颗粒粗细对分离效果和色谱分离速度均有影响。颗粒太粗，填充项和传质项都将增大，平均板高增大，展开后各组分斑点扩散，分离效果不好；若颗粒太细，展开就太慢，分子扩散项将增大，会引起溶质扩散，影响分离效果，当展开距离较长时尤为显著，而且太细的吸附剂用干法铺层有困难。

薄层色谱分离用氧化铝的比表面积为 100～300m^2/g，孔穴平均直径为 20～30Å（1 Å＝10^{-10}m）。

氧化铝活度的测定：可用偶氮苯、对甲氧基偶氮苯、苏丹黄、苏丹红、对氨基偶氮苯的四氯化碳溶液，将其点于氧化铝薄层板上，以四氯化碳为展开剂，展开后测定各斑点的 R_f 值，根据 R_f 值即可确定活度级，如表 5-2 所示。

表 5-2　氧化铝的活度和染料 R_f 值的关系

染料 ＼ 活度级	II	III	IV	V
偶氮苯	0.59	0.74	0.85	0.95
对甲氧基偶氮苯	0.16	0.49	0.69	0.89
苏丹黄	0.01	0.25	0.57	0.78
苏丹红	0.00	0.10	0.53	0.56
对氨基偶氮苯	0.00	0.03	0.08	0.19

（2）硅胶　硅胶机械性能较差，必须加入胶黏剂铺成硬板使用，常用的胶黏剂有煅石膏、聚乙烯醇、淀粉、羟甲基纤维素钠（CMC）等。薄层色谱分离用硅胶的粒度在 250～300 目，比表面积为 300～600m^2/g，表面孔穴直径为 100 Å 左右。

硅胶 H 不含胶黏剂，用时须另加。硅胶 G 是由硅胶和煅石膏（后者占 13%～15%）混合而成的。硅胶 GF$_{254}$ 既含煅石膏又含荧光指示剂，在 254nm 紫外线照射下呈黄绿色荧光。不含煅石膏只含荧光指示剂的硅胶则称为硅胶 HF$_{254+365}$，下标 254＋365 系指波长为 254nm 和 365nm 的紫外线均可使其产生荧光。常用的荧光指示剂是锰激活的硅酸锌 $ZnSiO_4 \cdot Mn$，在 254nm 紫外线照射下产生荧光；银激活的硫化锌、硫化镉 $ZnS \cdot CdS \cdot Ag$ 在 365mn 紫外线照射下产生荧光。

含胶黏剂硅胶薄层活化程度可按 Stahl 法进行测定。将二甲氨基偶氮苯、靛酚蓝、苏丹红三种染料的氯仿溶液点于已活化的硅胶薄层上，用正己烷：乙酸乙酯（9：1）展开。如果三种染料能分开，而且对二甲氨基偶氮苯接近溶剂前缘，靛酚蓝在其后，苏丹红接近原点，则活度认为合格。这种硅胶板的活度与 Brockmann 法标定的 II 级氧化铝的活度相当。

硅胶薄层既可用于吸附色谱分离，又可用于分配色谱分离；主要区别在于活化程度不同，前者活化程度较高，后者应该低得多。

（三）薄板的制备

将吸附剂均匀地涂铺在一定尺寸的载板（玻璃板、塑料板或金属板）上，制成薄层板的过程称为铺层或铺板。薄板质量的好坏是分离成功的关键。一块好的薄层板要求吸附剂涂铺均匀、厚度一致、表面光滑、无气泡、无小孔和裂痕。国内外虽有商品预制板出售，但多数情况下仍需自己制作使用。一般选用玻璃板作载板，要求表面清洁、光滑、平整，否则不易涂铺均匀，且易引起薄层的剥落。铺前经水洗的玻璃板可再用脱脂棉或滤纸蘸酒精或丙酮擦洗干净。根据需要可裁制各种尺寸，如 10cm×10cm、5cm×20cm、10cm×20cm、20cm×20cm 等，以及做初步试验的小玻片 2.5cm×5cm、2.5cm×7.5cm 等。若用来制备提纯，还需面积更大的载板。

铺层的方法可分为干法和湿法两种。

1. 软板的制备——干法铺层

不需调糊而将吸附剂直接涂铺在载板在制成的薄板称作软板。氧化铝可用干法铺层。干法铺层比较简便，先用两段壁厚适当的橡胶管（或塑料管）套在玻璃棒上，两管内边距离略小于载板的宽度。将吸附剂均匀地撒在洁净的玻璃板上，将玻璃棒两端的橡胶管置于玻璃板的边缘处，用两手拇指和食指握住玻璃棒，食指紧贴载板的边缘，避免玻璃棒纵向滑动，均匀地推动吸附剂向前滑动（见图 5-4），薄层厚度为橡胶管（塑料管）的壁厚。一般用于分析分离的厚度为 0.25mm，用于制备分离的厚度为 1～3mm。也可以在已套好的橡胶管外层再套一层橡胶管（塑料管），外层套管内缘的距离为玻璃板的宽度，卡在玻璃板的两边，以防铺层滑动时边缘不整齐。推动时两手用力要均匀，推动不宜太快，也不可中途停顿，否则铺层厚薄不均匀，影响分离效果。

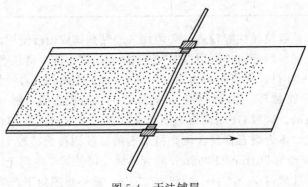

图 5-4 干法铺层

干法铺层不使用胶黏剂，所制薄层与基板结合不牢固，通常只用卧式层析缸展开。喷显色剂时容易吹散，因此展开后无法喷显色剂显色。薄层展开速度快，但展开后不能保存。薄层上吸附剂颗粒之间空隙大，展开时毛细管作用较大，斑点较为扩散。在以后的点样、展开、显色等操作都要小心。因而此法目前较少使用。

2. 硬板的制备——湿法铺层

在含胶黏剂的吸附剂中加水（或其他溶剂）调成糊状，然后进行铺层。湿法铺层的优点是薄层与基板结合较牢，不易脱落，可成批制备，展开后便于保存。可以用更细颗粒铺层，颗粒之间空隙小，展开速度慢，展开后斑点集中，分离效果好。但制成的薄层板要经过阴干、活化等处理步骤才可使用。

（1）胶黏剂的种类 胶黏剂的作用是使薄层与基板结合得更牢固，便于后续的操作。胶黏剂的种类与用量会影响薄层分离的效果，所以选择胶黏剂时要考虑到分离组分的性质、展开剂的种类及显色剂的性质。常用的胶黏剂有煅石膏、羧甲基纤维素钠（CMC-Na）、淀粉和某些聚合物如聚乙烯醇、聚丙烯酸等。

通常煅石膏的用量为吸附剂的 $10\% \sim 15\%$。将 $CaSO_4 \cdot 2H_2O$ 粉于 $120 \sim 140℃$ 烘 $2 \sim 4h$，过 200 目筛密封备用。如存放过久，用前仍需于 $140℃$ 干燥后再过筛。薄层里加入石膏即引进了无机物，对某些无机物的分离测定不利，但能经受强腐蚀性显色剂的作用。

CMC-Na 作胶黏剂时，先将 CMC-Na 用水搅拌并加热使溶解，放置后，取上层澄清液配成 $0.5\% \sim 1\%$ 的水溶液供吸附剂调糊用。

淀粉有时也用作胶黏剂，其用量一般为吸附剂的 5%。制板时将吸附剂和淀粉按比例混合，加水调匀后在 $85℃$ 水溶或直火加热数分钟，使淀粉糊化至有黏性后再铺层。

用 CMC-Na 和淀粉作胶黏剂，薄层力学性能较强，牢固不易脱落，表面可用铅笔写画，但不能用强腐蚀性显色剂，淀粉对某些有机物的检测有影响。

聚乙烯醇用量为吸附剂的 $0.5\% \sim 0.6\%$，把聚乙烯醇配成 0.3% 的水溶液使用。聚丙烯醇配成 5% 的水溶液使用。

吸附剂加一定水量调糊铺层后，应在水平位置放置，待凝固后，需要活化时在一定温度下活化。有的不需活化，甚至需保存在一定湿度气氛中。在调糊和铺层时有的吸附剂易产生气泡，会影响活化（气泡逸出留孔洞）和色谱分离，因而必须设法除去。有的在调糊时加入数滴乙醇，可避免气泡的产生。表 5-3 为常用吸附剂和胶黏剂铺层处理方法。

表 5-3 常用的加胶黏剂铺层处理方法

薄层类型	吸附剂：用水量（质量比）	活化温度和时间
硅胶 G	1∶2 或 1∶3	80℃ 或 105℃，0.5～1h
硅胶-CMC-Na	1∶3(0.5%～1.0%CMC-Na 水溶液)	80℃，20～30min 或阴干
硅胶 G-CMC-Na	1∶3(0.2%CMC-Na 水溶液)	80℃，20～30min 或阴干
氧化铝 G	1∶2 或 1∶2.5	110℃，30min
氧化铝-硅胶 G(1∶2)	1∶2.5 或 1∶3	80℃，30min
硅胶-淀粉	1∶2	105℃，30min
硅藻土 G	1∶2	110℃，30min

（2）湿法铺层的常用方法 湿法铺层目前广泛被采用，常用的方法有如下三种。

① 倾注法。根据所需薄层厚度和板的尺寸，称取一定量吸附剂，用适量的水调成糊状后，倾倒在玻璃板上，大致摊开，然后轻轻振动玻璃板，使糊状物成为均匀的薄层。如用煅石膏作胶黏剂，要控制调糊和铺层时间在 4min 内完成，否则石膏开始凝固，不易流动，薄层无法铺匀。铺好层后，在水平台上放置阴干。如需活化，可在烘箱中于 80℃ 或 105℃ 活化 0.5～2h，然后放置于干燥器中备用。倾注法铺层简单方便，但铺得的薄层均匀性较差。

② 刮平法。在水平台面上放置待铺层的玻璃板，两边用厚度相同的玻璃（或金属）板作框边，框边玻璃比铺层玻璃略高（即薄层厚度）。将调好的糊状吸附剂倒在铺层玻璃上，用边缘平直光滑的有机玻璃尺或金属尺沿一个方向均匀地将糊状物刮平。去掉边框、晾干、活化备用。此法目前应用也较少。

③ 涂铺器法。商品涂铺器多种多样，其构造主要有一个装吸附剂糊的槽，槽的一面有能调节出口厚度的结构。常用的 Stahl 涂铺器的外形如图 5-5 所示，它是一个中间装有可转动圆筒的长方形容器，上下各有一个长方形开口。它的一面依对角线切成两半，上半部固定，下半部可以左右移动以调节下面空隙的大小，即调节铺层的厚度。中间圆筒的一端连接一柄，可用来转动圆筒，图 5-5(b) 是侧面剖视图，图 5-5(c) 是俯视图。铺层时先把玻璃板放在水平的底座上，将涂铺器放在起点玻璃上并使圆筒口转向上，倒入调好的吸附剂糊，然后把圆筒口转向下 ［见图 5-5(b)］，立即以均匀的速度向前推移涂铺器 ［见图 5-5(c)］，吸附剂即被铺成均匀的薄层。

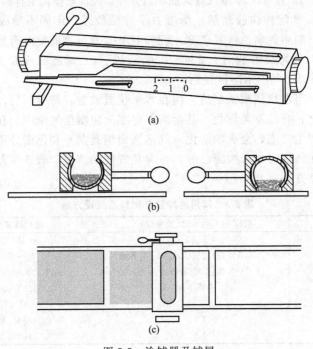

图 5-5　涂铺器及铺层

涂铺器的结构也可简单制作，如图 5-6 所示为筒式涂铺器的侧面剖视图。它是用不锈钢或有机玻璃制成的一个槽，一边底部留有空隙，旁边装有刀口，可用螺丝上下调节刀口，以调节空隙的大小而取得一定厚度的薄层。

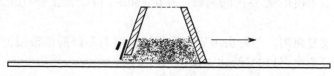

图 5-6　筒式涂铺器

3. 特殊薄层板

除上述涂铺的硅胶和氧化铝薄层板外，根据工作需要，还有一些其他或特制的薄层板，现介绍如下。

（1）酸碱薄层板和 pH 值缓冲薄层板　为了改善某些化合物在薄层板上的分离效果，可以改变吸附剂的酸碱性。如在铺层时用稀酸（1%～4% HCl 或 0.1～0.25mol/L $H_2C_2O_4$）溶液代替水制成酸性氧化铝薄层，使生物碱成为离子对形式在其上被分离。生物碱等在硅胶（微呈酸性）板上分离产生拖尾，可用稀碱（0.1～0.5mol/L NaOH）溶液代替水铺制硅胶薄层。分离生物碱和氨基酸时，可以用不同 pH 值缓冲溶液代替水调糊铺成具有一定 pH 值的薄层，通过控制 pH 值以抑制它们的电离，可获得更好的分离效果。

（2）混合薄层板　可将两种吸附剂按不同比例混合制成薄层，如硅胶 G 与氧化铝按一定比例（10:4）混合制成的薄板对山道年异构体、糖、醇的分离效果较好。也可用两种吸附剂或粒度不同的同一种吸附剂分段铺层，前段用于样品的预处理以除去杂质，后段用于组分的分离。还可把两种吸附剂的混合比逐渐改变以制成梯度薄层，按梯度方向展开以分离在均匀薄层中难以分离的组分。

（3）络合薄层板　含 $AgNO_3$ 或硼酸、硼砂等化合物的薄层与某些化合物在展开过程中形成络合物，这种薄层称为络合薄层。如硝酸银薄层可用来分离不饱和醇、酸等，其机理是银离子与不饱和键能形成络合物，与饱和键则不络合。展开时，饱和化合物 R_f 值最大；含一个双键的较含两个双键的 R_f 大；含一个三键的较含一个双键的 R_f 值大。含双键化合物中，顺式络合牢固，R_f 值较反式小。多羟基糖、多羟基长链酸和它们的甲酯等均可与硼酸络合，由于络合程度不同可在硼酸薄层上得到较好的分离。

（4）烧结板　烧结板是由玻璃粉（作胶黏剂）与硅胶或氧化铝吸附剂按一定比例混匀后，经高温烧结制成的可反复多次使用的薄层板。将玻璃磨细，过 200 网目筛，用浓 HCl 浸泡，水洗至中性，干燥后与吸附剂混匀，以乙醇、乙酸乙酯、丙酮、氯仿或水等溶剂制成匀浆，铺成 0.2～0.3mm 厚薄层，晾干后按表 5-4 条件烧结即成。

表 5-4　烧结板配制比例及烧结条件

吸附剂	胶黏剂	配制比例	烧结条件	
			温度/℃	时间/min
硅胶	玻璃粉	1:(2～5)	470～770	7～10
氧化铝	玻璃粉	1:(1～4)	470～870	7～10
硅藻土	玻璃粉	1:(1～6)	470～770	7～10

用含 $Zn_2SiO_4 \cdot Mn$、$CaWO_4 \cdot Mn \cdot Pb$ 或 $Cd_2B_2O_5 \cdot Mn$ 的结晶性荧光玻璃粉作胶黏剂，按上法制成的薄层板称为荧光烧结板，它对色谱分离后组分的检测有高的灵敏度。如果使用氨水-丙酮调糊，并在 $450\sim750℃$ 烧结 $5\sim10min$，会得到涂布均匀的薄板。

烧结板可反复使用，但每次用后必须用相应溶剂和铬酸洗液浸泡以除去斑点，再用水洗净，经活化（110℃活化 1h）再使用。

（5）聚酰胺薄层板　聚酰胺薄层板一般不需要加胶黏剂，可直接将聚酰胺粉（常用比 80 网目更细粉末）制成匀浆，涂铺在玻璃板或涤纶基板上制成。若需增强板的牢固性，可加石膏和淀粉。制备方法有以下几种：

① 称取聚酰胺粉 15g，加水 65mL 调和，并电磁搅拌混合 $30\sim60s$，立即涂在支持体上，放置室内干燥。

② 称取聚酰胺 10g 配成 100mL 丙二醇混悬液，加热至 140℃ 全部溶解后，把聚酯薄膜浸入片刻，取出迅速冷却至 100℃ 以下，待干，即成厚度约为 $5\mu m$ 的薄膜。

③ 称取聚酰胺粉（180 目）7g，加石膏 1g 混匀，按 $1:4$ 加水调成匀浆后铺板。

④ 称取聚酰胺粉 10g，加 76％乙醇 50mL 调成匀浆后铺板，在 80℃ 活化 1h。

聚酰胺薄膜可反复使用。用丙酮和浓氨水（$9:1$）或丙酮与甲酸（$9:1$）浸泡 6h，用水洗去污物，再用丙酮洗涤，晾干后即可再用。

（6）纤维素薄层板　纤维素薄层是从纸色谱分离演变而来的。纸色谱分离用纸由长纤维制成，扩散快，组分斑点不集中。薄层用短纤维素制板，斑点集中。天然纤维素长 $2\sim25\mu m$，微晶纤维素长 $20\sim40\mu m$。纤维素铺层方法比较简便，不需要胶黏剂，一般将纤维素与水按 $1:5$ 混匀，倾倒在玻璃板上铺层，晾干即可，需要时可在 105℃ 烘干。

（7）葡聚糖凝胶薄层板　取"超细"葡聚糖凝胶（$10\sim40\mu m$），加水充分溶胀后，放置沉降，倾去上层清液，不加胶黏剂，即可按常规方法铺层，厚度 $0.5\sim1mm$。制得的薄层板置潮湿容器中备用，若已干燥，可喷适当缓冲溶液使其复原。

（8）高效薄层板　高效薄层板是由粒度十分均匀的硅胶细颗粒（$5\sim7\mu m$）加上高度惰性的胶黏剂铺成的十分致密、平滑的薄层（厚度约 0.2mm）板。这种薄层板性能稳定，分离清晰，斑点较圆，不拖尾，分析速度快。国内外都已有商品供应。国内曾报道用分子量大于 3×10^6 的 5％聚丙烯酸水溶液与青岛海洋化工厂生产的 YWG-80 硅胶（$7\mu m$）按 $4:1$ 研匀铺层。

（四）展开剂的选择

对于吸附色谱分离，主要根据极性的不同来选择流动相展开剂。各种展开剂按其极性不同排列的顺序已在常规柱色谱分离中简单介绍。依据被分离组分的极性，选择吸附剂的种类和展开剂的极性。即展开剂、被分离组分的极性和吸附剂的活性这三者是相互关联互相制约的。为了获得良好的分离，必须正确处理这三者的关系。许多书上都介绍了下列三角图形（见图 5-7），说明这三者关系，可供选择展开剂时参考。图中有一个圆盘，其上有三种刻度：①代表被分离物质的极性；②代表吸附剂的活度（Ⅰ级最强，Ⅴ级最弱）；③代表展开剂的极性。圆盘中心有一个可转动的正三角形指针。如图 5-7 中实线所示，A 指向中等极性的被分离物质，B 指向活度Ⅱ～Ⅲ级的吸附剂，则这时展开剂就应是中等极性的，如图 5-7 中 C 所指。如果转到虚线位置，则非极性的被分离物质，活度为Ⅰ～Ⅱ级的吸附剂，应选用非极性的展开剂。

这个图可供选择展开剂时参考，但它仅仅说明了选择展开剂的最简单、最基本的原则。在具体工作中，展开剂的选择还必须进一步通过实验来确定，一般可用下列两种方法：

① 微量圆环技术：将试样溶液点于已准备好的薄层上，点成同样大小的圆点，如图 5-8(a) 中 1、2、3、4 所示。用毛细管吸取各种经初步选择认为可能应用的展开剂，加到试样点中心，让展开剂自毛细管中慢慢流出进行展开，就可以看到如图 5-8(b) 所示的不同圆形图谱。从图 5-8(b) 可以看出，点 2 的展开剂最不好，试样留在原点未动；点 3 的展开剂较好，它已把试样分成几个同心圆，分离清晰，R_f 值在 0.5 左右。

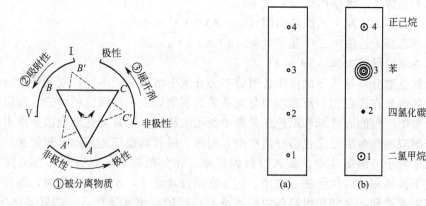

图 5-7 三角图形法选择展开剂　　　　图 5-8 微量圆形展开

② 微型薄层：可用小玻片（和显微镜载玻片相似）铺上薄层，按前述步骤准备好后，点上试液，用各种经初步筛选的展开剂展开，从而选择适当的展开剂，再用于一般的薄层色谱分离。用微型薄层，材料和时间都比较节省。

在展开剂选择过程中，首选单一展开剂，只有无法用单一展开剂或使用单一展开剂影响分离或无定性方法时，才选择混合溶剂作展开剂。溶剂种类越少，引入杂质的可能性越小。例如，在硅胶薄层上分离生物碱时，可先试用环己烷、苯、氯仿等单一溶剂，再用混合溶剂如苯：氯仿（9：1 或 1：1 等）。如果用两种组分的混合溶剂分离效果还不够好，可再考虑用三四种组分的混合溶剂，例如在硅胶薄层上分离生物碱的较复杂的混合溶剂有：

环己烷：氯仿：二乙胺（5：4：1）

苯：乙酸乙酯：二乙胺（7：2：1）

苯：正庚烷：氯仿：二乙胺（60：50：10：0.2）

后加进去的第三、第四种组分用以改变展开剂的极性、调整展开剂的酸碱性以及增大试样的溶解度等，从而改善分离效果。

一般来讲，结构类似的同系物往往可用相同组成的展开剂。例如在中性氧化铝薄层上分离氨基蒽醌、甲基氨基蒽醌、氨基氯蒽醌的各种异构体时，都可用环己烷：丙酮（3：1）混合溶剂作展开剂。

如果在一种吸附剂上用多种展开剂经过系统试验仍不能获得较好的分离效果，可以在适当时机改用另一种吸附剂进行实验。

聚酰胺薄层也是一种吸附薄层，如前所述。聚酰胺与各类化合物形成氢键的能力不但取决于其本身，也与溶剂介质有关。一般来讲，在水中形成氢键的能力最强，在有机溶剂中形成氢键的能力较弱，在碱性有机溶剂中形成氢键的能力最弱。因此在聚酰胺薄层上展开剂洗脱能力的大小顺序大致是：水＜乙醇＜甲醇＜丙酮＜稀氢氧化铵（钠）溶液＜甲酰胺＜二甲基甲酰胺。

在聚酰胺薄层上也可以用混合展开剂，例如：

水：乙醇（1：1）

水：甲醇（1：1）

水：乙醇：乙酰基丙酮（4：2：1）

水：乙醇：丁酮：乙酰基丙酮（13：3：3：1）

水：乙醇：乙酸：二甲基甲酰胺（6：4：2：1）

二甲基甲酰胺：苯（3：97）

分配色谱分离是基于试样中各组分在展开剂中溶解度的不同，或者更严格地讲是基于各组分在固定相和流动相中分配系数的不同，这在前面已经讨论。薄层分配色谱分离中所用的展开剂和纸色谱分离中所用的相似，通常可把纸色谱分离中所用的展开剂应用到薄层分配色谱分离中来，同样，展开剂也应先用固定相饱和。可把展开剂放置于分液漏斗中，加入少量固定相，充分振摇，放置分层，分去固定相层，留下流动相层以供色谱分离用。例如在硅胶薄层上，水为固定相时，展开剂正丁醇应以水饱和；又如用甲酰胺丙酮溶液处理过的纤维素薄层，甲酰胺是固定相，用苯：氯仿（1：1）为展开剂，展开剂应事先用甲酰胺饱和。

化合物在两相中的分配系数以及固定相和流动相的相互溶解度都因温度不同而改变，因此在分配色谱分离中温度对 R_f 值的影响较为显著，为了获得重现性较好的 R_f 值，不但色谱分离展开时的温度要尽量保持一致，而且用固定相处理展开剂时的温度最好也和色谱分离展开时的温度保持一致。

选择薄层色谱分离展开剂，首先考虑的是要能很好地达到分离目的，其次也要考虑展开剂是否易挥发、黏度是否较小。易挥发的展开剂在展开后能很快挥发逸去，不致影响定性检出和定量测定；而且易挥发、黏度小的展开剂一般展开速度较快。最后还要考虑展开剂是否有毒、价格是否便宜、是否容易买到等。

展开剂纯度也必须加以注意。有时溶剂中含有少量杂质，如乙醚中含少量水分、氯仿、乙酸乙酯、乙醚中含少量乙醇、卤化烃中含游离酸等都会使溶剂的极性发生明显的改变，影响分离。又如乙醚、烃类中含有过氧化物，会氧化或破坏试样中的某些组分。有的溶剂如果保存不好，会吸收水分或被污染，影响分离。因此展开剂的纯度必须加以注意，在必要时应自行精制。一般可用分析纯（试剂二级）或化学纯（试剂三级）的溶剂来配制展开剂。如用混合溶剂作展开剂，以新鲜配制为宜，因在保存过程中不同溶剂挥发性能不同，会使混合溶剂的组成发生改变。

（五）点样和展开

1. 点样

用水溶液点样时，斑点极易扩散，且不易挥发，因此尽量避免采用水溶液进行薄层分离。易挥发的、与展开剂极性相似的溶剂常被用来溶解试样。如溶剂与展开剂的极性相差较大，则应使点样溶剂挥发后再进行展开。点样时可采用电吹风配合使用，根据分离组分的热稳定性选择冷风和热风。点样可用毛细管（玻璃或金属）或微量注射器，将样品点在距离一边 2～3cm 处。根据分离目的的不同，可将样品点成圆点或长条形。点样量应根据薄层厚度、试样和吸附剂的性质、显色剂的灵敏度以及定量测定的方法而定。点样量过少，会使微量组分检不出；点样量过多，会使斑点重叠，分离不清。如果试样浓度很低，点样量需要加大，但必须注意，一定要待前一次样品斑点中溶剂挥发后再继续点样。对于厚度为 0.25～0.35mm 的薄层，做定性检出时，应点试样数微升，内含试样数微克至数十微克；做定量分析时，可点试样 50～100μL，含试样数十至数百微克。较厚的薄层可以多点些试液。如果在铺层后把薄层用刮刀修成楔形，如图 5-9（c）所示，将试样点在颈部，展开时呈放射状，试样量可适当增大些。进行薄层制备分离时，可将距薄层起始端约 2cm 处一定宽度的吸附剂去除以形成一沟槽，将样品溶液与吸附剂混匀，干燥后将其小心均匀地填充在沟槽内，放置在缸中成 30°角展开分离。此法点样可达毫克量。

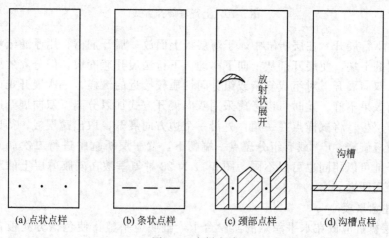

(a) 点状点样　　(b) 条状点样　　(c) 颈部点样　　(d) 沟槽点样

图 5-9　点样方式

为使点样量准确、有重现性，以便进行定量工作，有些厂家制造了商品点样器。如瑞士 Camag 公司的 Nanomat 点样器和 Linomat 点样器。Nanomat 点样器适用于点状点样，利用电磁头使毛细管升降而点样，能重复点出间距恒定、比较规格化的斑点。Linomat 点样器是将样品溶液放入注射器内逐渐向下流出，用氮气吹落注射器针头上的样品溶液，同时使薄层板于针头下移动，样品即点成窄条状，点样体积 2～99μL，点样长度 0～199mm。操作由微处理机控制。

2. 展开方式

（1）上行展开　上行法展开方式是色谱分离最常用的方式。对于软板（干板）而言，吸附剂与载板间结合不牢，如果采用近竖直方向的层析缸，吸附剂容易滑落而脱离载板，因此采用近水平方向的层析缸展开。展开剂的用量要适当，液面不能高于薄板上的样品斑点，在保证展开效果的前提下，尽量节省展开剂用量。常在层析缸中放置一盛展开剂的培养皿或类似容器，再将薄板载样一端置于展开剂中。放入时注意液面与薄板下沿平行，否则要调整角度。对于硬板，可以采用近垂直方向的层析缸展开，层析缸可以是方形或圆形，尺寸根据需要可有多种规格，具有磨砂口和玻璃盖。如图 5-10 所示。

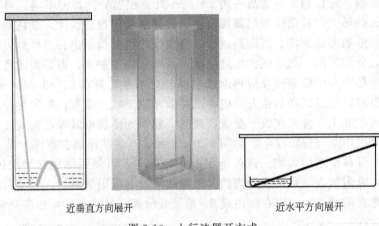

近垂直方向展开　　　　　　　　　　近水平方向展开

图 5-10　上行法展开方式

（2）下行展开　在层析缸中，于薄层板上面放一展开剂槽，用厚滤纸将展开剂引到薄层的上端，使展开剂从上向下移动。下行法展开速度快，但分离效果较差。

（3）双向展开　对组成复杂或组分间性质较接近的试样，一次展开难以完全分离或分离效果不好。此时可以考虑采用双向展开方式加以分离。双向展开通常采用正方形薄层板，将试样点在一角，先沿一个边方向展开，取出薄层板，待展开剂挥发后，薄板旋转 90°，载有组分斑点一端朝下，置于层析缸中进行二次展开，两次所用展开剂可以相同也可以不同。图 5-11 为 23 种氨基酸在硅胶薄层上的双向展开的色谱分离图谱。

3. 注意事项

① 层析缸应放在水平稳定的实验台上，缸底应平整，使色谱分离板各部分倾斜角度一致，以保证展开剂前沿较整齐规则。

② 层析缸除特殊要求外应密闭，在展开剂蒸气饱和条件下进行展开，并保持展开剂组成不变。用脂溶性展开剂时，可在缸口和盖间涂甘油淀粉糊；用水溶性展开剂时，可涂凡士林。展开过程中盖上应压一重物，以免展开剂蒸气将缸盖顶起。

③ 薄层用展开剂蒸气饱和的问题。有时同一种试样在相同的展开剂中展开，点在薄层中部比点在薄层两边的 R_f 值小，这种现象称为"边缘效应"。这是由于展开剂中极性弱、易挥发的组分在薄层两边比在中部挥发得快，强极性、难挥发的组

分在两边的浓度相对升高，故薄层两边的斑点前进较快，R_f 值较大。用单一的展开剂不产生"边缘效应"，薄层板较窄时现象也不明显。为消除"边缘效应"，可将薄层用展开剂预先饱和。一般可将薄层板底边放置在层析缸的一侧，将该侧垫高，倾入展开剂，此时薄层板与展开剂并不接触。饱和一定时间后，将垫子拿掉，使缸底水平，此时展开剂就与薄层板下端接触而进行展开。为了更快地达到饱和，也可以用展开剂浸湿的滤纸贴在层析缸内壁，使前沿展开剂蒸发减小，前沿前面的薄层预饱和加快。

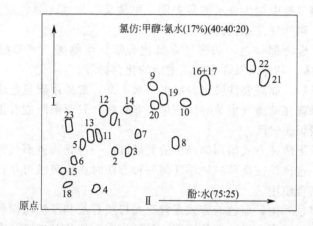

图 5-11　23 种氨基酸的双向色谱分离图谱

1—氨基丙酸；2—β-氨基丙酸；3—γ-氨基丁酸；4—精氨酸；5—丝氨酸；6—天冬氨酸；
7—羟基脯氨酸；8—脯氨酸；9—蛋氨酸；10—酪氨酸；11—谷氨酸；12—苏氨酸；
13—甘氨酸；14—组氨酸；15—羧基赖氨酸；16—亮氨酸；17—异亮氨酸；18—赖氨酸；19—缬氨酸；
20—蛋氨酸砜；21—色氨酸；22—苯丙氨酸；23—磺基丙氨酸

④ 展开时温度对吸附色谱分离影响较小，但对分配色谱分离有一定的影响。因此在某些展开过程中，保持恒定的温度还是必要的。

（六）斑点位置的确定及定性方法

将展开完毕的薄层从层析缸中取出，标出展开剂前缘的位置。有色组分呈现明显的斑点，位置很容易确定，但对于无色组分展开后的位置，要依据组分结构的不同，选择相应的确定方法，即物理法或化学法。

1. 斑点位置的确定

斑点位置的确定可以采用物理方法，也可以采用化学法。物理法的优点是不破坏分离组分，主要是在紫外线下观察、以蒸气熏使之显色等，化学法的特点是显色灵敏、颜色对比鲜明、显色稳定，缺点是显色后组分被破坏。

（1）物理显色　含有共轭双键的有机物质能吸收紫外线，将分离后的薄层板置于紫外线灯下，薄层上的组分呈现暗色斑；如果采用硅腔 GF（或其他含有荧光指示剂的吸附剂）铺成的薄层，在紫外线照射下，整个薄层呈现黄绿色荧光，斑点部分呈现暗色，更为明显。也有的物质在吸收紫外线后能辐射出各种不同颜色的荧光。有的需要在某种显色剂作用后才显出荧光或使荧光加强。由于紫外线停止照射后，荧光即消失，所以在观察斑点位置时，应用针沿斑点周围刺孔做出记号。

常用的紫外线灯是一种汞弧灯，它一般备有两种滤光片：一种能透过 254nm 的紫外线；另一种能透过 365nm 的紫外线。

利用蒸气熏显色时，常用的试剂有固体碘、浓氨水、液体溴。进行显色时，把这些易挥发的试剂放置在密闭容器内（例如标本瓶、标本缸、干燥器等），使它们的蒸气充满整个容器，将已展开并已挥发去溶剂的薄层板放入其中，使之显色。多数有机化合物遇碘蒸气能显黄色到黄棕色斑，显色作用可能是由于碘溶解于被检出的化合物中，也可能是由于发生加成作用，更可能是由于化合物吸附碘而显色。增高温度或在碘蒸气瓶中加少许水增高湿度，可使显色加速。显色后放置在空气中，在多数情况下，碘能挥发逸去而褪色。

碘对许多化合物都显色，如多种含氮化合物（生物碱、氨基酸衍生物、肽类等）、脂类、甾体、皂苷以及许多能吸附碘的化合物等。

斑点定位以后，如需要洗脱定量或再一次展开，常采用碘显色法。由于它反应灵敏，薄层板暴露在碘蒸气中的时间应尽可能短些，只要肉眼能看出就足够了，否则挥发碘要花费很长时间。

可以采用以下两种方式增加碘显色的灵敏度：一种是将碘蒸气显色与紫外线下观察联合使用，这样往往比单独使用任何一种方法时更为灵敏可靠；另一种是碘蒸气与某些试剂联合使用。

（2）化学显色　化学显色的方式通常有直接喷雾法和浸渍法两种。采用喷雾显色时，应将显色剂配成一定浓度的溶液，然后用喷雾器均匀地喷洒在薄层上。常用的喷雾器如图 5-12 所示。在吹气口接以橡皮管，用橡皮双连球吹气。要求喷出的雾滴细而均匀，喷雾器与薄层应相距 0.7～1m。对于未加胶黏剂的干板，应在展开后溶剂尚未挥发逸去时立即喷雾显色，否则薄层易被吹散。使用刺激性与腐蚀性显色剂时，应在通风橱中喷雾显色。

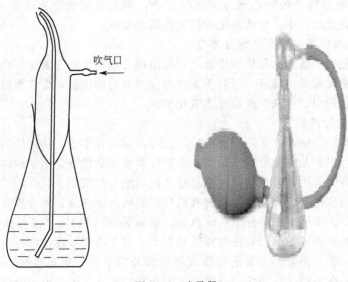

图 5-12　喷雾器

　　无机吸附剂薄层能耐受腐蚀性显色剂，并且还能在较高温度下显色，这些都是薄层色谱分离的优点。

　　化学显色常用的显色剂大致可以分为两类，即通用显色剂和专属性显色剂。

　　① 通用显色剂。对未知化合物的检测可以考虑先用通用显色剂。这种显色剂是利用它与被测组分的氧化还原反应、脱水反应及酸碱反应等而显色的，常用的有50%的硫酸溶液、酸碱指示剂溶液、5%磷钼酸乙醇溶液、荧光显色剂等。

　　大多数有机化合物喷50%的硫酸溶液后，立刻或加热到110～120℃并经数分钟出现棕色到黑色斑点，这种焦化斑点常常还显现荧光。为增加显色剂的氧化能力并降低硫酸的黏度，常加入稀硝酸、乙酸酐或重铬酸盐，用配成的溶液来喷雾，可以获得类似结果。如果改用1∶1的硫酸加硝酸混合溶液，可使难作用的有机物也发生显色反应。

　　脂肪族羧酸组分斑点的确定常用溴甲酚绿等酸碱指示剂溶液喷雾显色，在绿色背景上显现黄色斑，表示脂肪族羧酸存在。

　　对某些可被氧化或还原的组分斑点，常喷以氧化还原剂，从而出现显色斑点。将5%磷钼酸乙醇溶液喷至薄层板后于120℃烘烤，还原性物质显蓝色斑，再以氨气熏，背景变为无色。碱性高锰酸钾试剂喷至薄层板，背景呈淡红色，还原性物质显黄色斑。硝酸银-氢氧化铵试剂作用于薄层板后于105℃烘烤5～10min，还原性物质显黑色。

　　对不含荧光指示剂的吸附剂薄层，可以在薄层展开后试喷以下任一溶液，然后在紫外线下观察，不同的物质在荧光背景上可能显黑色或其他颜色斑点：0.2% 2′,7′-二氯荧光素乙醇溶液，0.01%荧光素乙醇溶液，0.1%桑色素乙醇溶液，0.05%罗丹明B乙醇溶液。

　　② 专属性显色剂。对含有特征官能团的组分常采用专属性显色。薄层板喷以0.4% 2,4-二硝基苯肼的盐酸溶液或盐酸乙醇溶液后，再喷0.2%的铁氰化钾的稀盐酸溶液，饱和醛、酮类有机物分别显橄榄绿色和蓝色，而不饱和羰基化合物颜色较浅或不变色。芳香族含氮化合物如生物碱等施以碘化铋钾试剂后会呈现橘红色斑点。Ehrlikh试剂（4-二甲基氨基苯甲醛的1%乙醇溶液）用来检测胺类化合物。0.3%茚三酮的丁醇溶液（含有3%乙酸）用来检测氨基酸及脂肪族伯胺类化合物，在白色背景上显粉红色到紫色斑。三氯化铁-铁氰化钾溶液用来检测酚类、芳香族胺类、酚类甾族化合物。25%三氯化锑氯仿溶液可检出甾族化合物，萜类化合物也有正反应。

　　显色剂种类繁多，这里不多介绍，如有需要可参阅有关专著。

2. 斑点组分定性

　　除了专属性显色定位外，其他定位方法只能说明斑点位置，并不能说明斑点是何种物质，结构如何。薄层色谱分离中斑点的定性分析常用下列方法。

　　(1) 比移值定性　在一定条件下，同一种物质的 R_f 值应该是一个常数，这是该法的定性基础。但在实际工作中影响比移值的因素很多，如吸附剂的种类、性质和质量、吸附剂的活度、展开剂的种类、组成和质量、层析缸的大小、形状和饱和程度、点样量、温度、共存组分等。影响 R_f 值的因素如此之多，必然导致 R_f 测定值的重现性较差。因此文献上所列 R_f 值只能供参考，不能只依据它来进行定性鉴定。但文献的 R_f 值可以用来比较一系列化合物在薄层板上的相对位置以及它们之间分离的难易程度，从而可以进一步判断这个斑点可能是哪一种组分。每次进行定性时必须同时做标准物质的对照实验，即使被分离的化合物与标准品的 R_f 值一致，也不能立即下结论。因为仅根据一种展开剂展开后的 R_f 值作为定性依据是不够的，当两种以上不同组成的展开剂展开后得到的 R_f 值均与对照品一致时，才可认定该斑点与对照品是同一化合物。

（2）光谱定性 利用薄层扫描仪，可以很容易得到斑点组分和对照品的紫外或可见光谱，通过谱图比较可以准确地确定斑点的组成。这种定性方法具有良好的重现性，这就有可能建立不同化合物在标准条件下的板上光谱图库，并可以通过计算机检索给出定性、定量信息。

（3）各种联用检测仪器定性 斑点组分的定性分析可以采用如下方法：将斑点定位后，将标定出斑点的吸附剂转移到试管中，加入适当溶剂萃取，离心或过滤萃取液，分离萃取液和吸附剂，除去萃取液中的溶剂，残留物经洗涤或重结晶得以进一步纯化。将纯化后的斑点组分进行紫外光谱或荧光光谱测定，从而给出定性结论。

此外还可以借助红外光谱和质谱联用技术进行定性分析，这里不再赘述。

（七）薄层定量方法

为了达到测定的准确度，色谱分离的要求较高，操作要求较严。色谱分离展开后，可以应用以下几种方法进行定量测定。

1. 目视比较半定量法

将相同量的试液与一系列不同浓度的标准溶液并排点样于同一薄层板上，色谱分离展开后比较各斑点的大小及其颜色的深浅，可借以估计某一组分的大概含量。

这只是一种简单的半定量方法，适用于试样中杂质含量控制的限度试验。例如要检查药物中某一杂质，先试验确定在所用色谱分离条件下该杂质的检出灵敏度，如确定最低检出量为 $0.5\mu g$。若规定药物中杂质允许存在的最高限度为 1%，则在点 $50\mu g$ 试样进行色谱分离后，不得出现该杂质斑点。

2. 测量斑点面积以进行定量测定

色谱分离展开后薄层上斑点的面积与含量之间存在一定的关系，因此测量斑点的面积可以进行定量测定。关于斑点面积和含量之间的定量关系曾有不少报道，由于试样种类和色谱分离条件的不同，所得结论也不一致。归纳起来，含量 W 和斑点面积 A 之间可以有如下几种不同的线性关系，即 $\lg W$ 与 A 成线性关系、$\lg W$ 与 $\sqrt{A}$ 成线性关系、$\lg W$ 与 $\lg A$ 成线性关系。

究竟哪一种线性关系适用于所测定的试样需要通过实验确定。

测量斑点的面积可用面积测量仪；也可以用透明纸将斑点大小描绘下来，再将透明纸印在坐标纸上，数出斑点面积相当于多少平方毫米；也可以把描绘下来的斑点再转印到质地均匀而又较厚的纸上，然后剪下称重，以质量代表面积等。由于面积一般在 $15\sim150mm^2$，测量时会引入一定误差。

利用这种方法进行定量测定时，仪器设备比较简单，但对于色谱分离操作要求较为严格。例如薄层的厚度、活度等要均匀一致；点样量与样品斑点的大小要求一致；层析缸的饱和程度要相同；展开时展开剂的液面与原点间的距离以及展开剂上升的速度和展开的距离也要求相同等。

展开后斑点的 R_f 值应在 $0.15\sim0.75$。在这范围内，不但分离较好，而且测定的重现性也较好。

由于面积测定的准确性关系到分析结果的准确度，所以只有斑点边缘清晰的色谱分离才用这种方法进行定量测定。如需喷显色剂确定斑点的位置和轮廓时，雾滴要细而均匀，喷雾距离要远些，以免损伤薄层表面。

在进行定量测定时，需先用不同浓度的标准溶液点样展开后绘制标准曲线。但在不同薄层上色谱分离展开时色谱分离条件可能有差异，为了消除这种差异，也为了免去绘制标准曲线的麻烦，可用下述简化方法进行测定。

取一定量的已知浓度的标准溶液、试液以及稀释度为 d 的试液，分别并排点在同一块薄层上，展开、显色后测定斑点面积，设分别为 A_s、A 及 A_d。若 $\sqrt{A}$ 与 $\lg W$ 成线性关系，则

试液：
$$\sqrt{A}=m\lg W+C$$

稀释后的试液：
$$\sqrt{A_d}=m\lg W_d+C$$

标准溶液：
$$\sqrt{A_s}=m\lg W_s+C$$

式中，m、C 为常数；W、W_d、W_s 分别为试液、稀释后的试液及标准溶液中该被测组分的含量；d 为稀释度，$W_d=Wd$。

上述三式合并，消去 m 及 C，则得：

$$\lg W=\lg W_s+\frac{\sqrt{A}-\sqrt{A_s}}{\sqrt{A_d}-\sqrt{A}}\lg d$$

W_s 和 d 是已知数，将测得的 A_s、A、A_d 分别代入上式，可计算出试样含量 W。如果点样量与斑点面积之间符合不同的线性关系，同样可推导出相应的计算公式。

这种测定方法的相对误差在 $5\%\sim15\%$。

3. 从薄层上将被测组分洗脱下来进行定量测定

这是目前较常用的定量测定方法。这种方法是先将被测组分的斑点位置确定，将斑点连同吸附剂一起取下，用溶剂将被测组分洗脱下来，然后进行定量测定。这种方法的关键在于被测组分是否能够从薄层上定量地洗脱下来。如能定量地洗脱下来，则可以获得较为准确的测定结果。误差为 $1\%\sim5\%$，视试样的种类、所用色谱分离和测定的方法、分析者操作的熟练程度而定。这种测定方法所需仪器设备也比较简单，但操作步骤较长，比较费时。

（1）斑点位置的确定　有色斑点可直接确定其位置；能产生荧光的组分可在紫外线下观察，用针在斑点周围刺孔，记下位置；能吸收紫外线的组分可在含有荧光指示剂的薄层上展开，在紫外线下观察以确定位置。所用荧光指示剂应不干扰定量测定。碘蒸气熏常用来确定斑点的位置，由于碘蒸气的显色反应一般是可逆的，当薄层放置在空气中时碘蒸气挥发逸去而褪色，不影响定量测定。如果碘与被测组分

能发生化学反应，或残留的微量碘会影响测定，则不能用本法。

如果用以上各种方法都不能确定斑点位置，可采用"对照法"。为此，在薄层上，与试液并排点上被测组分的标准溶液作对照用。展开后用玻璃板将前者盖住，喷以显色剂。然后根据已显色的对照斑点的位置，判断试样中被测组分斑点的位置。酚类、葡萄糖、维生素 B_2 等常需用这种方法确定斑点位置，而直接在薄层上喷显色剂以定位的办法较少应用，因显色剂往往影响定量测定。

（2）斑点的取下及洗脱　最简单的方法是用小刀或小毛刷将斑点和吸附剂一起刮下或刷下，置于 4～5 号砂芯漏斗中，在减压抽滤下用适当的溶剂将被测组分洗脱，或用吸集器将斑点连同吸附剂一起吸下。吸集器有各种不同型号，这里介绍一种，其组成如图 5-13(a) 所示。吸集器中塞入一小团脱脂棉（如果棉花能吸附被测组分或棉花中含有的杂质能被洗脱而干扰测定，则改用一小团预先用洗涤液浸洗过的玻璃棉）作为洗脱时的过滤层。吸集器的一端与减压系统相连，另一端接一吸取头。将吸取头的尖嘴靠近薄层上要吸取的斑点时，就把斑点连同吸附剂一齐吸入吸集器中。然后用溶剂洗脱，先洗吸取头，再洗吸集器管柱，直至吸附剂上被测组分全部洗下为止。为了增加洗脱速度，可在减压情况下洗脱，装置如图 5-13（b）所示。

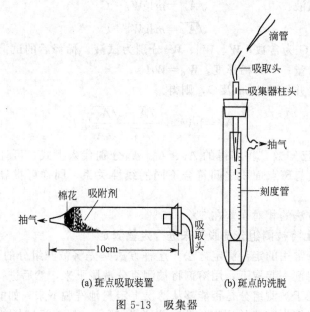

(a) 斑点吸取装置　　(b) 斑点的洗脱

图 5-13　吸集器

洗脱剂的选择十分重要，应选用既能完全洗下被测组分，又不干扰以后测定的溶剂。常用的有水、乙醇、甲醇、丙酮、氯仿、乙醚等。如用单一的溶剂洗脱效果不好时，也可用混合溶剂，如在乙醚、氯仿中加入一定量的醇，或在醇中加入少许氨水、乙醚等。

Falk 建议用一种新设计的装置，可把色谱分离后的各个斑点直接从薄层上定量地洗脱，不必把吸附剂取下来。据报道，每次点试液 $10\mu L$，内含试样 5～$100\mu g$，展开后只需溶剂 1～2mL，耗时 2～10min，即可洗脱完毕，洗脱回收效率为 98％～100％。

（3）测定　进行定量测定时，色谱分离点样量大致为数十微克到数百微克，展开、洗脱后某种被测组分的量当然更少于上述数值。这种少量组分的测定一般采用可见及紫外分光光度法，也可应用荧光分光光度法等。对于有色或能吸收紫外线的组分的测定比较简单，收集洗脱液，稀释至一定体积后即可进行测定。但须注意，所用洗脱液应不干扰测定，即对于所选用波长的紫外线，洗脱液应完全不吸收。此外，还应进行空白试验，即对薄层上斑点的相应位置上的空白吸附剂，需进行同样的洗脱处理，然后测定洗脱液的吸光度。经空白实验证实空白值为零时，就可用溶剂作参比溶液进行测定，否则还应用空白洗脱液作参比。

对于无色及不吸收紫外线的组分，可在洗脱后显色，稀释至一定体积再进行测定。在薄层上显色后再洗脱下来并用光度法测定是不合适的，这样做会引起较大的误差，因显色剂用量不能控制一致。

4. 薄层色谱扫描仪原位扫描定量测定

（1）薄层色谱扫描仪的基本原理　用一束长宽可以调节的一定波长、一定强度的可见光、紫外线或荧光照射到薄层斑点上进行整个斑点的扫描，作为仪器检测器的光电管或光电倍增管将通过斑点或被斑点反射的光束强度转化为电信号加以测量，根据电信号与斑点吸收光强的关系达到定量测量的目的。这种仪器适用于薄层色谱的光密度扫描。

由于薄层是由许多细小颗粒涂布成的半透明物体，当光照射到薄层表面时，除透射光、反射光外，还有相当多的散射光。薄层扫描与比色法不同，样品量与测量值之间并非简单的线性关系，特别在高浓度区这种情况就更为明显，这就给定量工作带来困难。当斑点中被测物含量愈多，颜色愈深（如果是有色物质）时，光线被吸收愈多，反射光和透射光的减弱也愈显著，其间存在一定的定量关系。因此可以根据反射光的减弱，也可以根据透射光的减弱来进行定量测定。当然也可以同时测量反射光和透射光的光强来进行定量测定，这时两种信号叠加在一起，可使测定的灵敏度大为提高。

（2）测定方法　薄层扫描测定法可分为两类：一类是紫外-可见吸收测定法；另一类是荧光测定法。

① 紫外-可见吸收测定法。根据对光测定方式的不同，可分为三种测定方法。

a. 透射法。入射光与光电检测器安装在薄层板的两侧。入射光通过薄层上斑点时，由于部分被组分吸收而使光强减弱，透过薄板的光被光电检测器转化为电信号，经放大被记录，如图 5-14(a) 所示。由于薄层板多用普通玻璃板，玻璃板对紫外线有吸收，故不能用紫外线作透射光源扫描，只能用可见光对有色斑点进行透射扫描

b. 反射法。入射光与光电检测器安装在薄层同侧。单色光垂直照射到薄层斑点上，光电检测器置于 45°角处测反射光强度，如图 5-14(b) 所示。玻璃板对反射法测量无影响，紫外线、可见光均可使用。故薄层扫描定量一般多采用反射法。

c. 透射-反射法。本法系同时测定透射光及反射光，测得的两种光信号相加。由于薄层较厚处透射光减弱而反射光相应增强，薄层较薄处透射光增强而反射光减

弱，故两者之和可以补偿由于薄层厚度不均所造成的基线不稳，使精密度得到改善。

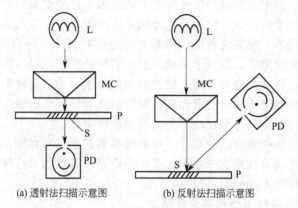

(a) 透射法扫描示意图   (b) 反射法扫描示意图

图 5-14   透射及反射扫描示意图

L—光源；MC—单色器；P—薄层板；S—斑点；PD—检测器

② 荧光测定法。又可分为荧光发射法和荧光淬灭法两种。

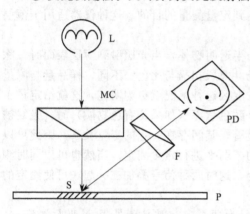

图 5-15   荧光反射扫描示意图

L—光源；MC—单色器；P—薄层板；
S—斑点；F—二级滤光片；PD—检测器

a. 荧光发射法。在激发光的照射下，斑点中本身有荧光或经过处理生成荧光化合物的物质，可测量其发射的荧光强度而进行定量。荧光法的光源通常为汞灯或氙灯。若用反射法测量斑点被激发所发射的荧光时，在光电检测器前，需放置二级滤光片以滤除反射的激发光（如图 5-15 中 F）。若用透射法测量，激发光为紫外线时，薄层板所用的玻璃板即可起到二级滤光片的作用。荧光测定法灵敏度高，因而点样量可更少，相应地改善了分离效果。由于物质浓度与荧光强度的线性关系较好，故斑点形状不同对测量值影响不大。

b. 荧光淬灭法。该法使用含有荧光指示剂的薄层板，在紫外线照射下，斑点中组分使荧光指示剂产生的荧光强度减弱，借助于测量荧光强度减弱的程度测出斑点中组分含量。在荧光淬灭法的测量中，组分浓度与荧光强度没有较好的线性关系，其定量关系需由具体实验确定。

（3）扫描波长和光束

① 单波长扫描。使用一种波长的光束对薄层进行扫描，又分成单光束和双光束两种。

a. 单波长、单光束。岛津 920 型（日本）、Camag TLC 型（瑞士）、Zeiss KM3 型（德）均属于这种类型的扫描仪。该类扫描仪对薄层厚薄不均匀、显色不均匀等背景不均匀的影响无法消除，因此对薄层制作要求较高。采用透射-反射式扫描加以补偿（KM3 型具有此性能）。其基本光路图如图 5-16 所示。

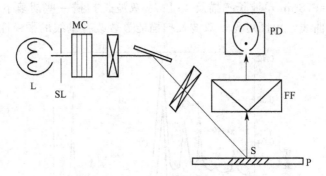

图 5-16　单波长、单光束扫描仪示意图

L—光源；SL—狭缝；MC—单色器；P—薄层板；S—斑点；

FF—二级滤光片（荧光测定时用）；PD—检测器

b. 单波长、双光束。光源发出的光经单色器及棱镜系统分成两条均等的光束，一条照在斑点部位，另一条照在斑点邻近空白薄层上，记录的是两条光束扫描所得的吸光度差。此类型仪器如 Schoeffel SD3000 型（美国），其光路系统如图 5-17 所示。由于测得的空白值并非斑点所在的部位，故薄层背景不均匀的影响只能在一定程度上得到消除。

② 双波长扫描。双波长扫描是采用两种不同波长的光束先后扫描所要测定的斑点，并记录两波长吸光度之差。对于两种波长的选择，通常是选择斑点中组分的吸收峰波长作为样品测定波长 λ_S；组分无吸收的波长作为参比波长 λ_R，如图 5-18 所示。

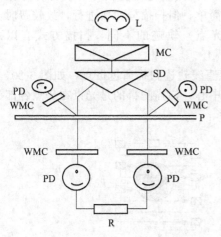

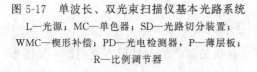

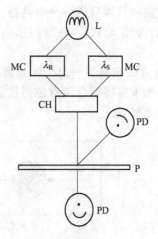

图 5-17　单波长、双光束扫描仪基本光路系统

L—光源；MC—单色器；SD—光路切分装置；

WMC—楔形补偿；PD—光电检测器，P—薄层板；

R—比例调节器

图 5-18　双波长双光束扫描仪基本光路系统

L—光源；MC—单色器；CH—斩波器；

P—薄层板；PD—光电检测器

在双波长扫描中，由于对样品扫描进行了背景扣除，使薄层背景不均匀性得到补偿，扫描曲线的基线较为平稳，测定精度得到改善。图 5-19 中显示了用 $\lambda_S=$ 475nm 和 $\lambda_R=678$nm 单波长扫描及 λ_S 和 λ_R 双波长扫描一些胡萝卜色素类化合物所得到的扫描曲线，由图可见，双波长扫描能显著改善基线的平稳性。

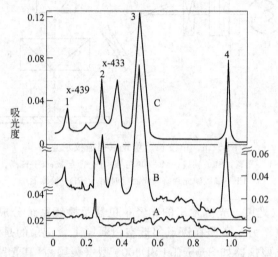

图 5-19　单波长与双波长对类胡萝卜素薄层色谱扫描效果

双波长、双光束扫描仪，如岛津 CS-900、CS-910 等，其光路系统如图 5-18 所示。λ_S 及 λ_R 两种波长交替照射到薄层上，两者对应的吸光度之差为记录仪所记录。

双波长、单光束扫描仪，如岛津 CS-930、Camag TLC Ⅱ 型，其光路系统同单波长、单光束扫描仪，只是用计算机程序来完成双波长扫描。斑点先被 λ_R 扫描，测量值存储于计算机中，然后再被 λ_S 扫描，两次测量值之差由计算机计算并记录下来。这种仪器只需一个单色器，结构较为简单，但扫描分两次进行，故较费时。

（4）扫描轨迹　根据扫描时光束（或光点）轨迹的不同，扫描方式有以下几种。

① 直线扫描。一定长度和宽度的光束以直线轨迹扫描通过斑点，如图 5-20(a) 所示。光束应将整个斑点包括且要对准斑点中心，扫描测得的是光束在斑点各部分吸光度之和。

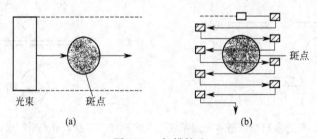

图 5-20　扫描轨迹

由于薄层扫描中吸光度与样品之间不呈直线关系，故对外形不规则即不呈圆形的斑点，光束从斑点的不同方向扫描，得到的吸光度积分值不同。故直线扫描对外形规则的斑点较适用，其装置简单，速度快。

② 锯齿状扫描。以一定大小的正方形小光点呈锯齿状轨迹扫描前进，如图5-20(b)所示。光点大小可随斑点面积大小进行调节，如较大斑点用 1.2mm×1.2mm、小斑点用 0.4mm×0.4mm 等。这种扫描方式特别适用于外形不规则的斑点，从不同的方向扫描可得到基本一致的吸光度积分值。锯齿状扫描还可用背景补偿装置从所测值中减去背景吸收，得到更为准确的测定结果。

③ 圆形扫描。用于圆心式或向心式展开后所得的圆形色谱的扫描测定。可以将光束由圆心向圆周方向扫描，称为径向扫描。也可以将光束沿一定半径的圆周方向移动，光束长轴可与圆周一致，也可与圆周垂直进行扫描，称为圆周扫描。

（5）影响薄层扫描定量的因素　能影响薄层扫描定量的因素很多，如薄层性质、点样多少、原点大小、展开距离、层析缸中蒸气饱和程度、显色剂用量及显色均匀程度、斑点颜色稳定性等。因此，为获得准确且具有重现性的结果，必须严格控制色谱分离条件，即使如此，扫描定量时，仍很难将色谱分离条件控制一致，误差产生在所难免。为此应要特别注意以下几方面：

① 薄层的均匀性。虽然仪器对背景不均匀性有不同的补偿方式，但也只能在一定程度上进行补偿。故用于定量分析的薄层板必须选用铺层均匀者。可将空白薄层板先行扫描，选择基线平直者使用。

② 展开距离要保持恒定。展开距离不同会影响展开后斑点的直径，即使等量的样品由于展开后斑点大小不同也会得到不同的积分值。

③ 随行标准及点样顺序。定量时，尽可能在同一块薄层板上同时点已知浓度的标准品进行展开和定量，并由这些标准品的测量值计算样品含量。样品与标准在同一块薄层板上展开定量，在很大程度上能降低因色谱分离条件不同所引起的误差，在薄层板上点样的顺序以 123、123、123 的方式较好（若是三个样品），这样可使每个样品在薄层上各不同部位有测定值，然后由平均值计算结果，如此可减小误差。

④ 显色的均匀性及稳定性。色谱分离后的斑点须喷雾显色后再扫描定量，喷雾时要注意所喷试剂的均匀性，喷雾液滴要细，用量要适当。多数情况下，显色斑点往往会因光照或空气氧化而缓慢褪色，故扫描测定应在稳定时间内进行。

（八）薄层色谱分离的应用

薄层色谱是应用比较广泛的分离方法之一，分述如下。

1. 草药和中成药的成分分析

草药和中成药成分极为复杂，要在大量杂质（无关成分）存在下检出微量的一种或多种有效成分，其难度之大是可以想象的，过去只能测定某种药材中生物碱、黄酮、皂苷等的总含量，自从薄层色谱法被采用以来，几乎成了分析草药和中成药成分的首选方法。因为薄层色谱法在仅有简单设备的条件下也可以开展工作，比较适合我国国情。在中药材的真伪鉴别这方面，薄层色谱分离技术起到了积极的作用。长期以来，中成药的质量多依靠形、色、气、味等外观性状或显微鉴别，虽在一定程度上能反映其外在质量，但为了保证中成药的质量及满足对外出口需要，这是远远不够的，实践证明薄层色谱技术在中成药的质量分析中是行之有效的方法。

(1) 中药材品种鉴别 中药材品种主要靠斑点比移值、斑点颜色及薄层指纹图谱来鉴别。在这方面，我国许多科研工作者做了大量的研究工作。如欧当归与当归的鉴别、熊胆汁中是否掺有其他动物胆汁的鉴别、黄连真伪的鉴别、不同产地黄芩的鉴别、土鳖中 7 种氨基酸的分离分析、马钱子碱的鉴别、厚朴及野厚朴树皮的鉴别等。

(2) 中药的薄层指纹图谱鉴别 产地、栽培条件、生长周期、采收季节、加工方法等因素均会影响中药材质量，中成药的药效也会受原料质量、工艺方法等因素的影响。无论是中药材还是中成药，其组成均相当复杂。要解决这一难题，只靠显微鉴别、理化鉴别、含量测定等多种方法尚不足以解决。目前国际上较为通用的办法是采用指纹图谱的方法。指纹图谱可以通过对体系化学成分的物理指标的表征，将物质体系的内涵表达出来，从而达到对体系的整体性描述。这也正好符合中医药整体综合的特点，必将成为中药现代化的一个突破口。目前我国药典中收录了 101 个中药品种的共 200 多幅彩色薄层谱图，供分析工作者参考。薄层分离指纹图谱的建立为鉴别药材的真伪、产地、生长年代提供了技术手段，也为药材种植的条件选择提供了便利。

(3) 中成药成分分析 草药分析方法一般包括三个步骤，即提取、分离和测定。对草药的提取要求能将所测成分定量提出，同时提取液中应尽量少含杂质，以免干扰测定。这可通过选择适当的提取溶剂和提取方法来达到目的。常用的提取溶剂有氯仿、乙醚、乙酸乙酯、甲醇或乙醇等，可用单一的溶剂也可用两种或两种以上成分的混合溶剂。为了改善提取的效果，有时在提取溶剂中加入少量酸或碱。最常用的提取方法是浸渍法和热回流法，浸渍可以一次浸渍提取，也可以反复多次提取。若单纯浸渍不易提净，可用加热回流提取的方法，但对热不稳定的成分必须慎用，以防止有效成分在提取过程中被破坏。提取液经过浓缩，调整至一定体积后供薄层点样，若原有提取溶剂不适于点样，可蒸干后将残渣改溶于其他溶剂，然后再行点样。

提取液中若含有一些能干扰分离测定的杂质，则应在薄层分离前净化除去，如将提取液先通过一根小色谱柱，使杂质滞留柱上，将所测成分洗脱，洗脱液点样进行薄层分离；或用沉淀剂沉淀除去杂质等。可根据所测成分及杂质的性质设计适当的净化方法除去杂质。

分离所用的薄层以硅胶薄层用得最为普遍，其他如氧化铝、聚酰胺、纤维素等薄层的使用也均有报道。有时为了达到分离某些化合物的特殊要求，硅胶中还加入某些试剂，制成特殊性能的薄层，如分离三尖杉酯碱类生物碱时，用 1mol/L 氢氧化钠水溶液代替水调制硅胶，制成碱性硅胶薄层，在这种薄层上，生物碱的解离被抑制，展开所得斑点圆整，分离良好。又如测定满山红叶中杜鹃素时，因杜鹃素在薄层上很容易被空气中的氧氧化，故在薄层中加入 10% 亚硫酸氢钠溶液，然后加水调制成薄层，以防止杜鹃素在薄层上展开时分解变质。对极性较强的苷类，若用吸附薄层分离效果不理想时，也可用分配薄层分离，如洋地黄强心苷在硅藻土薄层上以甲酰胺作固定液、甲酰胺饱和的溶剂作为流动相展开，一些用吸附薄层难以分离的一级苷能获得良好的分离。近来键合相薄层的产生和发展，开辟了一种新的薄层类型，并已应用于植物成分分析，如在烷基键合相薄层上分离黄酮类化合物、洋地黄强心苷类化合物等。

展开后的薄层定量现多用扫描法，对既无紫外吸收又无颜色的斑点，需先用适当的方法显色，再扫描测定，但显色操作本身会带入一定的误差。

下面以三七中皂苷成分的分析为例说明中药的薄层分离测定方法。取三七粉（40 目）1g，准确称量，加甲醇 25mL 冷浸 36h（过夜后振摇 5～10min），精密吸取上清液 5mL，自然挥发除去甲醇，将残渣移入 2mL 容量瓶中，稀释至刻度。用微量注射器吸取标准品甲醇溶液（2mg/L）及样品溶液各 1～2μL，分别间隔点于薄层上，将薄层用 1,2-二氯乙烷-正丁醇-甲醇-水（30∶40∶15∶25，下层）为展开剂上行展开，展开槽内放置两小杯冰乙酸，展开后挥发除去溶剂，薄层用硫酸氢铵的乙醇饱和溶液均匀浸渍，立即用热风吹干，115～120℃烤 5～7min，取出后板面上盖一块玻板，四周用胶纸密封，用双波长、反射法直接扫描测定，样品波长 $\lambda_S=525nm$，参比波长 $\lambda_R=700nm$，由标准品和样品的峰面积计算样品中三七皂苷 C_1、D_1、D_2、E_1 等的含量。

（4）合成药物和药物代谢分析 薄层色谱法在合成药物中的应用也很广泛。每一类药物，例如磺胺、巴比妥、苯并噻嗪、甾体激素、抗生素、生物碱、强心苷、黄酮、挥发油和萜等，都包括几种或十几种化学结构和性质非常相似的化合物，可以在上述文献中找出一两种全盘的展开剂，一次即能把每一类的多种化合物很好地分开。药物代谢产物的样品一般先经预处理再用薄层分析，应用也很广，但有时因含量甚微，不如气相和高效液相色谱法灵敏。

2. 化工原料及化学反应进程的控制

用薄层色谱法分析有机化工原料，操作简便易行。如含各种官能团的有机物、石油产品、塑料单体、橡胶裂解产物、涂料原料、合成洗涤剂原料等均可采用薄层色谱分离监测原料质量。在化学反应过程中，反应终点可以通过定期检验反应产物中原料和目标产物的量来判断。如果到达了反应终点，目标产物的浓度达到最大值，原料浓度降到最小。如果超过反应终点，不但浪费时间、人力及物力，也会增加副反应进程，降低目标产物纯度及收率。例如在合成辛酸三甘酯过程中，需要定时采样，分析产物中辛酸、甘油、单酯、双酯和三酯的浓度变化情况，当三酯的浓度不再增加或辛酸、甘油、单酯、双酯浓度不再降低时，证明反应终点已经到达。

3. 柱色谱法分离条件的探索

柱色谱法的实验条件选择，例如选用何种流动相、组分按什么顺序被洗脱出来、每一份洗脱液中含单一组分或仍然存在尚未分离开的几个组分等，都可以在薄层上进行探索和检验。薄层上所有的展开剂虽不完全照搬柱色谱法，但仍有参考价值。

4. 食品和营养

食品中的营养成分是蛋白质、氨基酸、糖类、油脂、维生素、食用色素等。对食品和营养有害的物质则有残留农药、致癌的黄曲霉毒素等。这些成分都可用薄层色谱法定性和定量。蛋白质和多肽水解为氨基酸，对不同来源的动物性和植物性蛋白水解后产生的不同氨基酸进行定性和定量，有助于解决蛋白质的结构和食品营养问题。二十多种氨基酸用硅胶 G 薄层板双向展开，一次即能分开，然后定性和定量，方法快速而简便。多糖和寡糖可水解为单糖，可用薄层色谱法进行单糖和双糖的定性和定量测定。油脂分解为脂肪酸，脂肪酸的种类和结构中的不饱和键数与营养和卫生有关，关于油脂的薄层（硅胶、硅藻土、纤维素）分析，有大量的文献报道。脂溶性和水溶性维生素在薄层上可方便地定性和定量。

5. 毒物分析和法医化学

经典的毒物分析有许多缺点，目前毒物分析和法医化学采用薄层色谱法等新的手段，对麻醉药、巴比妥、印度大麻、鸦片生物碱等均可分析。

6. 环境污染物分析

具有稠环结构的某些多环芳烃是致癌物质，空气、水中存在量不得多于$30\sim50ng$，其分离和测定方法必须具有高灵敏度。用氧化铝、纤维素-氧化铝或纤维素-硅胶作固定相并双向展开是分离多环芳烃的较好方法，展开后斑点可用荧光法检测。如在氧化铝薄层上，用乙酸钾饱和溶液的正己烷-乙醚（19∶1）作第一方向展开，然后再用甲酸-乙醚-水（4∶4∶1）作第二方向展开，成功地分离了蒽、菲、芘、苯并[c]蒽、晕苯、苯并[a]芘、苯并[e]芘、二苯并蒽、二苯并芘等。

水中酚类物质的分离可以通过与某些试剂发生反应生成易溶于有机溶剂的有色物，然后进行薄层分离，根据斑点的颜色深浅判断是否超过标准。水中汞含量的测定原理是在一定酸度下，无机汞与双硫腙反应后，与有机汞一起进入有机相氯仿中，将有机相进行薄层色谱分离分离。可将无机汞、苯基汞和甲乙基汞分离，但甲基汞和乙基汞彼此难以分离。

三、加压及旋转薄层色谱分离技术

1. 加压薄层色谱法

加压薄层色谱（OPLC）是 Tyihak 等于 1979 年提出的应用加压室（PUM 室）的平面液相色谱技术。它结合了高效液相色谱与薄层色谱的优点。现对超微型加压室（PUM 室）和典型的加压薄层色谱仪进行简单介绍。

（1）超微型加压室（PUM 室）　圆形的 PUM 室（纵截面）见图 5-21。吸附层 6 涂布于玻璃板或塑料板 7 上，吸附板上面完全覆盖一塑料膜 9，由于交界空间内部的气体压力使膜与上支架金属板 8 紧贴，固定于其表面上，并用 O 形密闭环 5 封闭，故空间作为气体压力缓冲室。此外还有气体入口 3、压力计 1 及展开剂进口 10。安装在上支架金属上的入口 2 用于在加压下样品的导入，上下支架金属板的直径分别为 230mm 及 235mm。吸附层面积为 $10cm \times 10cm$ 或 $20cm \times 20cm$ 不等，上下支架金属板用几个夹具 4 固定。

（2）加压薄层色谱仪　加压薄层色谱仪是分析了薄层色谱法及高效液相色谱法两者的优缺点后设计而成的，其原理是用平板柱代替 HPLC 中的色谱柱。由于平板柱中的摩擦力非常低，所以可使用十分细小的颗粒（小于 $5\mu m$）来提高分辨力和分离效率，也无系统压力超压的限制，平板柱用往复泵输送的恒流溶剂展开并洗脱各组分。平板柱是一次性使用，价格较便宜，有正相、反相、高效（5μm）及常效（11μm）等各种规格，适用于不同样品、不同要求的分离。

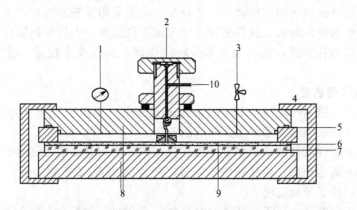

图 5-21 圆形超微加压室（pressurized ultramicro，PUM）纵截面

1—压力计；2—加压下样品入口；3—压缩气体入口；4—夹具；5—O形密闭环；6—吸附层；

7—玻璃板/塑料板；8—上下支持板块；9—塑料薄膜；10—展开剂进口

仪器的关键部件是薄层板夹（cassette）。板夹主要由两层构成，上层为聚四氟乙烯薄膜层，下层为一块钢板，薄层板吸附剂面向上置于聚四氟乙烯薄膜与钢板之间。在聚四氟乙烯薄膜两边均有一个小孔，溶剂通过这两个小孔进出薄层板。在孔的两侧与薄层板接触的一面刻有凹槽，使溶剂可以快速到达薄层板边缘，从而保证薄层板中间和边缘几乎同时开始展开。在薄层板的边缘有一圈约 2mm 的吸附剂被刮掉，再用高分子材料加上一层密封条，防止加压展开时展开剂从薄层板边缘溢出。板夹下层的钢板主要起支撑作用，见图 5-22。工作时用一个泵在板夹上加压，压力最大可达 5MPa，同时用另一个泵将展开剂泵入薄层板，完成分离过程。加压薄层色谱中常用的薄层板有 5cm×20cm、10cm×20cm 以及 20cm×20cm 三种规格，不同大小的薄层板使用不同的板夹。

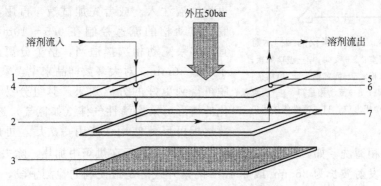

图 5-22 加压薄层色谱工作原理示意图

1—聚四氟乙烯薄膜；2—薄层板；3—钢板；

4—溶剂流入孔；5—凹槽；6—溶剂流出孔；7—密封条

　　加压薄层色谱仪主要由两部分构成，上层主要有电源、控制系统以及泵系统等，下层为展开室，工作时将板夹插入。仪器具有独立的加压泵和输液泵系统，可进行分析和制备等工作，并可通过阀切换实现简单的梯度洗脱。

　　加压薄层色谱属于薄层色谱的一个分支，由于采用泵输送溶剂，故可进行类似高效液相色谱的在线分析，且具多种工作方式可供选择。点样和扫描检测均可以采用在线和离线两种方式，兼具制备和分析的功能，运行成本较低，适用样品范围广泛。

2. 旋转薄层色谱

　　旋转薄层色谱（rotation planar chromatography，RPC）是靠离心力来加快分离速度的一种薄层色谱技术，主要用于制备。

　　(1) 分离原理及仪器　根据被分离组分在固定相和流动相之间的吸附和分配作用不同，加上离心作用，使样品中各组分之间原有的 R_f 值差异加大，从而提高了分离效果，加快了分离速度。

　　若样品为含有 A、B 两个组分的混合物，其 R_f 值不同（即各组分圆环的半径不同），当旋转离心时，各自所受的离心力亦不同，从而使它们之间的距离加大，并减少了各个环节的"拖尾"和"区域加宽"现象，使同一组分的环带更加集中变窄，最后依次从转子边缘甩出。

　　典型的旋转薄层仪结构示意图如图 5-23 所示。

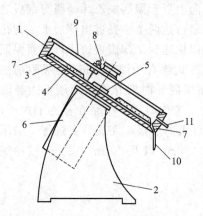

图 5-23　旋转薄层仪的结构示意
1—色谱室；2—支架；3—玻璃载板；
4—固定相；5—固定轴；6—电动机；
7—分段收集；8—流动相进口；9—石英板；
10—流动相出口；11—惰性气体入口

　　(2) 操作方法及用途　由于主要用于制备，要求板容量要较普通薄层高，吸附剂厚度一般为 1～4mm，胶黏剂的用量也较普通板多。

　　在实际操作过程中，要考虑流动相的组成、洗脱速率、组分的确定方法、板的再生方式、分离过程是否需要惰性气体保护等问题。实验时，先将旋转薄层板固定在旋转薄层圆盘上，盖上石英板罩后，开始离心旋转，用溶剂泵将预先选择的流动相注入薄层，使其达到饱和后，再将试液注入。或者先加试液，再用流动相洗脱。流动相的流速控制在 0.5～10mL/min 为宜，如果流动相选择适当，整个分离过程一般不超过 30min。对大多数样品来说，采用梯度洗脱可得到更好的分离效果。对组分易于发生变化的情形可采用惰性气体（如氮气）进行保护。薄层板可反复使用，使用一次后，可用极性溶剂作流动相清洗，如四氢呋喃、乙腈、甲醇等，然后在烘箱中加热，除去溶剂，即可再生。发射波长为 365nm 或 254nm 的紫外线灯是最便利的检测手段，适合对紫外线有吸收的化合物的检测，不能利用紫外线吸收作用检测的化合物，经过分段收集，如 1min 接 1 管，然后将每管洗脱液分别检测。

　　旋转薄层技术应用于合成产物、天然产物、同系物及异构体的分离制备。

第四节　柱液相色谱分离技术

一、高效液相色谱分离技术

(一) 高效液相色谱法的特点

高效液相色谱法（high performance liquid chromatography，HPLC）是高效、快速的分离分析技术。液相色谱法是指流动相为液体的色谱技术。沸点较高、热不稳定、分子量大的有机物和具有生物活性的物质无法通过气相色谱进行分离，但高效液相色谱分析比较适合此类物质的分离。在经典的液体柱色谱法基础上，引入了气相色谱法的理论，在技术上采用了高压泵、高效固定相和高灵敏度检测器，实现了分析速度快、分离效率高和操作自动化。它可用于液固吸附、液液分配、离子交换和空间排阻色谱（即凝胶渗透色谱）分析，应用非常广泛。高效液相色谱法具有以下几个突出的特点：

① 高压。液相色谱法以称为载液的液体作为流动相，液体流经色谱柱时，受到的阻力较大，为了能迅速地通过色谱柱，必须对载液施加 $150 \sim 350 \mathrm{MPa}$ 高压。

② 高效。高效液相色谱法的柱效较气相色谱法高得多，约达每米 3 万塔板以上，许多新型固定相（如化学键合固定相）的研制和使用使分离效率大大提高。

③ 高速。高效液相色谱法由于采用了高压流动相和高分离效率的分离柱，使分离可以采用较小体积流动相，分析分离时间短，一般在 1h 内均可完成。

④ 高灵敏度。高效液相色谱已广泛采用紫外、荧光等高灵敏度的检测器，进一步提高了分析的灵敏度。最小检测量可达 $10^{-11} \mathrm{g}$ 数量级。

高效液相色谱法具有上述优点，因而在色谱文献中又将它称为现代液相色谱法、高压液相色谱法或高速液相色谱法。

(二) 高效液相色谱法

高效液相色谱法与气相色谱法的基本概念及理论基础是一致的，如保留值、分配系数、分配比、分离度、塔板理论、速率理论等，其不同之处在于所用的流动相不同。气体和液体的密度、黏度相差很大，物质在两相中扩散系数差异显著，使分离效果相差很大。影响高效液相色谱分离效率的因素主要是流动相和固定相两方面。

1. 固定相

粒度均匀的涂布固定液的载体和固体吸附剂均可作为液相色谱柱的填充物，两者分离机理不同。前者靠组分在两相间溶解度或分配系数的不同而达到分离，称为液-液分配色谱，简称液-液色谱；后者依据不同组分与其产生不同吸附能力而分离，称液-固吸附色谱，简称液-固色谱。固定相的种类、吸附能力或分配能力、粒度及均匀程度、固定液的涂渍效果、填充效果及色谱柱长度等因素都会影响分离效果。色谱柱是色谱分离的心脏，固定相及其填装技术又是最关键的因素。现按液相色谱法的几种类型所用固定相分述如下。

通常所说的液相色谱指液-固色谱，其他几类液相色谱由于其自身的特征，常被用于特殊目的的分离分析过程。液相色谱固定相按化学组成分类可分为微粒硅胶、高分子微球和微粒多孔炭等主要类型；按结构和形状分为薄壳型和全孔型、无定形和球形；按填料表面改性与否可分为吸附型和化学键合型；也可以按洗脱模式分成吸附、键合、离子交换和凝胶渗透四类。

（1）液-液色谱固定相　液-液色谱又称为分配色谱。固定相由惰性载体上涂敷固定液制成，流动相与载体表面固定相的接触面积很大。溶质分子在流动相与载体上的固定相之间发生平衡分配，根据各组分在两相间分配作用的差异，实现样品中溶质的相互分离。这一过程与液相萃取的原理类似。液-液色谱中采用化学惰性固定相，因此，对于许多不稳定的溶质采用液-液色谱分离可以避免发生异构化和水解等现象。载体上的固定液与流动相不互溶，它们对试样的溶解能力差异很大。如果溶质在固定液中的溶解度很大，则保留时间会较长，峰展宽严重，检测灵敏度相对降低。相反，溶质在流动相中溶解度很大时，其在柱上基本不保留。实际操作中，常采用由一种非极性溶剂（如己烷）与一种强极性溶剂（如水）并添加第三组分（如一种作为增溶剂的低级醇）混合而成的三元流动相体系，这种三元流动相可以调整固定液与流动相之间的极性差异，实现不同极性溶质的分离。

液-液色谱固定相由载体和固定液两部分组成。选择载体时应考虑孔容、比表面、孔径等因素。孔容是载体承载固定液多少的指标之一。孔容大时，载体上涂渍的固定液越多，固定液对试样组分保留体积的影响也就相对越不明显。孔径和比表面大小也会影响到分离效果。

选择固定液时考虑的是极性、黏度、与流动相的互溶性及所用检测器等因素。正相色谱中，载体上涂渍极性固定液，流动相采用非极性溶剂，反相色谱则相反。由于液相色谱用的固定液可能与流动相相互作用，故在液-液色谱中常用的固定液只有极性不同的几种，如非极性的角鲨烷、中等极性的聚乙二醇-400 和强极性的 β,β'-氧二丙腈等。

（2）液-固色谱固定相　液固色谱又称吸附色谱，是最常用的 HPLC 分离方法，固定相一般为硅胶、氧化铝等吸附剂。溶质在柱中吸附剂上不断进行吸附-解吸循环，由于不同的被测物在吸附剂上吸附作用的差异而获得分离。溶质所带官能团的性质是决定其吸附作用的主要因素，若溶质分子官能团的极性增强或数目增多，在使用极性吸附剂时，分子和极性吸附剂总的相互作用增强，其相对吸附作用也增强，保留时间加长。

液-固色谱中，溶质和固定相间存在两种特殊作用：①溶质和溶剂分子对吸附剂表面某一位置的竞争作用，使溶剂组成改变，由此引起分离情况发生很大变化；②溶质所带各种官能团与吸附剂表面相应的活性中心之间的相互作用，这种作用与溶质分子的几何形状有关，当官能团的位置与吸附中心相匹配时，作用较强，反之，则作用较弱。因而，不同异构体的相对吸附作用往往会有很大差异，因此，吸附色谱法分离异构体往往比其他色谱法更为优越。正相色谱采用的固定相一般是硅胶、氧化铝等极性吸附剂。

通常广泛使用的是硅胶基质固定相。不同厂家生产的硅胶填料，其粒度、形状和比表面积（孔结构）有所不同。粒度和形状影响柱效和渗透性，表面积和孔结构影响溶质的保留值和分离能力。表面积越大，即孔径越小，则溶质的保留值越大，柱效相应有所提高，在一定的范围内对复杂混合物的分离能力增强。在 LSC 中全孔硅胶的比表面积一般为 $200\sim500\mathrm{m}^2/\mathrm{g}$，孔径为 $5\sim10\mathrm{nm}$，对于某些大分子或官能团的分离宜用数十纳米孔径的吸附剂固定相。

（3）化学键合固定相　用物理方法将固定液涂渍在载体上组成的固定相，由于溶解作用或机械冲击，固定液不断流失，不仅导致色谱柱上保留行为的改变，而且污染分离的试样组分。为了弥补这种缺陷，化学键合固定相应运而生。化学键合固定相是借助于化学反应的方法将有机分子以共价键连接在色谱载体上制得的，主要用于反相、正相、疏水作用色谱分离模式中，离子交换、空间排斥和手性分离色谱中也有应用。高效液相色谱的全部应用中，化学键合相色谱占 80% 以上。

根据在硅胶表面（具有 $\equiv\mathrm{Si-OH}$ 基团）的化学反应不同，键合固定相可分为：硅氧碳键型（$\equiv\mathrm{Si-O-C}$）、硅氧硅碳键型（$\equiv\mathrm{Si-O-Si-C}$）、硅碳键型（$\equiv\mathrm{Si-C}$）和硅氮键型（$\equiv\mathrm{Si-N}$）四种类型。例如在硅胶表面利用硅烷化反应制得 $\equiv\mathrm{Si-O-Si-C}$ 键型（十八烷基键合相）的反应为：

在上述类型中使用最为广泛的为 $\equiv\mathrm{Si-O-Si-R-C}$ 型，因为它的化学键稳定，耐水、耐热、耐有机溶剂，是液相色谱中应用广泛的固定相。

化学键合相在高效液相色谱中的应用主要有以下几个优越性：

① 在很大程度上减弱了表面活性作用点，清除了某些可能的催化活性。这样就缓和了一些复杂样品在表面上的不可逆化学吸附，使操作简化，峰形对称，对溶剂中微量水分含量的变化要求不苛刻。此外还有溶剂的残留效应小，梯度冲洗平衡快，与液-固吸附色谱相比较流动相性质比较温和，柱子寿命长。

② 耐溶剂冲洗。这是传统的液-液分配色谱（LLC）逐渐被键合相色谱取代的根本原因。

③ 热稳定性好。例如，十八烷基键合相的流失温度在 200℃以上。在高效液相色谱中，因为某些分离在升温条件下进行，热稳定性也具有一定的意义。

④ 表面改性灵活，容易获得重复性的产品。改变键合用的有机硅烷，可以得到不同键合相的填料。

2. 流动相

高效液相色谱的流动相亦即溶剂由洗脱剂和调节剂两部分组成。前者的作用是将试样溶解和分离；后者则用以调节洗脱剂的极性和强度，以改变组分在柱中的移动速度和分离状态。作为液相色谱的流动相必须符合下列要求。

① 稳定性好，不与固定相互溶，不发生不可逆反应，不与试样发生化学反应；

② 选择性好，对试样有足够的溶解度；

③ 应与所用检测器相匹配；

④ 黏度尽可能小，以获得较高的柱效；

⑤ 价格便宜，易于精制和纯化，毒性小，不污染环境和腐蚀仪器。

在选用溶剂时，溶剂的极性显然仍为重要的依据。例如在正相液-液色谱中，可先选中等极性的溶剂为流动相，若组分的保留时间太短，表示溶剂的极性太大；改用极性较弱的溶剂，若组分保留时间太长，则再选极性在上述两种溶剂之间的溶剂；如此多次实验，以选得最适宜的溶剂。常用溶剂的极性顺序排列如下：水>乙酸>甲醇>乙醇>异丙醇>乙腈>乙酸乙酯>丙酮>二氯甲烷>乙醚>氯仿>苯>甲苯>四氯化碳>环己烷>石油醚>正戊烷>氟代烷。

为了获得合适的溶剂极性，常采用两种或两种以上不同极性的溶剂按一定的比例混合起来使用，如果样品组分的分配比 K 值范围很广，则采用梯度洗脱。

3. 高效液相色谱仪

高效液相色谱仪由高压输液系统、进样系统、分离系统以及检测和记录系统四大部分组成。此外，还可根据一些特殊的要求配备一些附属装置，如梯度洗脱、自动进样、馏分收集及数据处理等装置。

图 5-24 是高效液相色谱仪流程示意图。其流程如下：高压泵将贮液器中经预先脱气的载液输送到色谱柱入口，试样由进样器注入输液系统，流经色谱柱进行分离。分离后的各组分由检测器检测，输出的信号由记录仪记录下来，即得液相色谱图。现将四个组成部分简述于下。

(1) 高压输液系统 高压输液系统由贮液器、高压泵及压力表等组成，核心部件是高压泵。

① 贮液器。贮液器用来贮放流动相，一般由玻璃、不锈钢或聚四氟乙烯塑料制成，容量为 1～2L。贮液器最好带有脱气和加热装置以及搅拌器，以便有效地脱除溶于流动相中的气体。也可将流动相预先脱气后放入贮液器中。

② 高压输液泵。液相色谱分析的流动相（载液）是用高压泵来输送的。由于色谱柱很细（1～6mm），固定相粒度小于 $50\mu m$，因此阻力很大，为实现快速、高效分离，必须有很高的柱前压力，以获得高速的液流。对高压输液泵来说，一般要求压力为 15～50MPa，关键是要流量稳定，因为它不仅影响柱效能，而且直接影响到峰面积的重现性和定量分析的精密度，还会引起保留值和分辨能力的变化；另外，要求压力平稳无脉动，这是因为压力的不稳和脉动的变化对很多检测器来说是很敏感的，它会使检测器的噪声加大，仪器的最小检测量变坏；对于流速也要有一定的可调范围，因为载液的流速是分离条件之一。

高压泵按其性质可分为恒流泵和恒压泵两类。现介绍常用的往复式柱塞泵。

往复式柱塞泵（reciprocating piston pump）是目前较广泛使用的一种恒流泵，其结构如图 5-25 所示。当柱塞推入缸体时，泵头出口（上部）的单向阀打开，同时，流动相（溶剂）进口的单向阀（下部）关闭，这时就输出少量（约

0.1mL）的流体。反之，当柱塞从缸体向外拉时，流动相进口的单向阀打开，出口的单向阀同时关闭，一定量的流动相就由贮液器吸入缸体中。为了维持一定的流量，柱塞每分钟需往复运动大约 100 次。这种泵的特点是不受整个色谱体系中其余部分阻力稍有变化的影响，连续供给恒定体积的流动相。这种泵可方便地通过改变柱塞进入缸体中距离的大小（即冲程大小）或往复的频率来调节流量。另外，由于死体积小（约 0.1mL），更换溶剂方便，很适用于梯度洗提。不足之处是输出有脉冲波动，会干扰某些检测器（如示差折光检测器）的正常工作，并且由于产生基线噪声而影响检测的灵敏度。但对高效液相色谱最常用的紫外吸收检测器影响不大。为了消除输出脉冲，可使用脉冲阻尼器或能对输出流量相互补偿的具有两个泵头的双头泵。

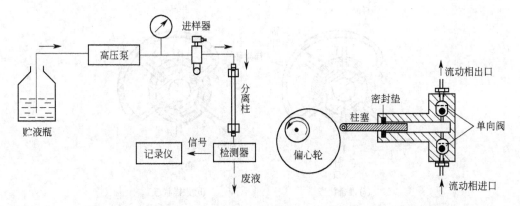

图 5-24　高效液相色谱仪典型结构示意图　　　图 5-25　往复式柱塞泵结构示意图

　　③ 梯度洗提（gradient elution，又称梯度洗脱、梯度淋洗）装置。高效液相色谱法中的梯度洗提和气相色谱法中的程序升温一样，给分离工作带来很大的方便，现在已成为完整的高效液相色谱仪中一个不可缺少的部分。所谓梯度洗提，就是载液中含有两种（或更多）不同极性的溶剂，在分离过程中按一定的程序连续改变载液中溶剂的配比和极性，通过载液中极性的变化来改变被分离组分的分离因素，以提高分离效果。应用梯度洗提还可以使分离时间缩短、分辨能力增加，由于峰形的改善，还可以提高最小检测量和定量分析的精度。梯度洗提可以采用在常压下预先按一定的程序将溶剂混合后再用泵输入色谱柱，这叫作低压梯度，也称外梯度；也可以将溶剂用高压泵增压后输入色谱系统的梯度混合室，加以混合后送入色谱柱，即所谓高压梯度或称为内梯度系统。如图 5-26 所示。
　　（2）进样系统　进样系统包括进样口、注射器和进样阀等，它的作用是把分析试样有效地送入色谱柱进行分离。
　　高效液相色谱的进样方式有注射器进样和进样阀进样两种。注射器进样方式与气相色谱一样，操作简便，可根据需要任意改变进样量，但进样体积不宜太大、不能承受高压、重现性较差。进样阀进样是通过六通高压微量进样阀直接向压力系统内进样，每次进样都由定量管计量，重现性好。它能承受高压，目前几乎取代了注射器进样。六通进样阀的原理如图 5-27 所示。

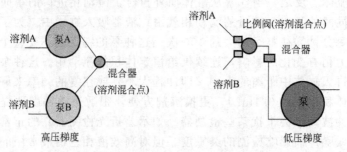

图 5-26　梯度混合器原理示意图

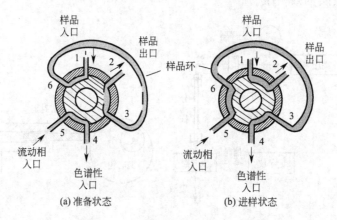

图 5-27　六通阀进样器结构原理图

操作分两步进行。当阀处于装样位置（准备）时，1 和 6、2 和 3 连通，试样用注射器由 4 注入一定容积的定量管中。根据进样量大小，接在阀外的定量管按需要选用。注射器要取比定量管容积稍大的试样溶液，多余的试样通过接连 6 的管道溢出。进样时，将阀芯沿顺时针方向迅速旋转 $60°$，使阀处于进样位置（工作），这时，1 和 2、3 和 4、5 和 6 连通，将贮存于定量管中固定体积的试样送入柱中。

如上所述，进样体积是由定量管的体积严格控制的，所以进样准确，重现性好，适合定量分析。更换不同体积的定量管，可调整进样量。也可采用较大体积的定量管进少量试样，进样量由注射器控制，试样不充满定量管，只是填充其一部分的体积。

（3）分离系统　分离系统包括色谱柱、恒温器和连接管等部件。色谱柱常用标准柱型是内径为 4.6mm 或 3.9mm、长度为 15～30cm 的直形内壁抛光的不锈钢管。柱形多为直形，便于装柱和换柱。

液相色谱柱的装柱方法有干法和湿法两种。填料粒度大于 $20\mu m$ 的可用和气相色谱柱相同的干法装柱；粒度小于 $20\mu m$ 的填料不宜用干法装柱，这是由于微小颗粒表面存在局部电荷，具有很高的表面能，故在干燥时倾向于颗粒间的相互聚集，产生宽的颗粒范围并黏附于管壁，这些都不利于获得高的柱效。目前，对微颗粒填料的装柱只能采用湿法完成。

湿法也称匀浆法，即以一合适的溶剂或混合溶剂作为分散介质，使填料微粒在介质中高度分散，形成匀浆，然后，用加压介质在高压下将匀浆压入柱管中，以制成具有均匀、紧密填充床的高效柱。液相色谱柱的装填是一项技术性很强的工作。为装填出高效柱，除根据柱尺寸和填料性质选择适宜的装柱条件外，还要注意许多操作细节，这需要在实践中摸索。

（4）检测系统 用于高效液相色谱的检测器应具有灵敏度高、响应快、线性范围宽、噪声小、死体积小以及对温度和流量的变化不敏感等特性。现简要介绍紫外检测器和荧光检测器的基本原理及其特性。

① 紫外光度检测器（ultraviolet photometric detector）。紫外光度检测器是液相色谱法广泛使用的检测器，它的作用原理基于被分析试样组分对特定波长紫外线的选择性吸收，组分浓度与吸光度的关系遵守比尔定律。紫外光度检测器有固定波长（单波长和多波长）和可变波长（紫外分光和紫外可见分光）两类。

图 5-28 是一种双光路结构的紫外光度检测器光路图。光源一般常采用低压汞灯，透镜将光源射来的光束变成平行光，经过遮光板变成一对细小的平行光束，分别通过测量池与参比池，然后用紫外滤光片滤掉非单色光，用两个紫外光敏电阻接成惠斯顿电桥，根据输出信号差（即代表被测试样的浓度）进行检测。为适应高效液相色谱分析的要求，测量池体积都很小，在 $5\sim10pL$ 之间，光路长 $5\sim10mm$，其结构形式常采用 H 形（见图 5-25）或 Z 形。接收元件采用光电管、光电倍增管或光敏电阻。检测波长一般固定在 254nm 和 280nm 。

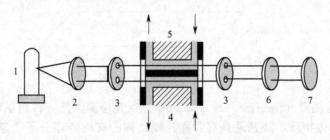

图 5-28 紫外光度检测器光路图
1—低压汞灯；2—透镜；3—遮光板；4—测量池；
5—参比池；6—紫外滤光片；7—双紫外光敏电阻

光电二极管阵列检测器（photo-diode array detector）是紫外可见光度检测器的一个重要进展。在这类检测器中采用光电二极管阵列作检测元件，阵列由多个二极管（以 $35\sim1024$ 支不等）组成，每个二极管各自测量一窄段的光谱强度所转换得到的电信号。

由图 5-29 可见，在此检测器中先使光源发出的紫外线或可见光通过液相色谱流通池，在此被流动相中的组分进行特征吸收，然后通过入射狭缝进行分光，使所得含有吸收信息的全部波长聚焦在阵列上同时被检测，并用电子学方法及计算机技术对二极管阵列快速扫描采集数据。由于扫描速度非常快，每帧图像仅需 $10^{-2}s$，远远超过色谱流出峰的速度，故无须停流扫描而观察色谱柱流出物的各个瞬间的动态光谱吸收图。经计算机处理可得到三维色谱-光谱图（图 5-30）。因此，可利用色谱保留值规律及光谱特征吸收曲线综合进行定性分析。此外，可在色谱分离时，对每个色谱峰的指定位置（峰前沿、峰顶点、峰后沿）实时记录吸收光谱图并进行比较，可判别色谱峰的纯度及分离状况。

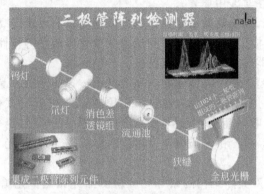

图 5-29　光电二极管阵列检测器光路示意

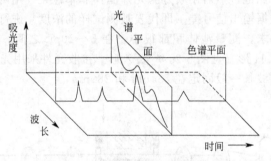

图 5-30　三维色谱-光谱图

② 荧光检测器（fluorescence detector）。荧光检测器是一种很灵敏和选择性好的检测器。许多物质，特别是具有对称共轭结构的有机芳环分子受紫外线激发后，能辐射出比紫外线波长较长的荧光，例如多环芳烃、维生素 B、黄曲霉毒素、卟啉类化合物等，许多生化物质包括某些代谢产物、药物、氨基酸、胺类、甾族化合物都可用荧光检测器检测，其中某些不发射荧光的物质亦可通过化学衍生转变成能发出荧光的物质而得到检测。荧光检测器的结构及工作原理和荧光光度计或荧光分光光度计相似，图 5-31 是典型的直角形荧光检测器的示意图。由卤化钨灯产生 280nm 以上的连续波长的强激发光，经透镜和激发滤光片将光源发出的光聚焦，将其分为所要求的谱带宽度并聚焦在流通池上，另一个透镜将从流通池中欲测组分发射出来的与激发呈 90°角的荧光聚焦，透过发射滤光片照射到光电倍增管上进行检测。一般情况下，荧光检测器比紫外光度检测器的灵敏度要高 2 个数量级，但其线性范围仅约为 10^3。利用可调谐的激光作光源（激光荧光光谱），可使检测灵敏度和准确度都得到提高。

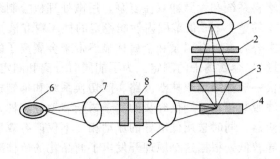

图 5-31　直角形荧光检测器示意图

1—光电倍增管；2—发射滤光片；3,5,7—透镜；4—样品流通池；6—光源；8—激发滤光片

二、离子色谱分离技术

(一) 概述

离子色谱分离技术 (ion chromatography，IC) 是在离子交换分离技术的基础上建立起来的，目前它是测定水溶液中阴离子比较有效的分析方法。此方法采用离子交换树脂作为固定相，用电解质溶液为流动相，通常以电导池作为通用检测器，对分离的离子进行检测。当流动相流经电导池时，会产生比待检测离子大得多的背景电导，必须采取一定的方法降低背景电导值，因此抑制柱便应运而生。抑制柱不但可以使背景电导值降低，同时还可以将待测溶液中离子淌度较低的离子转换成离子淌度较高的离子，使检测信号 (电导率) 增大，提高了检测灵敏度。对阴离子的分离，抑制柱填充 H^+ 型强酸型阳离子交换树脂，对阳离子的分离，填充 OH^- 型阴离子交换树脂。这一分离分析方法被称为离子色谱法。离子色谱法具有快速、灵敏、选择性好和同时测定多组分的优点，可测定很多难以用其他方法测定的离子，尤其是阴离子。离子色谱分为两大类——化学抑制型离子色谱和非抑制型离子色谱。化学抑制型离子色谱又可分为高效离子色谱 (简称 HPIC)、离子排斥色谱 (简称 HPIEC) 和流动相离子色谱 (简称 MPIC)。用于三种分离方式的柱填料大都为苯乙烯-二乙烯苯共聚物的衍生物，但树脂的离子交换容量各不相同。HPIC用低容量的离子交换树脂 (0.01~0.05mmol/g)，HPICE 用高容量的树脂 (3~5mmol/g)，MPIC 用不含离子交换基团的多孔树脂。三种分离方式基于不同的分离机理。HPIC 的分离机理主要是离子交换，HPICE 是利用离子排斥原理，MPIC则主要利用吸附和离子对的形成。

HPIC 用于 F^-、Cl^-、CO_3^{2-}、SO_4^{2-}、Na^+、NH_4^+、K^+、Mg^{2+}、Ca^{2+}、Fe^{3+}、Zn^{2+}、Ni^{2+} 等无机阴离子、阳离子、多价阴离子和碳水化合物的分离。HPICE 用于有机酸和氨基酸等的分离以及从有机物中分离无机组分。MPIC 主要用于疏水性阴、阳离子的分离以及金属络合物的分离。

(二) 离子色谱仪简介

离子色谱仪由流动相容器、泵、进样阀、分离柱、抑制柱、电导检测器和数据处理器等部分组成，见图 5-32。由于所使用的流动相都是碱性或酸性物质，故其设备需要使用化学惰性材料，如玻璃、聚四氟乙烯等，以防止被腐蚀。商品化离子色谱仪大多采用全塑料系统和无脉冲双往复泵，用微处理机控制泵流量和色谱柱温度补偿以及在 $0\sim14$ 的整个 pH 值范围内性能稳定的柱填料和液体管道系统，这是现代离子色谱仪的主要特点。金属泵和金属柱显然带来金属离子的污染，不能用于高精度（$\mu g/L$ 数量级）金属离子的测定。为了能同时分离和测定阳离子和阴离子，较先进的离子色谱仪一般都采用双柱双流路、阀切换系统和抑制柱再生系统，并带有自动进样和梯度洗脱装置，采用低容量的离子树脂装填分离柱，并且不采用抑制柱直接连接电导检测器，同时选用低电导的流动相，不仅能有效地洗脱各种阴、阳离子，而且背景电导较低。根据这个原理开发出了商品化的单柱离子色谱仪，以区别于带抑制柱的双柱离子色谱仪。

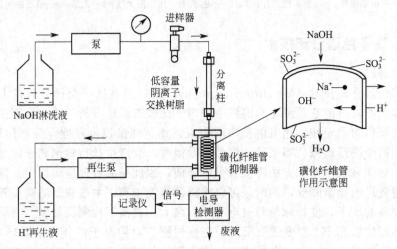

图 5-32　离子色谱仪原理示意图

（三）分离柱

　　色谱分析的核心是色谱柱，离子色谱也不例外。离子色谱柱柱管采用化学惰性材料制成。高效柱和特殊性能分离柱的研制成功是离子色谱迅速发展的关键。通常采用"表面薄壳型"的离子交换树脂为填料。一般是对聚苯乙烯-二乙烯苯共聚物表面进行磺化处理，生成厚度为几十纳米的磺酸型官能团，作为阳离子交换柱的填料。由于颗粒中心由密实的聚合物分子构成，离子交换作用只在表面进行，故有较高的分离效率，其交换容量通常在 0.02mmol/g 左右。阴离子交换柱的填料通常是在上述表面磺化的薄壳型阳离子交换树脂上采用物理或化学的方法牢固地覆盖一层粒度更小的阴离子乳胶微粒制成。

　　这种树脂实际上由内部的惰性核、磺化层和阴离子交换粒子层三层结构组成；表皮结构的树脂和低的交换容量使这种固定相能在相对低的洗脱剂浓度中分离各种阴离子，并在相对高的流速下进行操作，既可缩短分析时间，又有较长的柱使用寿命。

（四）抑制柱

　　抑制柱分为三种类型，即填充型、中空纤维型和微膜型抑制器。抑制柱的作用为抑制洗脱剂的背景电导，将样品离子转换成具有高电导的物质，并由电导池检测器得到测试结果。阴离子分析用的抑制柱一般采用强酸型阳离子交换树脂制成。洗脱剂阳离子和样品阳离子与抑制柱上的氢离子进行交换，使其转换成具有高电导的对应酸，碱性洗脱剂中的氢氧根离子与交换下来的氢离子结合成低电导的水，从而降低了背景电导，提高了被测物的电导值。反应如下：

$$NaOH(洗脱剂)+R—SO_3H(抑制柱) = H_2O(洗脱剂)+R—SO_3Na(抑制柱)$$

$$KCl(洗脱液)+R—SO_3H(抑制柱) = HCl(洗脱液)+R—SO_3K(抑制柱)$$

实际上除了 NaOH 以外，经常使用的洗脱剂是 $NaHCO_3$ 缓冲溶液，在抑制柱中可以被转换为低电导的碳酸。抑制柱一般都采用具有高交换容量的树脂，以便有效地积聚洗脱剂中的阳离子，而且基本不影响分离柱上已经获得的分离结果。

样品中阳离子不断与抑制柱上的树脂进行交换，当达到交换柱始漏点时，大部分交换质点为交换上去的阳离子所占据，柱上活性中心全部被饱和，抑制柱失去抑制能力。这时需要对抑制柱进行再生，一般用泵使 $0.125mol/L$ 的 H_2SO_4 溶液通过柱子。由于再生液中氢离子较高，交换平衡向与抑制反应相反方向进行，从而使抑制柱再生，抑制柱上的树脂又恢复为原来的氢离子型，完成再生。

阳离子分析所用抑制柱一般使用带 OH^- 交换基团的强碱型阴离子交换树脂，以使洗脱剂和样品中的阴离子与抑制柱的 OH^- 进行交换。例如用 HNO_3 作洗脱剂，在阳离子分离柱上分离 KCl 的混合物时，在抑制柱上就会发生如下的反应：

$$HNO_3(洗脱剂)+RN(CH_3)_3OH(抑制柱) =$$
$$RN(CH_3)_3NO_3(抑制柱)+H_2O(洗脱剂)$$

$$KCl(洗脱液)+RN(CH_3)_3OH(抑制柱) =$$
$$RN(CH_3)_3Cl(抑制柱)+KOH(洗脱液)$$

由此可见，抑制柱将洗脱剂中具有高电导性的 H^+ 转换成为低电导的水分子，将样品中的阴离子转换成具有高电导的氢氧化物。需要注意的是，一些弱碱（如铵离子）的保留时间和峰高可能会受到抑制柱消耗程度的影响，即受树脂上的 OH^- 被中和程度的影响。实践证明，使用中等交联度的树脂（如 8% 交联度）比用高交联度的树脂（如 12%）有利，前者可使上述的影响程度减小到最小，并且可以改进容易电离物质的分离效能。

微膜型抑制器的抑制原理如图 5-33 所示。

如图 5-33 所示，两个离子交换膜置于两电极之间，分离柱的流出液自上而下通过离子交换膜通道，水自下而上在电极和离子交换膜之间流过。现以阴离子分析为例，说明抑制柱的作用原理。阴离子分离通常用低浓度的氢氧化钠作洗脱剂，用阳离子交换膜作抑制膜。当连接电极的电源接通时，与电源正极相连的电极上发生水的氧化反应，产生氧气和氢离子；与外电源负极相连的电极上发生水的还原反应，生成氢气和氢氧根离子。电极反应产生的氢离子向负极移动，根据唐南理论，它可以通过阳离子交换膜进入来自分离柱的洗脱液，与洗脱液中的氢氧根发生中和反应，这一过程相当于洗脱剂中的阳离子被氢离子取代，取代后的氢离子再与洗脱剂中的氢氧根中和生成电导率很低的水，使洗脱剂的电导值下降，同时洗脱液中被分离组分的阳离子也可以通过阳离子交换膜向阴极移动，阳极产生的氢离子补充洗脱液中迁移出的阳离子，相当于洗脱液中的阳离子被阳极迁移过来的氢离子所取

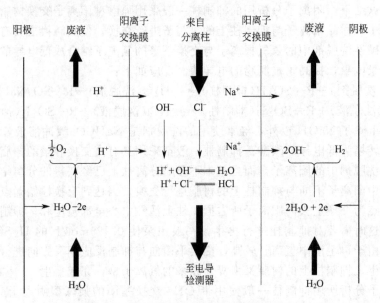

图 5-33 微膜型抑制器的抑制原理示意图

代，从而使被分离组分的电导值上升。反应如下：

$$NaOH（洗脱剂）+H^+（阳极迁移过来）=== H_2O（至检测器）+Na^+（迁移至阴极）$$

$$NaCl（溶质）+H^+（阳极迁移过来）=== HCl（至检测器）+Na^+（迁移至阴极）$$

　　如果进行阳离子分析，选择阴离子交换膜，使用酸性的洗脱剂，同理，只有阴离子才可以进入阴离子交换膜交换并向阳极迁移，阳离子不能进入阳离子交换膜交换迁移。洗脱剂进入抑制柱时，洗脱剂中的阴离子向阳极迁移，通过阴离子交换膜迁出洗脱液，阴极反应产生的氢氧根向阳极移动，通过阴离子交换膜迁入洗脱液。洗脱剂中的氢离子与迁入的氢氧根离子中和为水分子，从而使电导率下降。被分离的组分进入抑制柱时，阴离子同样向阳极移动，通过阴离子交换膜迁出，阴极反应生成的氢氧根向阳极移动，通过阴离子交换膜迁入洗脱液，相当于被分离组分中的阴离子在抑制柱中被电导率更大的氢氧根所取代，因而提高了分离组分的电导率。

（五）检测器

　　离子色谱检测器分为电化学检测器和光学检测器两大类。前者主要包括电导检测器和安培检测器两种，其中电导检测器最为常用。后者包括紫外-可见检测器和荧光检测器等。在正相或反相液相色谱中使用的光学检测器在这里皆可以使用。

　　电导检测器可直接联于分离柱后来测定洗脱液的电导率。通过调整流动相，这种检测器可用于大多数样品中离子的检测。当采用低电导率的有机酸溶液作为流动相时，一般样品离子的电导率大于流动相，可以得到正常色谱峰。反之，如果样品离子电导率小于流动相电导率，样品洗脱峰倒置。电导率变化幅度与样品离子浓度成正比。

　　光学检测器如紫外-可见检测器与普通液相色谱中所采用的相应检测器无明显区别。对于无紫外吸收或紫外吸收较弱的样品离子，可以在分离柱后引入薄膜反应器，使被测离子在进入检测器之前先在薄膜反应器中与显色剂发生显色反应。薄膜反应器具有特殊结构，能够使显色剂与样品离子充分混合并显色。这种检测器主要用于过渡金属、重金属和稀有元素的测定。

荧光检测器主要用于可以产生荧光的样品离子的测定。一般通过衍生的方法使样品与荧光试剂反应生成衍生物，进而进行检测。衍生化可以在柱前完成，也可以在柱后完成，这种方法可以使检测灵敏度有较大提高，常用于痕量氨基酸样品的测定。

三、离子对色谱分离技术

（一）离子对色谱基本原理

离子对色谱（ion-pair chromatography，IPC）的分离对象是离子态物质或极性较强的分子，如各种强极性的有机酸、有机碱、生化试样等。这些样品用吸附或分配色谱来分离时要求使用强极性的洗脱液，并容易发生严重的拖尾现象。如果在流动相中加入与被分析离子带相反电荷的离子，样品进入色谱柱后，强极性的溶质便与加入的反离子结合，形成难离解的弱极性离子对，迅速转移到有机相（键合相）中，进而在固定相和流动相间进行分配，最终实现分离。这就是离子对色谱的基本原理。

根据流动相和固定相的相对极性，离子对色谱也分为正相离子对色谱和反相离子对色谱两类。目前使用较多的是反相离子对色谱，而且选用的固定相绝大部分是化学键合型的非极性表面固定相（如 C_{18} 和 C_8）。反相离子对色谱法兼有反相液相色谱和离子色谱的特点，它保持了反相液相色谱操作简便、分离柱效高等固有的优点，同时能分离离子和中性化合物的混合样品。可以说离子对色谱法是离子色谱和反相色谱的拓展和延伸。离子对色谱的流程和基本设备与最常用的反相色谱法的设备完全相同，操作过程也与反相色谱法相同。选用的检测器可以是反相色谱中常用的紫外、荧光等检测器，也可选用离子色谱法用的抑制电导、电化学等检测器。反相离子对色谱法与反相色谱法的不同之处只是在反相色谱采用的流动相中加入了适当的离子对试剂。

离子对色谱法是针对生化和医药等行业的实际样品建立和发展起来的一种分离分析方法。它与其他液相色谱技术各有所长，相互补充。离子对色谱法在生化、医药、食品、化工和环境保护等领域获得越来越广泛的应用。

（二）色谱柱的选择

对于一般的离子对色谱分离系统，高键合量 $10\mu m$ C_{18} 载体的填充柱或 $5\mu m$ ODS C_{18} 载体填充柱为首选分离柱，此外，高键合量的 C_8 柱也可作为离子对色谱柱。C_{18} 柱尺寸在 $250mm \times 4.5mm$ 左右比较适宜。

同在反相色谱中对色谱柱的讨论，尽管至今从理论上还很难阐明不同厂家和批号的固定相的差异对分离效果的具体影响，但已有许多证据说明填料的键合量及键合碳链的构型可以对离子对色谱的分离选择性产生影响。因此，一般情况下，对于特定样品，根据文献的分离条件很难得到重复的结果，即便是在同一个实验室中，在同型号的不同色谱柱上结果也可能差别很大。

（三）离子对试剂的选择

离子对试剂的种类和浓度对分离效果都有较大的影响。离子对试剂种类的选择依赖于被分离样品的性质。表 5-5 已给出了离子对试剂选择的一般原则，也列出了被分离样品的种类与所选用的离子对试剂种类匹配的参考方案。

表 5-5 反相色谱常用的离子对试剂

离子对试剂	主要应用对象
季铵盐（如四甲铵、甲丁铵、十六烷基三甲铵等）	强酸、弱酸、磺酸染料、羧酸、氢化可的松及其盐类
叔胺（如三辛胺）	磺酸盐、羧酸
烷基磺酸盐（如甲基、戊基、乙基、庚基、樟脑磺酸盐）	强碱、弱碱、儿茶酚胺、肽、鸦片碱、烟碱、烟酸胺等
高氯酸	可与碱性物质（如有机胺、甲状腺素、磺代氨基酸、肽等）生成稳定的离子对
烷基硫酸盐（如辛基、癸基、十二烷基硫酸盐）	与烷基磺酸盐相似，选择性有所不同

被分离溶质是强酸或强碱，离子对试剂可以是强碱、弱碱或强酸、弱酸，如被分离的溶质是弱酸或弱碱，则选用的离子对试剂必须是强碱或强酸。对于溶质结构性质相差较大的混合样品，离子对试剂种类的选择并没有特殊要求。离子对试剂疏水性的差别可以通过调节离子对试剂浓度和有机溶剂浓度来获得满意的分离效果。如被分离物质的结构性质很相似，离子对试剂的选择也可能对分离选择性发生作用。如十二烷基硫酸盐和十二烷基磺酸盐对儿茶酚胺的分离表现出不同的选择性。这种差别至今很难从理论上获得完善的解释，只有通过实验比较进行摸索。对于疏水性较强的离子对试剂，浓度在 $4\sim10$mmol/L 比较适宜，对疏水性较弱的离子对试剂，浓度在 $10\sim40$mmol/L 比较适宜。

（四）有机溶剂的选择

虽然有机溶剂疏水性对保留值有较大的影响，但溶剂类型（甲酸、乙腈、四氢呋喃）的改变一般不改变分离选择性。多数情况下，改变溶剂类型只能产生峰间距的较小改变，但在一些特殊的研究中，通过改变溶剂类型也可能会得到选择性的较大改变。

有机溶剂是调节溶质在离子对色谱中保留值的重要参数。在反相离子对色谱中，有机溶剂对保留值的影响主要通过改变溶质与流动相间的相互作用和离子对试剂在固定相表面的吸附量来实现。因此有机溶剂种类的差别对保留值的影响可以由有机溶剂浓度的改变来补偿。

（五）无机盐浓度的影响

无机盐浓度的增大将降低溶质在反相离子对色谱中的保留值，这主要是由与溶质电荷相同的离子与溶质竞争吸附或竞争与离子对试剂配对，来减弱溶质与离子对试剂的相互作用而产生的。盐浓度对保留值的影响一般比有机溶剂和离子对试剂的影响小。在其他条件恒定时，改变盐的种类对保留值也有一定影响。无机盐浓度控制在 $10\sim50$mmol/L 比较合适。有研究表明，无机盐浓度梯度冲洗可以改善复杂样品的分离度。

（六）pH 值的影响

对于酸性溶质，pH≥pK_a时，溶质将以离子状态存在。此时，离子对试剂对保留值发挥非常重要的作用，当 $pK_a \leqslant pH$ 时，溶质将以中性状态存在，离子对试剂对保留值几乎无作用。pH 值对有机碱保留值的影响与对有机酸保留值的影响恰好相反。与反相色谱中 pH 值的影响相似，pH 值是影响保留值和选择性的最重要的因素之一。因此，在反相离子对色谱中，选择合适的缓冲溶液，使被分离物质以所需要的状态存在是非常必要的。值得注意的是，在特定 pH 值下，某些被分离溶质没有完全解离，酸碱平衡的慢动力学过程可能引起峰的分裂和展宽。

（七）柱温的选择

随着柱温升高，反相离子对色谱中的保留值下降，但柱温对保留值的影响没有像有机溶剂、离子对试剂和 pH 值以及盐浓度那样明显。在一般情况下，室温就可以满足离子对色谱的分离要求。必须注意的是柱温对某些样品的分离条件优化很有帮助。

（八）氨基改性剂

对于碱性样品分离中选择性的改变，可在 IPC 流动相中加入氨基改性剂，这时离子对试剂将成为阴离子（如烷基磺酸盐），氨基改性剂与烷基磺酸盐容易形成离子对，因此会中和其效果。显然，加入氨基改性剂或降低离子对试剂浓度可同样地改变选择性。但是还没有实例说明通过使用氨基改性剂实现对选择性的控制。

四、凝胶色谱分离技术

（一）分离原理

凝胶色谱（gel chromatography）又称尺寸排阻色谱或分子筛色谱，它是按溶质分子大小进行分离的一种色谱技术。溶质流出凝胶柱的速率取决于其分子的大小和凝胶阻滞作用的差异，比载体基质孔径大的样品分子不能进入孔内，被排阻，很快地从柱子空隙中被洗脱出来；比载体基质孔径小的分子进入孔内，由于流程长，移动速度慢，故停留时间较长。在正常情况下，溶质按分子由大到小递减的次序被洗脱出来。凝胶色谱按流动相类型的不同可以分为两类，当流动相为有机溶剂时称凝胶渗透色谱（GPC）；当流动相为水溶液时称为凝胶过滤色谱（GFC）。

凝胶色谱主要用途是测定生物大分子、高分子聚合物等样品的分子量及分子量分布情况，也用于复杂组分的初步分离，获取几个馏分段后，再进一步分离纯化。

（二）仪器组成

凝胶色谱仪也是由输液系统、进样系统、分离系统以及检测和记录系统四大部分组成的。脱气、过滤后的洗脱剂通过输液泵加压后，流经控制阀分别进入参比流路和样品流路。在样品流路中，洗脱剂经六通进样阀将试样带入分离柱，流出组分流入示差折光检测器的样品池；在参比流路中洗脱剂经参比柱流入示差折光检测器的参比池。检测器将流经样品池和参比池溶液的折射率的变化转变为电信号，经放大传输给记录系统。

（三）固定相选择

凝胶作为固定相，是决定凝胶色谱分离效果的决定性因素。所选择的凝胶孔径大小、孔径均匀程度决定了色谱柱的性能。常用的凝胶分为有机和无机凝胶两类。不同凝胶在装柱方法、使用性能上各有差异。在实际工作中，根据渗透极限和分离范围选择凝胶。

多糖聚合物软胶 GPC 填料只能在低压、慢速操作条件下使用，过去常用于生物大分子分离，但目前已被微粒型交联亲水硅胶（如交联琼脂糖 Superose 6、12）、乙烯共聚物（如 TSK-Gel PW）和亲水性键合硅胶（如 Zorbox GF 250、450）替代。填料具有一定的孔径尺寸分布，随孔径大小的差别，分离分子量范围为 $1\times10^4\sim200\times10^4$。对于实验室分析或小规模制备，平均粒度在 $3\sim13\mu m$ 的填料一般有良好的柱效和分离能力，但对于大规模制备和纯化，考虑到成本和渗透性，可选用较粗的粒度。

（四）流动相选择

在凝胶色谱分离中，洗脱剂首选纯度高、毒性低、溶解性能好、黏度低、腐蚀性小的溶剂，要考虑所用固定相的类型、性质、缓冲液的 pH 值和离子组成等因素。常用的洗脱剂有水、乙醇、二甲基甲酰胺、二氧六环、二甲基亚砜、丙酮、氯仿、二氯乙烷、二氯甲烷、四氢呋喃、正庚烷、乙酸乙酯和甲苯等。

五、亲和色谱分离技术

（一）基本原理

亲和色谱法（affinity chromatography）是利用生物大分子和固定相表面键合上去的配体进行选择性吸附而进行分离、分析和纯化的液相色谱技术。将配体和载体间相连的分子称为连接臂。亲和色谱固定相由载体、连接臂和具有特殊亲和力的配体所组成。将酶、抗原或激素等具有特殊亲和力的生物大分子作为配体，通过连接臂键合在载体上，这种固定化的配体只能和与其有生物专一亲和的生物大分子产生相互吸附而使后者被保留，没有特异吸附的分子则不被保留而被洗脱流出色谱柱，然后，改变流动相组成或 pH 值，将保留在柱上的生物大分子洗脱下来，达到分离或纯化的目的。通过亲和色谱可以纯化酶、抗体、抗原、结合蛋白、辅助蛋白和抑制蛋白，可以分离细胞和病毒、变性蛋白和化学改性蛋白、核酸和核苷以及浓缩低浓度的蛋白质溶液（如血清结合物和转动蛋白）等，也可以作为分离分析的一种方法。

（二）固定相的选择

固定相的选择包括载体、连接臂和配体的选择。理想的基质应具有大的比表面、多孔网状结构，易于大分子渗透；有一定硬度，颗粒均匀；有相当数量可供偶联反应的基团；有足够的化学稳定性，能经受住吸附、洗脱和再生；没有特异吸附和非特异吸附作用；不受微生物的侵蚀，不酶解；亲水但不溶于水等。当配体比较小，而待分离生物分子比较大时，由于载体的表面效应会限制配体与生物分子的结合，这时通过连接臂连接配体和载体，就不会阻止配体与生物分子的结合。连接臂一般为线性脂肪族碳氢链，链的两端各带有一个功能基团，其中一个功能基连接到载体上，多为伯氨基，另一端的功能基团因所连接的配体不同而不同，通常为羧基或氨基。最常用的连接臂有 6-氨基己酸、1,6-己二胺和 $3,3'$-二氨基二丙胺。对不同的待分离生物分子，应选择相应的配体。配体除了应满足亲和性、特异性要求外，还应能承受偶联过程中的溶剂作用，并拥有至少一个功能基团，以便偶联到载体上，且偶联后不妨碍其与目标分子的结合。一般来说，大分子配体如蛋白质等的结构和功能在被固定后都不会受影响，但小分子配体在偶联后可能会发生较大的变化，这时可进行适当的化学修饰。在将配体固定化时，应保证其与载体形成稳定的共价键，不致从载体上脱落下来，特别是在单点吸附时。为提高分离效率，需确保配体的纯度和完整性。

亲和色谱所用洗脱剂通常是具有一定离子强度的缓冲溶液。有时为使洗脱效果更好，需在洗脱剂中加入极性试剂、洗涤剂、促进剂或蛋白改性剂。

（三）亲和色谱分离的分离过程和注意事项

1. 分离过程

典型的亲和色谱分离的分离过程主要有样品制备、装柱和平衡、加样（又称样品吸附）、洗去杂蛋白、洗脱、再生和保存六步。

（1）样品制备　如果样品量很大或杂蛋白很多时，初步的分离纯化是必要的。常用的样品预处理方法有盐析法、离子交换色谱分离、透析、凝胶过滤色谱分离等。对于如组织、培养的细胞、植物材料、发酵产物等复杂样品，应首先进行分级分离粗提，如超声破碎、溶解、均质、抽提、过滤、离心等，之后才能用于亲和色谱分离。

（2）装柱和平衡　亲和色谱分离柱的大小和形状通常没有严格要求。如果配体对目标分子的亲和力比较小，目标分子不会真正与配体结合，只是被柱子所阻滞，这时目标分子的分离就依赖于柱的长度了，建议使用长柱子并减小上样量，亲和柱的配体密度也应提高，并降低上样和洗脱时的流速。亲和色谱分离时的装柱方法与离子交换色谱分离相同。装柱后应使用几倍柱床体积的不含样品的起始缓冲液进行平衡，起始缓冲液应确保目标分子最大限度地与配体相结合。

（3）样品吸附　上样过程就是目标分子的被吸附过程。吸附的目的是使亲和吸附剂上的配体与待分离生物分子形成紧密结合物。吸附过程应选择最佳的酸度、离子强度和温度等条件，同时降低上样速度，延长吸附的时间，保证目标分子充分与配体结合。

（4）洗去杂蛋白　在保证目标分子吸附到固定相上后，用几倍柱床体积的起始缓冲液洗去未吸附物质，直至紫外记录曲线回到基线。

（5）洗脱　洗去杂蛋白后，即可将解吸缓冲液转变成洗脱缓冲液，将目标分子洗脱下来，一般可采用特异性和非特异性解吸方法进行洗脱。由于吸附在亲和柱上的蛋白质分子与周围的固定化配体处于平衡状态，于是通过改变配体-蛋白质复合物间的环境，降低蛋白质对配体的亲和性，就能够有效地将蛋白质洗脱下来。配体与蛋白质间的相互作用是不同的次级键相互作用，任何能破坏这些次级键的溶剂条件都会使配体-蛋白质复合物不稳定而发生解吸，但要注意防止蛋白质或配体发生不可逆变性。

（6）再生和保存　亲和柱再生的目的是除去所有仍然结合在柱上的物质，以使亲和柱能重复有效使用。在很多情况下，使用几个柱床体积的起始缓冲液再平衡就能再生亲和柱，或进一步采用高浓度盐溶液如 2mol/L KCl 进行再生。但有时特别是当样品组分比较复杂，在亲和柱上产生较严重的不可逆吸附时，亲和吸附剂的吸附效率就会下降。这时应使用一些比较强烈的手段，如根据配体的稳定性升高和降低 pH 值、加入洗涤剂、使用尿素等变性剂或加入适当的非专一性蛋白酶进行再生。一般不使用极端 pH 值条件或加热灭菌法来清洗、再生亲和柱，特别是对于以蛋白质作配体的亲和吸附剂。亲和吸附剂储存时应加抑菌剂，如质量浓度为 0.2g/L 的叠氮钠。

2. 亲和色谱分离的操作注意事项

亲和色谱分离的操作模式主要有分批式和柱式两种，一般多采用柱式操作。分批式适用于高亲和系统，特别是当样品体积很大、浓度不稳定时，在分批式操作时应避免吸附反应时间过长。低亲和系统应采用柱式操作，它简便、灵活，因此使用较多。

亲和色谱分离时所需亲和柱的总床体积取决于其吸附容量和分离类型。对于某一目的蛋白质，如果配体和洗脱条件有很高的选择性，则蛋白质的分辨率决定于亲和吸附剂本身，而基本不受柱长的影响，因此对于高亲和系统来说，短粗的柱子比较合适。

亲和色谱分离的流速取决于载体的孔径和待纯化蛋白质的大小。流速应尽量慢，如果流速过快，在柱吸附饱和前，目的蛋白质就会出现在流出液中，并导致洗脱阶段峰脱尾，对于以琼脂糖作载体的亲和吸附剂，推荐采用 $10mL/(cm^2 \cdot h)$ 的线性流速。在洗去杂蛋白和再平衡步骤中可以采用快流速。

亲和色谱分离的一个严重缺陷就是配体的渗漏问题。配体渗漏的原因可能在于固定化配体的不稳定性。配体渗漏后会降低亲和吸附剂的吸附容量。对于高亲和系统来说，痕量蛋白质的分离尤其会受制于配体的脱落情况。

六、超临界流体色谱分离技术

(一) 概述

超临界流体色谱 (supercritical fluid chromatography) 是以超临界流体作流动相的色谱方法。超临界流体是指物质在高于其临界温度和临界压力时的一种物态，它是非气非液状态。这种形态的物质兼有气体的低黏度、液体的高密度以及介于气液之间较高的扩散系数等特征。理论上讲，超临界流体色谱不但适用于分析高沸点、低挥发性样品，而且分析速度快且柱效率也较液相色谱高。其检测器可选用气相色谱或高效液相色谱用的检测器，与其他仪器在线联用也较方便。

图 5-34 是以二氧化碳作流动相的超临界流体色谱流程示意图。液体二氧化碳经硅胶、活性炭等吸附剂净化通过高压泵压缩至所需压力，然后与改性剂混合，经冷却器、混合器到达六通进样阀，样品由进样阀导入分离系统，部分经分流阀分流，另一部分经色谱柱分离，经限流器进入检测器，如果收集分离后的组分，须将流出检测器的流体减压收集。整个系统由微处理机控制。微处理机控制柱温、检测器温度、流动相的压力或密度，同时采集检测器的信号，进行定性、定量结果计算，并由显示打印装置给出色谱图和定性、定量报告。

(二) 超临界流体色谱的流动相

在超临界色谱的实际分离中，二氧化碳是最广泛使用的流动相，它的临界参数

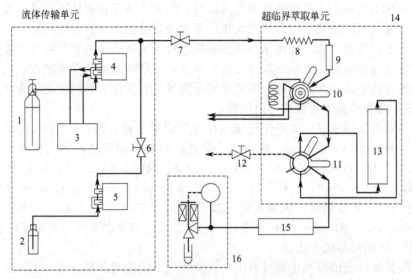

图 5-34　超临界萃取色谱流程示意图

1—液体二氧化碳贮罐；2—改性剂；3—冷却调节器；4—二氧化碳泵；5—改性剂泵；
6,7,12—截止阀；8—预冷却器；9—混合器；10—进样器；11—在线开关阀；
13—分离柱；14—恒温箱；15—检测器；16—回流压力调节器

比较合适，在临界压力下 20℃ 左右时是液体，40～50℃ 时已超过了临界温度。它的临界压力、临界密度也较合适，在 40.0MPa 时即可达到高密度，从而有较大的溶解能力。它容易纯化，成本低，无毒，不燃烧，不爆炸，纯态时不腐蚀容器，化学稳定性和惰性都较好，可与不同检测方法相匹配，是较理想的弱极性流动相。超临界氨是极性流体，对极性物质是好的流动相。胺类、氨基酸、二肽、三肽、单糖、二糖、核苷等用氨作流动相时也能很快地流出。但氨气是化学性质活泼的组分，有毒、可燃、具有腐蚀性、易爆炸，而且对固定相的要求十分苛刻，目前仅有正辛基和正壬基的聚硅氧烷柱能在氨流体条件下使用。因此全面地衡量，氨流体的性能也是不理想的。为了寻找一个更理想的极性较强的流动相，人们就采用在二氧化碳流体中增加第二组分即改性剂的办法来改变二氧化碳流体的极性。

使用改性剂是为了提高流动相的极性，改善它对极性样品的溶解性能，扩大二氧化碳流体对样品的适用范围。从这个意义上讲，改性剂都是极性组分。作为一种改性剂，除了有较强的极性外，还要求与二氧化碳的互溶性好，在实验条件下性质稳定。改性剂及二氧化碳流体添加改性剂后应与检测器相匹配。最常用的改性剂是甲醇、脂肪醇等，实验表明对于脂肪醇类改性剂，长链比短链效果好，直链比支链作用强。改性剂的含量一般为千分之几到百分之十几，取决于实验要求以及流体和改性剂的互溶性。

二氧化碳流体中添加极性改性剂后效果非常明显，它至少起到增加流体极性、提高对极性溶质的溶解度及对柱子去活三方面的作用。溶质在流体中的溶解度与流体的极性、密度等因素有关，流体的密度会随着压力的变化而改变。利用超临界流体的这一特性，在色谱分离过程中将流动相的密度或压力按一定程序变化，以使不同的组分在不同密度下获得最佳的分离效果。因为流动相密度低了，难以使重组分流出，密度太高又会使轻组分流出太快，不能较好分离，最好是让不同组分在不同密度下流出，这就是压力或密度的梯度洗脱。由于流体的压力变化可改变流体的密度，但流体的密度和压力间一般并无线性关系，而密度和溶解度参数成正比，而且密度是保留值的独立变数，故利用密度梯度洗脱比利用压力梯度洗脱更为合适。

（三）超临界流体色谱柱与固定相

在超临界流体色谱中主要使用细内径毛细管填充柱，内径为 $100\mu m$ 或 $50\mu m$，填充固定相粒度为 $3\sim10\mu m$。细内径毛细管柱主要是交联柱，固定相大多为甲基聚硅氧烷（如 OV-1、OV-101、DB-1、SPB-1、SB-Methyl-100）、苯基聚硅氧烷（如 DB-5、SB-phenyl 与 OV-73）、二苯聚硅氧烷（如 SB-biphenyl-25、SB-biphenyl-30）、带乙烯基的聚硅氧烷（如 SB-33、SE-54）、正辛基、正壬基硅氧烷（如 SB-octyl-50、SB-nonyl-50、PEG-20M），二酰胺类交联手性固定相等也常用。

（四）检测器和检测方法

超临界流体色谱原则上既可利用高效液相色谱的检测器和检测方法，又可采用气相色谱的检测手段，这是超临界流体色谱相比其他色谱方法的又一特点。在流出物检测手段的选择方面，特别是对高沸点、低挥发、可燃烧的样品的检测，它比高效液相色谱要灵活有利得多，如它可选择通用性的高灵敏的氢火焰离子化检测器（FID）。这种检测器不仅有定量校正方便、线性范围宽、灵敏度比高效液相色谱中常用的通用性折光检测器高得多（约高 10^3 倍以上）等优点，而且操作非常稳定。另外，超临界流体色谱还可选择高选择性的氮磷检测器（NPD）、火焰光度检测器（FPD）、硫化学发光检测器（SCD）、电子捕获检测器（ECD）及紫外检测器（UV）等，用于有选择地检测含氮、含磷、含硫、电负性以及紫外吸收敏感的样品。在实际工作中，氢火焰离子化检测器和紫外检测器是使用得最多的两种检测器。前者在常压下工作，后者则是在高压下工作。

恰当地选择不同的流体（包括改性后的流体）与不同的检测方法，使其达到最合适的匹配，可使检测方法发挥最佳的性能。

第六章
电泳分离技术

　　电泳是指带电粒子在直流电场作用下以不同的速度向与其本身电荷相反的方向迁移的现象。利用这种现象对不同物质进行分离分析的技术称为电泳分离技术（electrophoresis，EP）。电泳技术具有快速、简便及分辨率高等优点，发展很快，表现出了巨大的生命力，已被广泛地应用于生命科学、临床医学、工农业科研等领域。如生物化学中的蛋白质、核酸、核苷酸等和化学中的无机离子、高分子电解质、胶体粒子等许多物质，在一定 pH 值的溶液中都带一定电荷，均可采用电泳法进行这些物质的分离与分析。

　　电泳现象自 1809 年被发现至今已有两百多年的历史，但真正被视作一种有重要意义的分离技术始于 1937 年，由瑞典科学家 A. Tiselius 首先提出移界电泳（moving boundary EP，MBEP）。由于"移界电泳"电泳时自由溶液受热后发生密度变化，产生对流，使区带扰乱，加之 Tiselius 电泳仪价格昂贵，不利于推广，所以到了 20 世纪 50 年代，许多科学家着手改进电泳仪，寻找合适的电泳支持介质，先后找到滤纸、乙酸纤维素薄膜、淀粉及琼脂糖作为支持物。20 世纪 60 年代，Davis 等科学家利用聚丙烯酰胺凝胶作为电泳支持物，在此基础上发展了 SDS-聚丙烯酰胺凝胶电泳、等电聚焦电泳、双向电泳和印迹转移电泳等技术。这些技术具有设备简单、操作方便、分辨率高等优点。分离后的物质可进行染色、紫外吸收、放射显影、生物活性测定等，从而取得定量数据。目前，电泳技术已成为分析化学、生物化学、临床化学、毒剂学、药理学、免疫学、微生物学、食品化学等领域中不可或缺的实验方法。特别是 20 世纪 80 年代以来，一种新型的电泳技术——毛细管电泳的出现，为电泳分离技术注入了新的活力。可以预言电泳技术必将在基础科学的研究中、国民经济的发展中发挥巨大作用。

第一节　电泳的基本原理

一、电泳迁移率

　　在直流电场作用下，驱使介质中带电粒子前进的作用力 F 是带电粒子所带净电荷 Q 与电位梯度 E 的乘积，即

$$F = QE \tag{6-1}$$

球形带电粒子在溶液中移动时的摩擦力 f 符合 Stoke 公式，即

$$f = 6\pi r v \eta \qquad (6-2)$$

式中，r 是带电粒子的半径；v 是移动速度；η 是溶液的黏度。当带电粒子在溶液中匀速移动时，驱使它前进的作用力等于摩擦力，即

$$QE = 6\pi r v \eta \qquad (6-3)$$

则带电粒子在单位电位梯度作用下的迁移速度即迁移率 μ（亦称为电泳淌度）可表示为：

$$\mu = \frac{v}{E} = \frac{Q}{6\pi r \eta} \qquad (6-4)$$

迁移率是表征带电粒子在电场中行为的一个重要参数。在同一电泳系统中 η 是常数值，不同带电粒子由于所带净电荷 Q 和离子半径 r 不同，迁移率也就不同。电泳法就是利用带电粒子迁移率的不同来进行分离的。

移动速度 v 的单位是 cm/s，电场梯度的单位是 V/cm，因此迁移率 μ 的单位是 $cm^2/(s \cdot V)$。

这里讨论的是球形带电粒子在溶液中电泳时的基本关系式。实际上电泳常常在支持介质（例如琼脂、凝胶等）中进行，带电粒子也不一定呈球形，因而实际情况要复杂得多。

二、影响迁移率的因素

影响迁移率的因素很多，除带电粒子的大小和电荷性质外，主要还有电场强度、溶液的 pH 值、溶液的性质和电渗作用等。

(1) 电场强度　电场强度也称电位梯度，是指单位长度（每 1cm）支持介质上的电位降，它对电泳速度起着十分重要的作用。由式(6-3) 可知，带电粒子的移动速度与电场强度成正比，电场强度越大，带电粒子的迁移速度越快，迁移时间越短；但同时带电粒子在较高电场强度下会产生焦耳热（或称自热），使柱效降低，分辨率下降。因此，在实际应用中，为使不同的带电粒子实现最佳分离，需选择最佳电场强度。

(2) 电渗作用　电泳一般是在纤维素、凝胶、毛细管柱等支持介质中进行的，这时支持介质的吸附性、不均匀性、支持介质上某些基团的离子交换作用、电渗（electroosmosis）等因素就会影响迁移率和分离，其中电渗作用尤为重要。电渗是由支持介质上的带电荷基团引起的，例如纤维素含有少量羧基，在中性或碱性缓冲溶液中将电离而带负电荷，可吸引介质中的 H^+，于是在其附近就形成带正电荷的水层。这种水层在电场作用下将使溶液整体向负极移动（这种现象即所谓的电渗），见图 6-1，发生了溶液相对于支持介质的移动。则被分离带电粒子的迁移速度等于电泳和电渗两种速度的矢量和，正离子的迁移方向与电渗流一致，故表观速度大于真实速度；负离子的运动方向和电渗流方向相反，故表观速度小于真实速度。其结果可使迁移率发生改变，从而因各种粒子迁移速度的不同而实现分离。

(3) 溶液的 pH 值　溶液的 pH 值是电泳中混合组分分离能否实现的一个重要因素。因为 pH 值不仅会影响带电粒子的离解程度，即决定带电粒子带什么电荷，带多少电荷，从而引起迁移率的变化，而且会影响电渗流的大小，导致迁移时间的

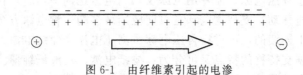

图 6-1 由纤维素引起的电渗

变化，这两方面都要求电泳时要控制溶液的 pH 值。实际操作中通过加入一定浓度的缓冲溶液来控制电泳的 pH 值。

（4）溶液的离子强度 缓冲溶液应有一定的离子强度（浓度），使缓冲溶液有一定的缓冲容量，保证 pH 值恒定，以避免 pH 值的变化影响迁移率。但缓冲溶液的离子强度不宜过高，否则待分离的带电粒子会吸引溶液中带相反电荷的离子聚集在其周围，使有效电荷减少，迁移率减小；同时产生大量的焦耳热，降低柱效。缓冲溶液的离子强度过低，会引起支持介质对待测粒子的吸附，影响分离效率。可见，从缓冲容量和表面吸附来说，要求缓冲溶液有足够的浓度，但从产生热方面考虑，则要求使用低浓度的缓冲溶液，因此，在实验中必须对其进行优化。

（5）电泳焦耳热 在电泳过程中，带电粒子释放的热量（Q）与电流强度（I）满足焦耳定律：

$$Q = I^2 R t \tag{6-5}$$

式中，R 为电阻；t 为电泳时间。从上式可看出，电泳过程中释放的热量与电流强度的平方成正比。当电场强度或缓冲溶液以及样品溶液中的离子强度增高时，电流强度会随之增高，使电泳温度升高，介质黏度下降，分子运动加剧，引起自由扩散变快，迁移率增加。温度每升高 1℃，迁移率约增加 2.4%，为降低热效应对电泳的影响，可控制电压或电流，也可在电泳系统中安装冷却散热装置。

综上所述，电泳的基本概念是很简单的，但带电粒子在支持介质中的迁移过程受到许多因素的影响，除上述因素外，还有电泳温度、溶液的组成等。因此电泳条件的确定需要经过细致的选择与探索，以实现各种物质的电泳分离。

第二节 常用电泳分离技术

电泳分离技术有很多种，通常按照电泳实验条件中的某一特征来分类。

根据电泳原理不同可分为：①移界电泳；②区带电泳，电泳过程中，不同的离子成分在均一的缓冲液体中分离成独立的区带，这是当前应用最广泛的电泳技术；③等电聚焦，由于具有不同等电点的两性电解质载体在电场中自动形成 pH 值梯度，使被分离物移动至各自等电点处，聚集形成很窄的区带，分辨率较高；④等速电泳等。

根据电泳是在溶液还是在固体支持物中进行可分为自由电泳和支持物电泳两类。自由电泳可分为：①显微电泳（也称细胞电泳），是在显微镜下观察细胞或细菌的电泳行为；②移界电泳，是 Tiselius 最早建立的电泳，它是在 U 形管中进行的，由于分离效果较差，已被其他电泳技术所取代；③柱电泳，是在色谱柱中进行，可利用密度梯度的差别，使分离的区带不再混合，如再配合 pH 值梯度则为等电聚焦柱电泳；④等速电泳，需专用电泳仪，当电泳达到平衡后，各区带分成清晰的界面，并以等速移动。支持物电泳是目前应用最多的一种电泳方法。其电泳过程可以是连续的或不连续的，可进行常压电泳、高压电泳、免疫电泳、等电聚焦电泳及等速电泳。根据支持物的特点又可分为：滤纸电泳、乙酸纤维薄膜电泳、淀粉凝胶电泳、聚丙烯酰胺凝胶电泳和琼脂或琼脂糖凝胶电泳等。

根据电泳槽的形状还可分为U形电泳、板状电泳、柱状电泳、毛细管电泳等。

无论按何种方式分类，各种电泳技术均具有以下特点：凡是带电物质均可应用某一电泳技术进行分离，并可进行定性或定量分析；样品用量极少；设备简单；可在常温进行；操作简便省时；分辨率高。下面将介绍几种目前常见的电泳分离技术。

一、区带电泳

（一）区带电泳的基本原理

区带电泳（zone EP，ZEP）是在一定的支持物上，于均一的背景电解质中，将样品加在中部位置，在电场作用下，样品中带正电荷或负电荷的离子分别向负极或正极以不同速度移动，分离成一个个彼此隔开的区带（见图6-2）。区带电泳按支持物的物理形状不同，可分为纸电泳、纤维膜电泳、粉末电泳、凝胶电泳等。

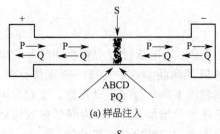

(a) 样品注入

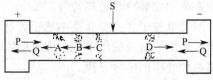

(b) 样品中所有离子分离

图6-2　区带电泳分离阴离子
A、B、C和阳离子D
P、Q为背景电解质；S为加样处

背景电解质的离子有一定的有效迁移率。当电流通过时，这些离子按特定的速度移动。阳离子移向负极，阴离子移向正极。样品中的不同离子在外加电场影响下也各有一特征速度（取决于所选择的条件）。由于背景电解质的高浓度，样品离子对电位梯度和pH值的影响可以忽略不计。样品中的各种离子在一定时间内将按各自的恒定速度移动，形成背景电解质离子流动中伴随样品离子的流动。如果样品中不同离子的迁移率差别相当大的话，那么经过一段时间，不同的离子相互分离。由于扩散和吸附，峰形变宽（拖尾）。

区带电泳由于采用的介质不同以及技术上的差异，可分为不同的类型：

① 纸电泳。用滤纸作支持介质，多用于核苷酸的定性、定量分析。

② 乙酸纤维素薄膜电泳。常用于分析各种蛋白质，操作简单，比纸电泳分辨率高。

以上两种电泳，由于介质的孔径较大，没有分子筛效应，主要依据被分离物的电荷多少进行分离。

③ 淀粉凝胶电泳。多用于酶的分析。天然淀粉经加工处理即可作为电泳介质，孔径可调性差，并且由于批号间质量相差很大，电泳重复性差；加之电泳时间长，

操作麻烦，分辨率低，实验室中已很少用。

④ 琼脂糖凝胶电泳。一般用于核酸的分离分析。孔径较大，只有很小的分子筛效应。

⑤ 聚丙烯酰胺凝胶电泳。可用于核酸和蛋白质的分离、纯化及检测，分辨率较高。聚丙烯酰胺凝胶是目前实验室最常用的介质，下面就讨论以聚丙烯酰胺凝胶为支持物的区带电泳。

（二）聚丙烯酰胺凝胶电泳

与移动界面电泳相比，在支持介质中进行的电泳可以防止对流与扩散，使区带分离清楚。支持介质应具有均匀性、化学惰性、便于重复制备、不干扰大分子的电泳过程和化学稳定性好等特点。聚丙烯酰胺凝胶、琼脂糖凝胶、葡聚糖凝胶和纤维素等都能符合这些要求，聚丙烯酰胺凝胶孔径的大小可以按分析的需要在制备时进行控制，成为目前最常用的凝胶电泳的支持介质。以聚丙烯酰胺凝胶为支持物的电泳称为聚丙烯酰胺凝胶电泳（polyacrylamide gel electrophoresis，PAGE）。

聚丙烯酰胺凝胶是由单体丙烯酰胺（acrylamide，Acr）和交联剂 N,N-亚甲基双丙烯酰胺（methylene-bisacrylamide，Bis）在加速剂和催化剂的作用下聚合交联成三维网状结构的凝胶。聚丙烯酰胺凝胶中丙烯酰胺的用量决定了聚合物的链长，交联剂的用量决定了交联的程度。这两者决定了凝胶的性能，如密度、机械强度、孔径大小、弹性和透明度等。

在凝胶介质中任何组分的移动都受到介质的阻碍，阻碍的程度由组分和凝胶网状结构孔径的相对大小而定。聚丙烯酰胺凝胶网状结构孔径的大小是由单体和交联剂的总浓度 c 以及凝胶溶液中交联剂占总浓度的百分数 c_1（即交联度）来决定的。c 和 c_1 定义为：

$$c = [(m_1 + m_2)/V] \times 100\% \tag{6-6}$$

$$c_1 = [m_2/(m_1 + m_2)] \times 100\% \tag{6-7}$$

式中，m_1 和 m_2 分别为单体和交联剂的质量，g；V 为溶液体积，mL。

通常情况下，凝胶的筛孔、透明度和弹性随凝胶的浓度的增大而降低，机械强度却随凝胶浓度的增大而增加。凝胶总浓度 c 值一般在 $5\% \sim 20\%$，$c > 20\%$，凝胶变脆，但 c_1 值也影响凝胶的孔径。c 值和 c_1 值的经验关系式如下：

$$c_1 = 6.5 - 0.3c \tag{6-8}$$

与其他凝胶相比，聚丙烯酰胺凝胶有下列优点。

① 在一定浓度时，凝胶透明、有弹性、力学效能好。

② 化学性能稳定，与被分离组分不起化学作用。

③ 对 pH 值和温度的变化较稳定。

④ 几乎无电渗作用，只要纯度高，操作条件一致，样品分离重复性就好。

⑤ 样品不易扩散，且用量少，灵敏度可达 $1\mu g$。

⑥ 凝胶孔径可调节，根据被分离组分的分子量选择合适的浓度，通过改变单体及交联剂的浓度调节凝胶的孔径。

⑦ 分辨率高，尤其在不连续凝胶电泳中，集浓缩、分子筛和电荷效应为一体，因而比乙酸纤维素薄膜电泳、琼脂糖电泳等有更高的分辨率。

　　PAGE 已广泛用于科学研究、农业、医药及临床诊断的分析、制备，可用于蛋白质、酶、核酸等生物分子的分离、定性、定量及少量的制备，还可测定分子量、等电点等。

1. 聚丙烯酰胺凝胶电泳的基本原理

　　PAGE 根据其有无浓缩效应，分为连续电泳与不连续电泳两大类，前者电泳体系中缓冲液 pH 值及凝胶浓度相同，带电颗粒在电场作用下，主要靠电荷及分子筛效应分离；后者电泳体系中缓冲液离子成分、pH 值、凝胶浓度及电位梯度不连续，带电颗粒在电场中的流动具有电荷效应、分子筛效应和浓缩效应，因而其分离区带清晰度和分辨率均优于前者。

　　目前常用的多为垂直的圆盘及板状两种。前者凝胶是在玻璃管中聚合，样品分离区带染色后呈圆盘状，故称为圆盘电泳（disc electrophoresis）；后者凝胶是在两块间隔几毫米的平行玻璃板中聚合，故称为板状电泳（slab electrophoresis）。两者电泳原理完全相同。不连续体系由电极缓冲液、样品胶、浓缩胶及分离胶所组成，它们在直立的玻璃管中（或两层玻璃板中）排列顺序依次为上层样品胶、中间浓缩胶、下层分离胶，如图 6-3 所示。

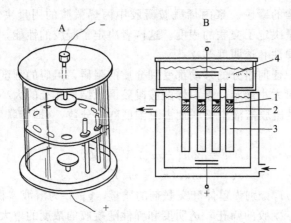

图 6-3　聚丙烯酰胺凝胶圆盘电泳示意图（A 为正面，B 为剖面）

1—样品胶，pH＝6.7；2—浓缩胶，pH＝6.7；3—分离胶，pH＝8.9；4—电极缓冲液，pH＝8.3

　　例如利用 PAGE 分离血清中蛋白质。样品胶是核黄素催化聚合而成的大孔胶，$T＝3\%$，$c＝2\%$，其中含有一定量的样品及 pH＝6.7 的 Tris-HCl 凝胶缓冲液，其作用是防止对流，促使样品浓缩，以免样品跑到上面的缓冲液中。目前，一般不用样品胶，而直接在样品液中加入等体积的 40% 蔗糖，同样具有防止对流的作用。浓缩胶是样品胶的改良品，凝胶浓度及 pH 值与样品胶完全相同，其作用是使样品进入分离胶前被浓缩，并按其迁移率递减的顺序逐渐在其与分离胶的界面上积聚成薄层，从而提高分离效果。分离胶是由过硫酸铵（AP）催化聚合而成的小孔胶，$T＝7.0\%\sim7.5\%$，$c＝2.5\%$，凝胶缓冲液为 pH＝8.9 的 Tris-HCl，大部分血清中各种蛋白质在此 pH 值条件下，按各自负电荷量及分子量泳动，此胶主要起分子筛作用。上下电泳槽是用聚苯乙烯或二甲基丙烯酸制作的，将带有 3 层凝胶的玻璃管垂直放在电泳槽中，在两个电极槽中倒入足够量 pH＝8.3 的 Tris-甘氨酸电极缓冲液，接通电源即可进行电泳。

在此电泳体系中，有两种孔径的凝胶、两种缓冲体系、三种 pH 值，因而形成了凝胶孔径、电位梯度、pH 值、缓冲液离子成分的不连续性，这是样品浓缩的主要因素。PAGE 具有较高的分辨率，就是因为在电泳体系中集样品浓缩效应、分子筛效应及电荷效应为一体。下面就这三种物理效应的原理分别加以说明。

（1）样品浓缩效应

① 凝胶孔径的不连续性。在上述三层凝胶中，样品胶及浓缩胶为大孔胶，分离胶为小孔胶。在电场作用下，蛋白质颗粒在大孔胶中泳动所遇到的阻力小，移动速度快；当进入小孔胶时，蛋白质颗粒泳动受到的阻力大，移动速度减慢。由于凝胶层的不连续性，在大孔与小孔凝胶的界面处就会使样品浓缩，区带变窄。

② 缓冲体系离子成分的不连续性。在电场中如有两种电荷符号相同的离子向同一方面泳动，其迁移率不同，两种离子若能形成界面，则走在前面的离子称为快离子，走在后面的离子称为慢离子。为达到使样品浓缩的目的，需在电泳缓冲系统中加入有效迁移率大小不相同的两种离子，并使这两种离子在缓冲系统中组成不连续的两相。即在三层凝胶中加入快离子，在电极缓冲液中加入慢离子。为了保持溶液的电中性及一定的 pH 值，须加入一种与快、慢离子符号相反的离子，称为缓冲配对离子。使缓冲配对离子分布于全部电泳缓冲系统中（即三层凝胶及电极缓冲液中）。例如分离蛋白质样品时，通常用 Cl^- 为快离子，用 $NH_2CH_2COO^-$ 为慢离子，采用 Tris 作为缓冲配对离子。

电泳开始前，见图 6-4(a)，慢离子位于两个电极槽中，快离子分布在三层凝胶中，样品在样品凝胶中，缓冲配对离子位于全部系统中。电泳进行过程中，见图 6-4(b)，快离子与慢离子的界面向下移动，由于选择 pH 值适当的缓冲液，蛋白质样品的有效迁移率（有效迁移率＝$\mu\alpha$，μ 为迁移率，α 为解离度）介于快离子与慢离子之间，在快、慢离子的界面处浓缩成为极窄的区带。若为有色样品，则可在界面处看到有色的极窄区段带。样品分离见图 6-4(c)。当样品达到浓缩与分离胶界面处，离子界面继续前进，蛋白质分子由于分子量大，被留在后面，然后再分成多个区带。

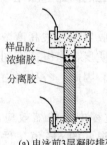 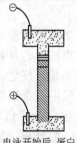 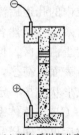

样品胶
浓缩胶
分离胶

(a) 电泳前3层凝胶排列　　(b) 电泳开始后,蛋白质样品　　(c) 蛋白质样品分离
顺序,3层胶中均有　　　夹在快、慢离子之间被　　　成数个区带
快离子,慢离子　　　　浓缩成极窄的区带

图 6-4　凝胶电泳过程示意图
▨快离子；▦慢离子；▨蛋白质

③ pH 值的不连续性。浓缩胶与分离胶之间 pH 值的不连续性是为了控制慢离子的解离度，从而控制其有效迁移率。在样品胶和浓缩胶中，要求慢离子较所有被分离样品的有效迁移率低，以使样品夹在快、慢离子界面之间被浓缩。进入分离胶后，慢离子的有效迁移率比所有样品的有效迁移率高，使样品不再受离子界面的影响。

④ 电位梯度的不连续性。电位梯度的高低与电泳速度的快慢有关，因为电泳速度（v）等于电位梯度（E）与迁移率（μ）的乘积（$v = \mu E$）。迁移率低的离子在高电位梯度中可以与具有高迁移率而处于低电位梯度中的离子具有相似的速度。在不连续系统中，电位梯度的差异是自动形成的。电泳开始后，快离子的迁移率最大，很快就会超过蛋白质，因此在快离子后面，形成一个离子浓度低的区域即低电导区。因为 $E = I/h$（E 为电位梯度，I 为电流强度，h 为电导率），E 与 h 成反比，所以低电导区就有了较高的电位梯度。这种高电位梯度使蛋白质和慢离子在快离子后面加速移动。当快离子、慢离子和蛋白质的迁移率与电位梯度的乘积彼此相等时，则三种离子移动速度相同。在快离子和慢离子的移动速度相等的稳定状态建立之后，则在快离子和慢离子之间形成一个稳定而又不断向阳极移动的界面。也就是说，在高电位梯度处和低电位梯度处之间形成一个迅速移动的界面。蛋白质的有效迁移率恰好介于快、慢离子之间，因此也就聚焦在这个移动的界面附近，被浓缩形成一个狭小的中间层。

（2）分子筛效应　分子量或分子大小和形状不同的蛋白质通过一定孔径分离胶时，受阻滞的程度不同，表现出不同的迁移率，这就是分子筛效应（molecular sieving capacity）。经上述浓缩效应，快、慢离子及蛋白质均进入同一孔径的分离胶中。此时，高电压消失，在均一的电压梯度下，由于甘氨酸解离度增加，加之其分子量小，则有效迁移率增加，赶上并超过各种蛋白质。因此，各种蛋白质进入同一孔径的小孔胶时，各分子迁移速度与分子量大小和形状及迁移率密切相关，分子量小且为球形的蛋白质所受阻力小，移动快，走在前面；反之，阻力大，移动慢，走在后面，从而通过凝胶的分子筛作用将各种蛋白质分成各自的区带。此处分子筛效应是指样品通过一定孔径的凝胶时，小分子走在前面，大分子走在后面。而在柱色谱分离方法中的分子筛作用，则是大分子通过凝胶颗粒之间的缝隙先流出，小分子通过凝胶颗粒内的孔道后流出。

（3）电荷效应　虽然各种蛋白质在浓缩胶与分离胶界面处被高度浓缩，形成一狭窄的高浓度蛋白质区，但进入分离胶后，各种蛋白质所带净电荷不同，从而有不同的迁移率。表面电荷多，则迁移率快；反之，则慢。因此，各种蛋白质按电荷多少、分子量及形状并按一定顺序排成一个个区带。

目前，PAGE 连续体系应用也很广，虽然电泳过程中无浓缩效应，但利用分子筛及电荷效应也可使样品得到较好的分离，加之在温和的 pH 值条件下，不致使蛋白质、核酸、酶素等活性物质变性失活，显示了它的优越性。

2. 聚丙烯酰胺凝胶电泳仪器装置

聚丙烯酰胺凝胶电泳仪器按形式可分为垂直型和水平型两种。一般由电泳槽、电源和冷却装置组成，配套的有各种灌胶磨具等配件。

电泳槽是凝胶电泳的核心部分。垂直型电泳仪的电泳室有上、下两电泳槽（见图 6-5），水平型电泳仪的电泳室有左右两电泳槽（见图 6-6），每个槽中都有固定的铂电极，铂电极经隔离电线接于电泳仪上。根据电泳原理，凝胶都是放在两个缓冲腔之间，电场通过凝胶连接两个缓冲腔，缓冲液和凝胶之间的接触可以是直接的液体接触，也可以间接地通过滤纸条和凝胶条接触。

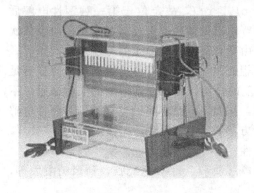

图 6-5　Biometra V16/V16-2 型垂直型电泳仪

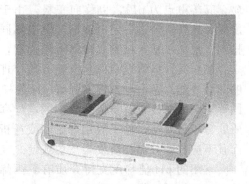

图 6-6　Biometra Horizon 水平型电泳仪

电源是使带电组分发生泳动的动力来源。其直接影响电泳分辨率和电泳速度。一般要求电源电压可调范围大，稳定性强。

凝胶电泳过程中也会产生自热，影响分离分辨率，严重时会导致烧焦。目前冷却凝胶温度的方式有两种：一种是在凝胶板下装半导体冷却装置；另一种是在电泳槽中用冷却管或冷却板与外恒温循环系统相连。

二、等电聚焦电泳

（1）等电聚焦的基本原理　等电聚焦电泳（isoelectric focusing，IEF）是将两性电解质加入盛有 pH 值梯度缓冲液的电泳槽中，当其处在低于其等电点的环境中带正电荷，向负极移动；若其处在高于其等电点的环境中，则带负电向正极移动。当泳动到其自身特有的等电点（pI）时，其净电荷为零，泳动速度下降到零，具有不同等电点的物质最后聚焦在各自等电点位置，形成一个个清晰的区带（见图 6-7），分辨率极高。

（2）pH 值梯度的组成方式　pH 值梯度的建立是在水平板或电泳管正负极间引入等电点彼此接近的一系列两性电解质的混合物，在正极端吸入酸液，如硫酸、磷酸或乙酸等，在负极端引入碱液，如氢氧化钠、氨水等。电泳开始前两性电解质的

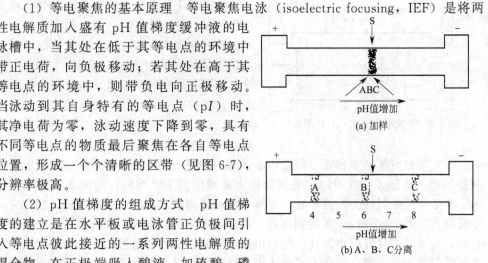

图 6-7　等电聚焦分离两性物质
A、B、C 的 pI 分别为 4、6、8

混合物 pH 值为一均值，即各段介质中的 pH 值相等，用 pH_0 表示。电泳开始后，混合物中 pH 值最低的分子，带负电荷最多，pI_1 为其等电点，向正极移动速度最快，当移动到正极附近的酸液界面时，pH 值突然下降，甚至接近或稍低于 pI_1，这一分子不再向前移动而停留在此区域内。两性电解质具有一定的缓冲能力，使其周围一定的区域内介质的 pH 值保持在它的等电点。pH 值稍高的第二种两性电解质，其等电点为 pI_2，也移向正极，由于 $pI_2 > pI_1$，故定位于第一种两性电解质之后，这样，经过一定时间后，具有不同等电点的两性电解质按各自的等电点依次排列，形成了从正极到负极等电点递增，由低到高的线性 pH 值梯度。

（3）两性电解质载体与支持介质　理想的两性电解质载体应在其等电点处有足够的缓冲能力及电导，前者保证 pH 值梯度的稳定，后者允许一定的电流通过。不同等电点的两性电解质应有相似的电导率，从而使整个体系的电导均匀。两性电解质的分子量要小，易于应用分子筛或透析方法将其与被分离的高分子量物质分开，而且不应与被分离物质发生反应或使之变性。

常用的 pH 值梯度支持介质有聚丙烯酰胺凝胶、琼脂糖凝胶、葡聚糖凝胶等，其中聚丙烯酰胺凝胶最常应用。

三、等速电泳

（1）等速电泳基本原理　等速电泳（isotachophoresis，ITP）是在样品中加有领先离子（其迁移率比所有被分离离子大）和终末离子（其迁移率比所有被分离离子小），样品加在领先离子和终末离子之间，在外电场作用下，各离子进行移动，经过一段时间电泳，达到完全分离。被分离的各离子的区带按迁移率大小依次排列在领先离子与终末离子的区带之间。由于没有加入适当的支持电解质来载带电流，所得到的区带是相互连接的（见图 6-8），且因"自身校正"效应，界面是清晰的，这是与区带电泳不同之处。图 6-8 中，$t=0$，样品注入；$t=t_1$，A、B 部分分离；$t=t_2$，A、B 分离等速迁移，S 为进样处。

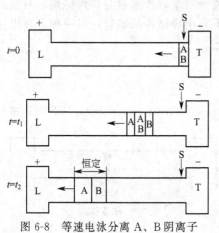

图 6-8　等速电泳分离 A、B 阴离子

（2）等速电泳基本装置　等速电泳的基本装置一般包括进样系统、配对电极槽和检测器三部分（见图 6-9）。毛细管作为装置中的主要部件，与两头的电极槽相通，在毛细管中间加上控温装置、进样装置和检测器，有时还加上逆流装置，它对于有巨大浓差的区带的分离特别有效。进样可采用两种方式：注射器进样或六通阀进样，后者具有良好的重复性。配对电极槽有圆柱形和平面形，在电极槽和毛细管之间需要加上半透膜，它是为了防止因两电极槽水平高度不同而引起的电解质在两极间的流动。等速电泳仪的检测器多种多样，包括电位梯度检测器、电导检测器、测温检测器和紫外检测器等。

四、毛细管电泳

1. 毛细管电泳的基本原理

毛细管电泳（capillary electrophoresis，CE）是一类以毛细管为分离通道、以高压直流电场为驱动力，根据样品中各组分之间迁移速度和分配行为上的差异而实现分离的一类液相分离技术，其基本原理是在电场作用下离子迁移的速度不同，从而对组分进行分离和分析。以两个电解槽和与之相连的内径为 $20 \sim 100 \mu m$ 的毛细管为工具，毛细管电泳

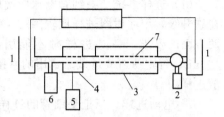

图 6-9　等速电泳仪器装置简图
1—电极/电极槽；2—进样装置；3—控温装置；
4—检测器；5—记录仪；6—逆流装置；
7—毛细管

所用的石英毛细管柱，在 pH＞3 的情况下，其内表面带负电，和缓冲液接触时形成的双电层，在高压电场的作用下，形成的双电层一侧的缓冲液由于带正电荷而向负极方向移动，形成电渗流。同时，在缓冲液中，带电粒子在电场的作用下，以不同的速度向与其所带电荷极性相反的方向移动，形成电泳。在毛细管电泳中，带电粒子同时存在电泳流和电渗流，在不考虑相互作用的前提下，粒子在毛细管缓冲液中的迁移速度等于电泳淌度和电渗流的矢量和，即正离子的电泳方向和电渗一致，最先流出；中性粒子的电泳速度为"零"，将随电渗流迁移；负离子因其电泳方向和电渗相反，将在中性粒子之后流出，即各种带电粒子由于所带电荷多少、质量、体积以及形状等因素的不同引起迁移速度不同而实现分离。

毛细管电泳兼具高压电泳及高效液相色谱的优点，其突出特点如下。

① 所需样品量少、仪器简单、操作简便。

② 分析速度快，分离效率高，分辨率高，灵敏度高。

③ 操作模式多，开发分析方法容易。

④ 实验成本低，消耗少。

⑤ 应用范围极广。

2. 毛细管电泳基本装置

毛细管电泳仪器主要包括进样系统、分离系统、检测系统和数据处理系统等部分（见图 6-10）。

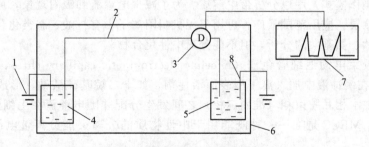

图 6-10　毛细管电泳仪器装置简图
1—高压电源；2—毛细管；3—检测器；4—高压电极槽和进样机构；
5—低压电极槽；6—恒温装置；7—记录及数据处理系统；8—铂丝电极

(1) 进样系统 毛细管电泳所使用的毛细管内径只有几十微米,进样体积一般在纳升级,用注射器进样比较困难,为实现高效快速进样,毛细管电泳进样应满足两方面的要求:一是进样时不能引入显著的区带扩张;二是样品量必须小于100nL,否则易造成过载。常用的直接进样方法有三种:电动进样、压力进样和扩散进样。

① 电动进样。当把毛细管的进样端和铂丝电极一并插入样品溶液中并加上电场,样品就会因电迁移和电渗作用而进入毛细管。

② 压力进样。也称流体进样,它是将毛细管进样端插入样品溶液中,毛细管两端处于不同的压力环境中而产生压力差,从而使样品进入毛细管。

③ 扩散进样。当将毛细管插入样品溶液中时,样品分子因管口界面存在浓度差而向管内扩散,从而将样品引入毛细管。

(2) 分离系统 毛细管是分离系统的核心部件,理想的毛细管应是电绝缘的,可透紫外线/可见光,富有弹性、耐用、便宜。最常用的毛细管是由熔融石英制成的,外壁涂覆聚酰亚胺,以使其富有弹性,易于弯曲缠绕。聚酰亚胺层不透明,所以检测窗口部位的外层必须剥离除去。分离系统除毛细管外,还包括恒温装置,以使电泳在恒温的环境中进行,提高分离效率和重现性。

(3) 检测系统 毛细管电泳的优点之一是实现了自动化在线检测,避免了谱峰变宽。目前已有多种灵敏度很高的检测器应用于毛细管电泳,如紫外检测器(UV)、激光诱导荧光检测器 (LIF)、能提供三维图谱的二极管阵列检测器(DAD) 以及电化学检测器 (ECD)。其中紫外检测器因技术成熟、价格低廉、适用范围广而应用于绝大多数商品仪器中。

3. 毛细管电泳分离模式

同检测模式一样,毛细管电泳技术的分离模式也是多方面的,经典的分离模式有毛细管区带电泳 (CZE)、毛细管胶束电动色谱 (MECC)、毛细管凝胶电泳(CGE) 等;目前新建立的分离模式和联用技术有毛细管电色谱 (CEC)、阵列毛细管电泳 (CAE)、亲和毛细管电泳技术 (ACE)、芯片毛细管电泳 (CCE)、非水毛细管电泳技术 (NACE)、毛细管电泳/质谱 (CE/MS) 等。下面简要介绍一下几种常见的毛细管电泳分离模式。

(1) 毛细管区带电泳 (capillary zone electrophoresis, CZE) 最基本也是最常见的一种操作模式,用以分析带电溶质。为了减少电渗流和吸附现象,可将毛细管内壁涂上涂层。应用范围最广,可用于无机阴阳离子、有机酸、胺类化合物、多种蛋白质、肽、氨基酸的分析,但不能分离中性化合物。

(2) 胶束电动毛细管色谱 (micellar electrokinetic capillary chromatography, MECC) 在缓冲液中加入离子型表面活性剂,如十二烷基硫酸钠,形成胶束,被分离物质在水相和胶束相(准固定相)之间发生分配并随电渗流在毛细管内迁移,实现分离。MECC 是唯一一种既能用于中性物质的分离又能分离带电组分的 CE模式。

(3) 毛细管凝胶电泳 (capillary gel electrophoresis, CGE) 在毛细管中装入单体,引发聚合形成凝胶。CGE 分为凝胶和无胶筛两类,主要用于 DNA、RNA

片段分离和 PCR 产物分析及蛋白质等大分子化合物的检测。

（4）亲和毛细管电泳　在毛细管内壁涂布或在凝胶中加入亲和配基，以亲和力的不同实现各组分的分离。可用于研究抗原-抗体或配体-受体等特异性相互作用。

（5）毛细管等电聚焦电泳（capillary isoelectric focusing，CIEF）　通过内壁涂层使电渗流减到最小，在两个电极槽中分别装入酸和碱，加高电压后，在毛细管内壁建立 pH 值梯度，溶质在毛细管中迁移至各自的等电点、形成明显区带。聚焦后，用压力或改变检测器末端电极槽贮液的 pH 值使溶质通过检测器。CIEF 已经成功用于测定蛋白质等电点、分离异构体等方面。

（6）毛细管等速电泳（capillary isotachophoresis，CITP）　采用先导电解质和后继电解质，使溶质按其电泳淌度得以分离。

（7）毛细管电色谱（capillary electrochromatography，CEC）　将高效液相色谱（HPLC）的固定相填充到毛细管中，或在毛细管内壁涂布固定相，以电渗流为流动相驱动力的色谱过程。此模式兼具毛细管电泳和高效液相色谱的特点，且分离效率比 HPLC 高，选择性比毛细管电泳高。由于样品用量小、快速、高效，正逐渐成为生物、药物、食品检测、生命科学和环境分析等研究领域中复杂样品分离分析的重要方法和手段，是目前微分离分析领域中最具发展潜能的一种分离模式。按照固定相在毛细管中的存在形式不同，毛细管电色谱柱可划分为毛细管电色谱填充柱（packed capillary electrochromatographic columns，PCEC）、毛细管电色谱开管柱（open Tubular capillary electrochromatographic column，OTCEC）和毛细管电色谱整体柱（monolithic capillary electrochromatographic column，MCEC）。填充柱因制柱方法成熟，填料多样易得，通过改变固定相及流动相能满足大多数样品分离分析的需求，是毛细管电色谱柱的主要商品化类型。但它的主要缺点是在制作过程中要在柱两端烧塞子，给柱子引入了非均匀性因子，容易产生气泡，导致电渗流中断。整体柱通常是在毛细管内加热和/或光照原位聚合形成连续床层，可根据不同样品的需要选择不同的有机单体和添加剂进行聚合，不需要烧柱塞，柱的制备方法相对简单，成功率高，重现性好。因此，该类型电色谱柱近年来发展迅速。开管柱是将固定相涂渍或键合到毛细管内壁上，形成具有一定厚度固定相的空心毛细管柱。其具有以下一些优点：制备方法简单，节约能源；不需要烧塞子以及不会由于塞子的存在而产生气泡；处理时间短；重复性好，稳定性高，能提供稳定的电渗流，分离效率高；可以更方便地通过表面修饰改变固定相的物理结构和表面的化学性质，使其具有更加优异的色谱分离性能；易于实现与质谱联用以获得准确的信息等。但由于开管毛细管电色谱柱相比低、柱容量小，限制了其在复杂样品分离分析中的应用。尽管毛细管电色谱分离模式还存在一些不足之处，但可以预见，随着微全分析技术的发展，毛细管电色谱必将成为针对复杂样品的一种最有发展前途的分离分析技术。

（8）毛细管电泳/质谱（CE/MS）联用　这是毛细管电泳发展史上的一个重大事件，CE 的高效分离与 MS 的高鉴定能力结合，检测灵敏度极高，已达到几摩尔或更低的水平，成为微量生物样品尤其是多肽、蛋白质分离分析的强有力工具。可提供分子量及结构信息，适用于目标化合物分析或窄质量范围内扫描分析，如多环芳香烃类化合物（PAH）、寡聚核苷酸分析等。原则上，各种 CE 模式均可能和任一种 MS 方法联用。实际上 CZE 与三重四极杆质谱的联用研究工作最多，因为这两者的结构和操作都比较简单；傅里叶变换离子回旋共振质谱（FT-MS）具有极高的分辨率和灵敏度，可以进行多级质谱研究，所以在蛋白质研究方面具有很大的发展潜力。CE/FT-MS 联用势必对解决当前面临的蛋白质组学的分析问题带来新的契机。

（9）毛细管电泳/核磁共振（CE/NMR）联用　NMR 作为一种结构鉴定技术，被看作一种优良的联用检测手段。CE 和 LC 具有很多相似点，因此，CE/NMR 是从 LC/NMR 中移植过来的。NMR 虽然对氧不敏感，灵敏度较低，但其能提供丰富的结构信息，结合 CE 的高分离效率，使 CE/NMR 在鉴定未知物质方面具有极大的吸引力。

（10）毛细管电泳/拉曼光谱（CE/RS）联用　介于 CE/MS 和 CE/NMR 之间得以发展的一种联用技术。其没有 CE/MS 发展迅速，但比 CE/NMR 受重视。主要原因在于 RS 不破坏被鉴定的分子，还可以做成探头，可对生物组织活体进行分析，因此，在生物分子的分析上存在很大的吸引力。

第三节　电泳分析应用

电泳作为一种分离分析技术，已被广泛地应用于分析化学、生物化学、临床医学、农业科学、环境监测及食品化学等各个领域。从氨基酸、肽、蛋白质、核酸等有机分子到无机离子的分离分析，直到手性化合物的拆分，电泳已成为一种必不可少的分析工具。

一、在药物分离分析中的应用

（1）电泳技术用于中药分析和鉴别　长期以来，中医开出中药医治疾病，但人们把这看作"黑匣子"操作，因为人们不了解中药的成分和中药中有效成分的含量，为此测定中药成分成为中药应用与发展的必然趋势。但是中药成分复杂，常有色素和其他物质的沉积，不宜采用色谱法。中药的有效成分如生物碱、多糖、黄酮、酚酸、香豆素、皂苷、醌类等在毛细管电泳中已得到了良好的分离分析。尤其是 CE 与 MS 的联用更显示了其独特的优越性。

（2）电泳技术用于手性药物的分离分析　手性药物对映体往往具有不同生物活性，一种构型是有效的药物，另一种构型则产生严重的毒副反应，因而在临床上有不同的应用。目前全合成药物中 87% 的手性药物以外消旋体形式作为药用，这些外消旋体进入人体后，由于生物活性的差异，效果很难预料，因此，迫切需要建立快速和准确的手性分离分析手段。由于 CE 与 HPLC 相比具有高分离效率、不需要手性固定相以及手性选择剂可直接加入电解质溶液中且用量少等优势，故手性化合物的分离分析已成为 CE 最成功的应用领域之一。

二、在生命科学中的应用

蛋白质等生物大分子的分离、检测和研究。随着人类基因组计划的实施，人类基因组计划的完成时间相比预期时间一再提前，其主要手段是毛细管电泳技术。但是人类基因组图谱并没有告诉我们所有基因的"身份"以及它们所编码的蛋白质。人体内真正发挥作用的是蛋白质，蛋白质扮演着构筑生命大厦的"砖块"角色，其中可能藏着开发疾病诊断方法和新药的"钥匙"。在"后基因时代"，一个以"蛋白质组"为重点的生命科学新时代的到来，需要对蛋白质做更多的研究，作为分离分析蛋白质的强有力工具——毛细管电泳技术将发挥更大的作用。

三、在临床医学中的应用

各种电泳技术在临床医学方面应用广泛。《中华人民共和国药典》2010 年版中人血白蛋白、人血丙种球蛋白、人胎盘蛋白、人胎盘血丙种球蛋白质纯度测定采用的就是乙酸纤维素薄膜电泳。采用聚丙烯酰胺凝胶电泳法可以对胰岛素及中性胰岛素注射液中的有关蛋白质进行检查。利用免疫固定电泳，可直接检测非浓缩晨尿的本周氏蛋白，还可协助临床诊断浆细胞病和 B 淋巴细胞增生性疾病。此外，还可用于血清脂蛋白（a）与其他脂蛋白分离和鉴定。利用单细胞微凝胶电泳（SCG）技术研究 γ 射线照射、过氧化氢、氯化镉对人血淋巴细胞 DNA 的损伤效应，结果表明，三者均能引起细胞 DNA 迁移长度增加，且呈显著的剂量效应关系。

四、在环境分析中的应用

随着电泳技术的发展和完善，其已被引进环境卫生学领域，在检测和评价环境因素的遗传毒性、环境与职业人群的生物监测、环境生态监测、环境流行病调查等方面发挥着重要作用。Anitha 等用电泳技术评价热休克对金鱼的遗传毒性，发现在 34℃、36℃、38℃下均检测到 DNA 的单链断裂，显示热休克是一种具有遗传毒性的因素。

（1）金属离子的分离与测定　由于金属离子大多具有高电荷、低质量、迁移速率相近的特点，一般很难实现直接分离。最初，金属离子的分离采用纸电泳和乙酸纤维素薄膜电泳或薄层电泳，与纸电泳相比，后两者具有分辨率高、图谱清晰、电泳时间短等优点。后来出现了一种特别适用于离子型组分的分离分析的电泳方法——等速电泳，它可用于同时分离多种金属离子，操作简单，分离效率高。目前快速发展的毛细管电泳可使金属离子在一种简单的分离体系内被分离检测。即通过加入辅助络合剂，金属离子与络合剂形成具有不同稳定常数的络合物，来增大彼此迁移率的差异，实现金属离子的分离。

（2）有机物的分离与测定　环境中有机物种类繁多、结构复杂且含量分布不均，尤其是环境的那些含量低、危害大的有机污染物，诸如酚类、多环芳烃、多氯联苯、农药等，采用传统的方法对其进行分离和测定存在很多困难。毛细管电泳具有检测限低、分离效率高、可应用范围广、对样品的预处理要求低等特点，特别适合环境样品中有机污染物的分离和测定。例如，李爱梅等用毛细管电泳法测定了水体中 4 种四环素类抗生素（四环素、土霉素、金霉素及强力霉素）；苏红晓等利用高效毛细管电泳，同时分离检测了土壤中三嗪类与磺胺类抗球虫药物；彭进进等采用毛细管电泳法测定了土壤中的苯酚。

五、在作物品种鉴定中的应用

电泳技术在农业科研和农业技术中也有应用。如采用电泳谱带法鉴定蔬菜品种纯度、分类及检验动植物亲子关系等。徐献军等运用电泳技术直接鉴定出了小麦的品种属性，并快速检测出了小麦样品中品种的纯度，有效地识别了优质小麦中的掺杂使假行为。王沛政等应用种子贮藏蛋白和同工酶电泳技术对汕葵品种康地 4 号、5 号、6 号、7 号及 G101 的父母本和杂交种在品种鉴定上的应用进行了分析研究，结果表明：合适的蛋白提取剂类型及电泳系统是利用种子蛋白进行杂交种鉴定的前提条件。可见，电泳是一种作物品种纯度鉴定的有效工具。

六、在动物和植物科学研究中的应用

电泳技术在动物和植物科学研究中也显示了它不可替代的作用。利用双向电泳精准的蛋白质分辨技术，能够找出中华卵索线虫和日本血吸虫成虫雌雄之间的相同和不同蛋白，从而可以进一步用于疫苗和检测试剂的开发。王凤华等以龙眼胚性培养物为材料，建立了适用于龙眼胚性培养物的蛋白质水平双向电泳技术体系。使用该技术对龙眼体细胞胚胎发生过程中的特异蛋白进行研究，为龙眼体胚发育特异蛋白的分离以及进一步分离体胚发育的特异表达基因提供了有效的技术平台。

总之，随着电泳技术的发展、技术种类的逐渐增多，电泳技术的应用范围势必越来越广泛。

第七章

膜分离技术

第一节 概　述

　　膜分离是在 20 世纪初出现、20 世纪 60 年代后迅速崛起的一门分离新技术。顾名思义，膜分离是利用一张特殊制造的、具有选择透过性能的薄膜，在外力推动下对混合物进行分离、提纯、浓缩的一种分离新方法。这种薄膜必须具有使有的物质可以通过、有的物质不能通过的特性。膜可以是固相、液相或气相。目前使用的分离膜绝大多数是固相膜。

　　物质透过分离膜的能力可以分为两类：一种是借助外界能量，物质发生由低位向高位的流动；另一种是以化学位差为推动力，物质发生由高位向低位的流动。表 7-1 列出一些主要的膜分离过程的特性及分离的驱动力。

表 7-1　主要膜分离过程的特性及推动力

过　程	主要功能	膜材料	推动力
微滤（microfiltration，MF）	滤除≥50nm 的颗粒	对称细孔，高分子膜孔径 0.03～10nm	压力差
超滤（ultrafiltration，UF）	滤除 5～100nm 的颗粒	非对称结构的多孔孔径 1～20nm（$M_w 10^3 \sim 10^6$）	
反渗透（reverse osmosis，RO）	水溶液中溶解盐类的脱除	中空纤维，第三代复合膜	
气体分离（gas permeation，GP）	混合气体的分离	硅橡胶、聚砜、聚酰亚胺等非对称膜	
渗析（透析）（dialysis，D）	水溶液中无机酸、盐的脱除	强碱性离子交换膜、聚乙烯醇中性膜	浓度差
电渗析（electrodialysis，ED）	水溶液中酸、碱、盐的脱除	阴阳离子交换膜	电位差
渗透汽化（pervaporation，PV）	水-有机物的分离	聚乙烯醇等由皮层和多孔支撑结构层构成的复合膜	浓度差（分压差）
液膜（liquid membrane，L）	盐、生理活性物质的分离	液体保存在对称或者非对称多孔膜的孔中	浓度差加化学反应

　　不同的分离任务应采用不同的分离工艺和不同的膜材料。膜材料研究的不断发展使膜分离的应用领域日益扩大。图 7-1 为各种膜分离方法能够截留的物质种类和截留物的分子量。

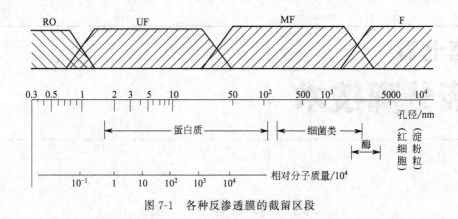

图 7-1　各种反渗透膜的截留区段

第二节　膜分离的基本原理

由于分离膜具有选择透过特性，所以它可以使混合物质有的通过、有的留下。但是，不同的膜分离过程，它们使物质留下、通过的原理有的类似，有的完全不一样。下面主要介绍固体膜的分离原理，简单介绍液膜分离原理。

一、反渗透分离法基本原理

只允许溶剂透过而不允许溶质透过的膜，称为半透膜。当把溶剂和溶液（或把两种不同浓度的溶液）分别置于半透膜的两侧时，由于浓差推动力的作用，溶剂渗透通过半透膜而自发地向溶液一侧流动，这种现象叫作渗透。当渗透过程达到平衡时，两个液面产生了液位差，这个液位差对应的压力称为该溶液的渗透压 π，见图 7-2(a)。

渗透压的大小取决于溶液的种类、浓度和温度，与膜本身无关。在上述情况下，若在溶液的液面上再施加一个大于 π 的压力 p 时，溶剂渗透方向将与原来的渗透方向相反，开始从溶液向溶剂一侧流动，这就是反渗透分离的基本原理［参见图 7-2(b)］。

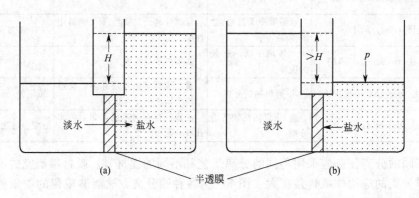

图 7-2　渗透与反渗透示意图

二、纳滤分离的基本原理

纳滤即纳米级过滤的简称，是介于反渗透与超滤之间的一种以压力为驱动力的新型膜分离过程。纳滤能截留有机小分子而使大部分无机盐通过，操作压力低，在食品工业、生物化工及水处理等许多方面有很好的应用前景。实验证明，它能使90％的 NaCl 透过膜，使 99％的蔗糖被截留。由于该膜在渗透过程中截留率大于95％的最小分子约为 1nm（非对称微孔膜平均孔径为 2nm），故被命名为"纳滤膜"，这就是"纳滤"一词的由来。

纳滤膜的截留分子量一般在 100～1000。纳滤膜的截留分子量范围比反渗透膜大而比超滤膜小，因此可以截留能通过超滤膜而不能通过反渗透膜的溶质。根据这一原理，可用纳滤来填补由超滤和反渗透所留下的空白部分。

纳滤集浓缩与透析为一体，能截留小分子的有机物，同时可使无机盐通过。这样，在保证一定的膜通量的前提下，纳滤过程所需的外加压力就比反渗透低得多，具有节约动力的优点。一般认为，超滤膜由于孔径较大，传质过程主要为孔流形式，而反渗透膜通常属于无孔致密膜，溶解-扩散的传质机理能够令人满意地解释膜的截留性能。由于大部分纳滤膜为荷电型，其对无机盐的分离行为不仅受化学势控制，同时也受到电势梯度的影响，所以，其确切的传质机理至今尚无定论。

三、微孔过滤基本原理

微孔过滤膜由孔径范围为 $0.1～10\mu m$ 的特种纤维素或聚合物及无机材料构成。其性能由膜厚、过滤速度、孔隙率、孔径及分布等参数决定。其孔径形态可分为通孔型、网络型和非对称型三种，见图 7-3。

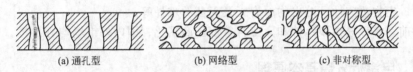

(a) 通孔型　　　　　(b) 网络型　　　　　(c) 非对称型

图 7-3　几种有代表性的膜断面结构

其截留机理分为机械截留、物理作用或吸附截留、架桥截留和网络型膜的网络内部截留。见图 7-4。

机械截留——吸附截留——架桥截留
(a)　　　　　　　　　　(b)

图 7-4　微孔过滤截留方式示意图

(a) 在膜表面的截留；(b) 在膜内部的网格中截留

四、透析分离基本原理

借助膜的扩散使各种溶质得以分离的膜过程称为透析（或渗析）。它是一种最原始的膜过程，1861 年由 T. Graham 用于分离胶体与低分子溶质。最早用于透析的膜主要是羊皮纸、赛璐玢及火棉胶膜等。

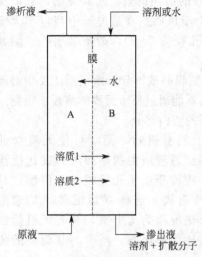

图 7-5　渗析分离原理示意图

透析过程的简单原理如图 7-5 所示，即中间以膜（虚线）相隔，A 侧通原液，B 侧通溶剂。如此，溶质由 A 侧根据扩散原理移动，而溶剂（水）由 B 侧根据渗透原理进行移动，一般小分子比大分子扩散得快。

透析的目的就是借助这种扩散速度的差，使 A 侧两组分以上的溶质得以分离。不过这里所说的不是溶剂和溶质的分离（浓缩），而是溶质之间的分离。浓度差（化学位）是这种分离过程的唯一推动力。

这里用的透析膜也是半透膜的一种，它是根据溶质分子的大小和化学性质的不同而具有不同透过速度的选择性透过膜，通常用于分离水溶液中的溶质。

透析膜的主要应用目标是模拟人体肾脏进行血液的透析分离。膜的截留机理是水的膨润作用使寄留于构成膜的高分子链间的水分子以各种状态（化合水、游离水等）存在，因而具有"孔眼"的功能。根据这种孔眼的大小，透析膜将按溶质分子的大小显示出分级筛分的多孔膜特征。

从宏观角度来看，透析膜的表征一般包括透过性（溶质透过性和透水性）、机械强度、生物适应性、溶出物的有无及灭菌的难易等。

目前，各种透析膜组件和人工肾等都已商品化，国内外市场均有出售。

五、电渗析分离基本原理

电渗析技术是 20 世纪 50 年代发展起来的一项水处理新技术。其操作简便，运行可靠，效率高，占地面积小，适用于规模不等的工业水处理。

将具有选择性交换功能的基团与高分子材料骨架相连，所制成的离子交换膜便具有使离子有选择性通过的能力。之所以具有选择透过性，主要是由于膜内有许多大的孔径供离子进出，孔径的内表面有与高分子骨架连接紧密的固定离子，阳离子交换膜上固定离子是阴离子，阴离子交换膜上固定离子是阳离子。当阳离子接近阳离子交换膜时，阳离子可以进入或通过膜；但当阴离子接近阳离子交换膜时，由于孔径内固定离子带有相同的负电荷，从而产生排斥作用，阴离子被阻隔而无法进行交换或通过。同样道理，阴离子交换膜也只允许阴离子进入或通过，而阳离子无法进入或通过。这就是 Donnan 理论。

电渗析装置由许多层允许阳离子通过的阳离子交换膜 A 和只允许阴离子通过

的阴离子交换膜 C 组成（如图 7-6 所示），这两种交换膜交替地平行排列在两块正负电极板之间。最初，在进入所有隔室的原水中阳离子与阴离子的浓度都相同。接通电源后，在直流电场的作用下，置于溶液中的离子朝着带相反电荷的极板方向运动。根据 Donnan 理论，阳离子交换膜只允许阳离子通过，阴离子无法通过；阴离子交换膜只允许阴离子通过，阳离子无法通过。因此，淡化室中的阳离子可以通过阳离子交换膜向阴极移动，进入右端相邻的浓缩室，淡化室中的阴离子也可以通过阴离子交换膜向阳极移动，进入左端相邻的浓缩室；浓缩室中的阳离子也会向阴极移动，但无法通过阴离子交换膜而被阻隔留在浓缩室，浓缩室中的阴离子也有向阳极移动的趋势，但同样无法通过阳离子交换膜而被阻隔留在浓缩室。于是淡化室中的电解质浓度逐渐下降，浓缩室中的电解质浓度则逐渐上升。这样使淡化室中的溶液含盐量逐渐降低，而浓缩室中的溶液含盐量越来越高。

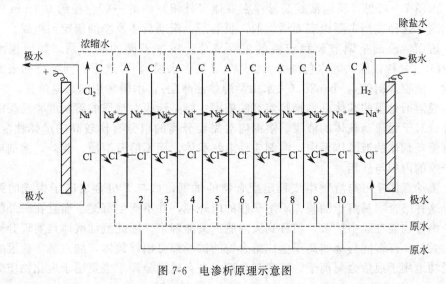

图 7-6 电渗析原理示意图

在电渗析装置中，阴阳极分别发生还原和氧化反应，这是不可避免的。为了降低电极反应所消耗的能量，在实际应用中可采用装有成百对阴、阳离子交换膜的多层式电渗析单元组合起来进行工作。

六、液膜分离法基本原理

液膜分离分为乳化液膜分离和支撑液膜分离两种，现分别介绍其分离原理。

（一）乳化液膜分离原理

液膜分离法是近年来发展很快的一种膜分离方法。其分离原理主要是依靠组分在互不相溶的两液相间选择性地渗透、萃取、吸附而进行分离。待分离组分从膜的外相透过液膜，在膜内被富集起来。它把液-液萃取中的萃取与反萃取两个步骤结合一起，由于液膜薄、传质速度快，所以其分离效率比溶剂萃取高。

各种乳化膜液滴的直径为 0.1～0.3mm，膜厚 5～100μm，其形状示意图见图 7-7。

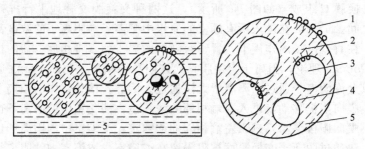

图 7-7 液膜的结构与分离原理示意图
1—表面活性剂；2—膜相（油相）；3—内相（接受相）；4—膜相与内相界面；
5—外相（连续相，如废水）；6—乳滴

由图 7-7 可见，所谓液膜是悬浮在液体（外相）中的一些直径约 0.1mm 的微小乳滴，这种乳滴主要由表面活性剂、膜溶剂、流动载体及膜的稳定剂组成。

表面活性剂是调节膜稳定性的主要成分。根据不同的膜体系，如油包水型（W/O）（又称油膜）和水包油型（O/W）（又称水膜），可选用不同类型的表面活性剂。油膜常用的是 span80（失水山梨醇单油酸酯），水膜常用的是皂角苷。

膜溶剂是膜的基体。选择膜溶剂的依据主要是液膜对溶质的溶解度和液膜的稳定性。对于无流动载体的液膜，溶剂应对需要分离的组分有比较高的选择性溶解；在有流动载体的液膜体系中，溶剂应易溶解载体，而不溶解溶质；此外，溶剂应不溶于膜的内相与外相。

流动载体是可与溶质生成稳定配合物的试剂，如与无机金属离子生成的配合物，这种络合物易溶于油膜，不溶于膜的内外相，并不产生沉淀。而且在膜外侧生成的络合物能在膜中扩散，转移到膜内侧后又能解络。因此流动载体是实现分离传质的关键。许多能与金属离子生成络合物的试剂都可用作载体，如冠醚、硫冠醚等已成功地用于痕量金属离子的富集与分离。在有机物分离中主要用于生化物质分离的生物膜系统已成为生化分离中的热门话题。

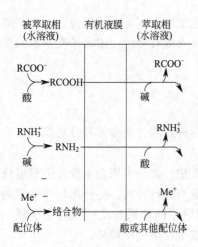

图 7-8 液膜萃取酸根离子、氨基离子及金属离子示意图

（二）支撑液膜分离

1. 分离原理

液膜萃取分离法吸取了液-液萃取的特点，又结合了透析过程中可以有效除去基体干扰的长处，具有高效、快速、简便、易于自动化等优点。液膜萃取分离法的基本原理是用浸透了与水互不相溶的有机溶剂的多孔聚四氟乙烯薄膜，把水溶液分隔成两相——萃取相与被萃取相；其中与流动的试样水溶液系统相连的相为被萃取相，静止不动的相为萃取相。当溶液中被萃取的离子进入被萃取相时，便与其中加入的某些试剂形成中性分子（处于活化态）。这种中性分子通过扩散溶入吸附在多孔聚四氟乙烯上的有机液膜中，

再进一步扩散进入萃取相，一旦进入萃取相，中性分子受萃取相中化学条件的影响又分解为离子（处于非活化态）而无法再返回液膜中去，结果使被萃取相中的物质——离子通过液膜进入萃取相中。图 7-8 展示了水溶液中的酸根离子、氨基离子、金属离子在萃取过程中是如何从被萃取相中通过液膜进入萃取相的。这些离子流入被萃取相与其中加入的对应试剂即相应的 H^+、OH^- 及配位体作用，分别形成相应的中性分子或络合物并溶入有机液膜层，再进一步扩散进入萃取相。当它们进入萃取相时，受萃取相中化学条件的变化，即加入的酸、碱、络合物分解剂的作用，解离为原有的酸根离子、氨基离子、金属离子等，从而使它们不可逆地留在萃取相中。

2. 影响因素

在液膜萃取分离中，被分离的物质在流动相的水溶液中只有转化为活化态（即中性分子）才能进入有机液膜，因此提高液膜萃取分离技术的选择性主要取决于如何提高被分离物由非活化态转化为活化态的能力，而不使干扰物质或其他不需要的物质变为活化态。

① 改变被萃取相与萃取相的化学环境，如调节溶液的 pH 值就可以把各种 pK 值不同的物质有选择地萃取出来。图 7-9 表示一个含阳离子、阴离子及中性分子的水溶液体系。以萃取阴离子为例，只要把水溶液的 pH 值调至酸性即可进行萃取。此时阴离子和氢离子结合成相应酸的分子，它和溶液中原有的中性分子一起透过液膜进入萃取相，阳离子则随水溶液流出，如图 7-9(a) 所示。进入萃取相的酸分子若遇到碱性环境，则与周围的氢氧根离子作用又释放出阴离子。而中性分子因为自由来往于液膜两侧，随着洗涤过程进入清洗液，如图 7-9(b) 所示。结果是水溶液中的阴离子从被萃取相中有选择地进入了萃取相，阳离子与中性分子则被排除在外。同时，适当调节萃取相的 pH 值，也可以使进入萃取相的中性分子有的电离（失去活化态），有的仍保持分子状态（活化态），从而进一步提高了对萃取相中溶质的选择性。对阳离子而言，情形完全相同，只是条件相反。需要指出调节 pH 值的目的在被萃取相和萃取相中是不同的，前者是使被萃取物质由非活性态转为活性

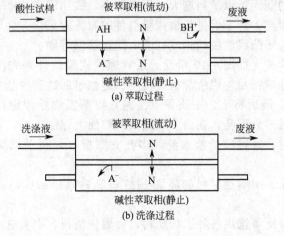

图 7-9　阴离子（A^-）、阳离子（BH^+）及中性分子（N）在液膜中分离的示意图

态；后者则相反，由活性态变为非活化态。

② 改变聚四氟乙烯隔膜中有机液体极性的大小，从而提高对极性不同物质的萃取效率。由于有机液膜的极性的大小直接与被萃取物质在其中的分配系数有关，极性越接近，分配系数越大，故处于活性态的被萃取物质也越容易扩散进入有机液膜。否则即使被萃取物质在水相中形成中性分子而处于活化态，由于极性差别很大，仍无法有效地进入有机液膜层，影响萃取效率。

第三节 膜材料和膜组件

膜分离装置主要包括膜分离器、泵、过滤器、阀、仪表及管路等。膜分离器是将膜以某种形式组装在一个基本单元设备内，然后在外界驱动力作用下能实现对混合物中各组分的分离的器件，它又被称为膜组件，简称组件。

膜组件是否合理直接关系到膜分离的技术合理性和分离成本。一个合理排列的膜组件应该满足如下几个条件：具有尽可能高的装填密度（即单位体积的膜组件中填充有效膜面积较大）；膜支撑材料具有一定的机械强度，使高压原料液（气）和低压透过液（气）严格分开；膜表面的浓差极化程度小，原料液（气）在膜表面的流动状态均匀合理；装置牢固、安全，膜的安装、清洗和更换方便，运行价格低廉和容易维护。

工业上常用的膜组件形式主要有板框式、圆管式、螺旋卷式、中空纤维式四种类型。现逐个简介如下。

一、板框式膜组件

板框式膜组件是膜分离历史上最早出现的一种膜组件形式，其外观很像普通的板框式压滤机。与圆管式、螺旋卷式及中空纤维式等膜组件相比，板框式膜组件的最大特点是构造比较简单而且可以单独更换膜片。这不仅有利于降低设备投资和运行成本，而且还可作为试验机将各种膜样品同时安装在一起进行性能检测。此外，由于原料液流通的断面可以适当增大，压降较小，线速度可达 $1\sim5m/s$，而且不易被纤维屑等异物堵塞。为了促进板框式膜组件的湍流效果，有些厂家将原液导流板的表面设计成各种凹凸或波纹结构或在膜面配置筛网等物。

（1）系紧螺栓式 如图 7-10 所示，系紧螺栓式膜组件是先由圆形承压板、多孔支撑板和膜经黏结密封构成脱盐板，再将一定数量的这种脱盐板多层堆积起来并放入 O 形密封圈，最后将上、下头盖（法兰）以系紧螺栓固定而成。原水由上头盖进口流经脱盐板的分配孔，在诸多脱盐板的膜面上逐层流动，最后从下头盖的出口流出。与此同时，透过膜的淡水流经多孔支撑板，分别于承压板的侧面管口处流出。

承压板由耐压、耐腐蚀材料如环氧-酚醛玻璃钢模压制成，或由不锈钢等钢材制成。

支撑材料的材质可选用各种工程塑料、金属烧结板，也可选用带有沟槽的模压酚醛板等多孔材料。其主要作用是支撑膜和为淡水提供进入通道，分离后的浓水和淡水则由容器的另一端排出。容器内的大量脱盐板根据设计要求串、并联相结合构成，其板数从进口到出口依次递减，目的是保持原水的线速度变化不大以减轻浓差极化现象。

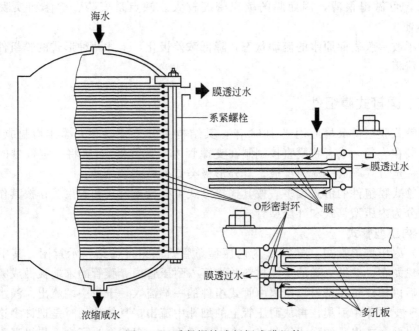

图 7-10　系紧螺栓式板框式膜组件

（2）耐压容器式　如图 7-11 所示，耐压容器式膜组件主要是把多层脱盐板堆积组装后放入一个耐压容器中而制成。原水从容器的一端进入，分离后的淡水和浓水从容器的另一端排出。容器内的大量脱盐板根据设计要求串并联相结合构成，其板数从进口到出口依次递减，其目的是保持原水的线速度变化不大，以减轻浓差极化现象。

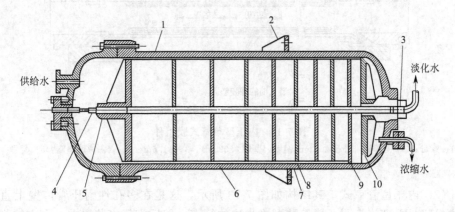

图 7-11　耐压容器式板框式膜组件

1—膜支撑板；2—安装支架；3—支撑座；4—淡化水顶轴；5—淡水管螺母；6—开口隔板；
7—水套；8—封闭隔板；9—周边密封；10—基板

以上两种板框式膜组件各有特点。系紧螺栓式结构简单、紧凑，安装、拆卸及更换膜均比较方便。缺点是对承压板材的强度要求较高。板需要加厚，因此膜的填充密度较小。耐压容器式由于是靠容器承受压力，所以对板材的要求较低，可做得很薄，因而膜的填充密度较大。缺点是安装、检修和换膜等均十分不便。

为了改善膜表面原水的流动状态，降低浓差极化，上述两种形式的膜组件均可设置导流板。

二、圆管式膜组件

圆管式膜组件最早应用于 1961 年，其结构主要是把膜和支撑体均制成管状，使两者装在一起，或者将膜直接刮制在支撑管内（或管外），再将一定数量的这种膜管以一定方式联成一体而组成，其外形极类似列管式换热器。

圆管式膜组件的形式较多，按其连接方式可分为单管式和管束式；按其作用方式又可分为内压型管式和外压型管式。

1. 内压型管式

（1）内压型单管式　图 7-12 为内压型单管式膜组件的结构示意图。其中膜管被裹以尼龙布、滤纸一类的支撑材料并被镶入耐压管内。膜管的末端被做成喇叭口形，然后以橡皮垫圈密封。原水由管式组件的一端流入，于另一端流出。淡水透过膜后，于支撑体中汇集，再从耐压管上的细孔中流出。具体使用时是把许多这种管式组件以并联或串联的形式组装成一个大的膜组件。当然，为了进一步提高膜的装填密度，也可采用同心套管式组装方式。

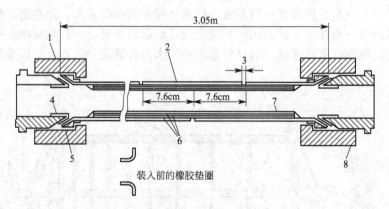

图 7-12　内压型单管式膜组件

1—螺母；2—支撑管（外径 2.54cm 铜管，壁厚 0.09cm）；3—φ1.6mm 孔；4—橡胶垫圈；5—套管；
6—3 层尼龙布或 1.5 层尼龙＋滤纸；7—管状膜；8—扩张接口

（2）内压型管束式　其结构如图 7-13 所示，这是在多孔性耐压管内壁上直接喷注成膜，再把许多耐压膜管装配成相连的管束，然后把管束装置在一个大的收集管内，构成管束式淡化装置。原水由装配端的进口流入，经耐压管内壁的膜管，于另一端流出，淡水透过膜后由收集管汇集。

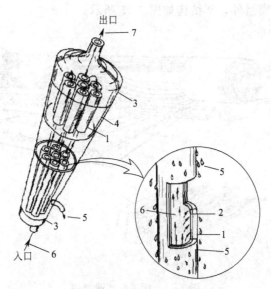

图 7-13　内压型管束式膜组件
1—玻璃纤维管；2—反渗透膜；3—末端配件；4—PVC淡化水搜集外套；
5—淡化水；6—供给水；7—浓缩水

2. 外压型管式

与内压型管式相反，外压型管式膜组件的分离膜被刮制在管的外表面。水由管外透向管内。外压型管式装置早期因流动状态不好，单位体积的透水量小，且需耐高压容器，采用不多。后来改用了小口径细管（直径为 0.15～0.6cm）和某些新工艺，提高了膜的装填密度，增大了单位体积的透水量，且膜较易装拆更换，膜更耐压，因而该种形式有了发展。

管式膜组件中的耐压管的直径一般在 0.6～2.5cm。常用多孔性玻璃纤维环氧树脂增强管或多孔性陶瓷管为管材；或采用钻有小孔眼（直径约 0.16cm）或表面具有淡水汇集槽的增强塑料管、不锈钢管或铜管为管材。

管式组件的优点是：流动状态好，流速容易控制。安装、拆卸、换膜和维修均较方便，而且能够处理含有悬浮固体的溶液。同时，机械清除杂质比较容易。此外，合适的流动状态可以防止浓差极化和污染。

管式膜组件的不足之处是：与平板膜比较，管膜的制备条件较难控制；单位体积内有效膜面积小；管口的密封也比较困难。

三、螺旋卷式膜组件

如图 7-14 所示，螺旋卷式（简称卷式）膜组件的结构是中间为多孔支撑材料、两边是膜的"双层结构"。其中三个边沿被密封而黏结成膜袋状，另一个开放的边沿与一根多孔中心产品水收集管（集水管）连接，在膜袋外部的原水侧再垫一层网眼型间隔材料（隔网），也就是把膜-多孔支撑体-膜-原水侧隔网依次叠合，绕中心集水管紧密地卷在一起，形成一个膜卷（或称膜元件），再装进圆柱形压力容器里，构成一个螺旋卷式膜组件，其结构如图 7-15 所示。

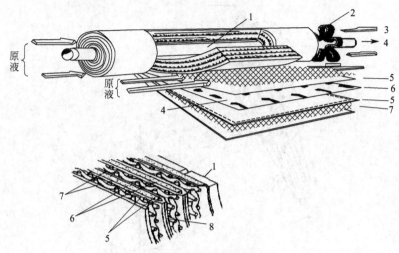

图 7-14　螺旋卷式膜组件

1—透过液集水管；2—抗伸缩装置；3—浓缩液；4—透过液；5—膜；

6—多孔支撑体；7—隔网；8—黏合剂

影响螺旋卷式装置成本的主要水力学参数是原液浓度、进口流速、回收率、操作压力和隔网的厚度等。

螺旋卷式膜装置的主要优点是结构紧凑、单位体积内的有效膜面积大（830～1660m²/m³）。缺点是当原液中含有悬浮固体时使用有困难。此外，透过侧的支撑材料较难满足要求，不易密封，同时膜组件的制作工艺复杂、要求高，尤其用于高压操作时难度更大。

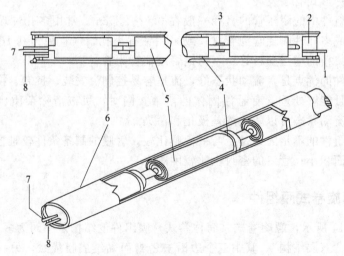

图 7-15　螺旋卷式组件的装配图

1—原液入口；2—密封端盖帽；3—密封接头；4—密封；5—螺旋卷式组件；

6—压力容器；7—透过液出口；8—浓缩液出口

四、中空纤维式膜组件

中空纤维式膜组件是一种极细的空心膜管，它本身不需要支撑材料就可以耐很高的压力。它实际上是一根厚壁的环柱体，有的纤维细如人发，外径为 $50\sim200\mu m$，内径为 $25\sim42\mu m$。其特点是具有在高压下不产生形变的强度。中空纤维式膜组件的组装是把大量（有时是几十万个或更多）的中空纤维膜如图 7-16 那样弯成 U 形而装入圆筒形耐压容器内。纤维束的开口端用环氧树脂浇铸成管板。纤维束的中心轴部安装一根原料液分布管，使原液径向均匀流过纤维束。纤维束的外部包以网布，使纤维束固定并促进原液的湍流。淡水透过纤维的管壁后，沿纤维的中空内腔经管板放出；被浓缩了的原水则在容器的另一端排掉。

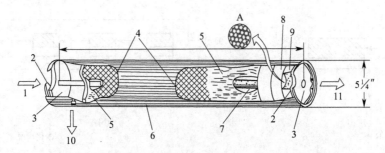

图 7-16　中空纤维式膜组件结构

1—原水进口；2—O 形密封环；3—端板；4—流动网格；5—中空纤维膜；6—壳；
7—原水分布管；8—环氧树脂管板；9—支撑管；10—浓缩水出口；
11—透过水出口；A—中空纤维膜放大断面图

高压原料液在中空纤维的外部流动有如下的好处：首先，纤维壁承受的向内压力要比向外抗张力大；其次，原液在纤维的外部流动时，一旦纤维强度不够，只能被压瘪，直至中空内腔被堵死，但不会破裂，这就防止了透过液被原料液污染。反过来，若把原液引入这样细的纤维内腔，则很难避免这种因破裂造成的污染。而且一旦发生这种现象，清洗将十分困难。不过，随着膜质量的提高和某些分离过程的需要（如为了防止浓差极化），也采用使原料流体走中空纤维内腔（即内压型）的方式。

中空纤维式膜组件的壳体最早采用钢衬耐腐蚀环氧酚醛涂料，由于钢材较重，同时内衬涂料容易剥落，使用不安全，现在多改用不锈钢壳体。另外又开发了一种缠绕玻璃纤维的环氧增强塑料（即玻璃钢）壳体，两端的端板也使用了这种材料。

在膜组件加工过程中的一个问题是中空纤维在分布管上的排列方式；这涉及中空纤维束的装填密度和流体的合理分布。中空纤维以弯曲成 U 形的方式沿着中心分布管径向均匀紧密地排列，整个纤维束分 10 层，每一层的外部以无纺布包一层。纤维束的最外层包有导流网，有时纤维 U 形弯曲端也用环氧粘接，以使流体合理分布。

中空纤维式装置的主要优点是：单位体积内的有效膜表面比率高，故可采用透水率较低而化学物理稳定性好的尼龙中空纤维。该膜不需要支撑材料，寿命可达 5

年。这是一种效率高、成本低、体积小和质量轻的膜分离装置。缺点是中空纤维膜的制作技术复杂，管板制作也较困难，同时不能处理含悬浮固体的原水。

第四节 膜分离技术及应用

一、膜分离的基本流程

膜分离装置在实际应用中的基本流程多种多样，须根据不同处理对象和要求来确定。由于它们几乎大同小异，下面仅以反渗透法为例做一简单介绍。

反渗透法的基本流程常见的主要有四种，参见图 7-17。

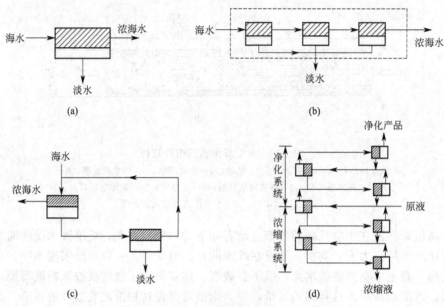

图 7-17 反渗透法工艺流程
（a）一级；（b）一级多段；（c）二级；（d）多级

（1）一级流程 一级流程是指在有效横断面保持不变的情况下，原水一次通过反渗透装置便能达到要求的流程。此流程的操作最为简单，能耗也最少。

（2）一级多段流程 当采用反渗透法作为浓缩过程时，如果一次浓缩达不到要求，可以采用这种多段浓缩的流程。它与一级流程不同的是有效横断面逐段递减。

（3）二级流程 如果反渗透浓缩采用一级流程达不到浓缩和淡化的要求时，可采用二级流程方式。二级流程的工艺线路是把由一级流程得到的产品水送入另一个反渗透单元中去，进行再次淡化。

（4）多级流程 在化工分离中，一般要求达到很高的分离程度。例如在废水处理中，为了有利于最终处理，经常要求把废液浓缩到体积很小而浓度很高的程度；又如对淡化水，为了达到重复使用或排放的目的，要求产品水的净化程度越高越好，在这种情况下，就需要采用多级流程，但由于必须经过多次反复操作才能达到要求，所以操作相当繁琐，能耗也很大。

在工业应用中，有关各种膜过程究竟采用哪种级数流程有利，需要根据不同的处理对象、要求和所处的条件来定。

二、膜分离的应用

（一）膜分离在工业中的应用

1. 在水处理中的应用

膜分离技术在水处理方面的应用极为广泛，也是技术比较成熟的应用领域之一，包括净水、海水、污水等处理。

（1）海水淡化　海水淡化是比较成熟的技术，应用也比较普遍。现简要介绍其流程。膜分离用于海水脱盐技术中，反渗透法占有一定的优势。为了使膜的使用寿命增加，在进行反渗透处理之前，对海水要进行预处理。其工艺分为如下几个主要环节：首先将海水引入集水井，经双料滤池过滤除去悬浮物及大颗粒杂质，送入中间储水池，调节酸度、加入药剂再经芯式过滤器过滤，然后进行多级反渗透膜分离，二级以上的浓缩水作为原料水回用，最后一级分离单元的淡水再加入石灰乳和氯气进一步处理，澄清后即为淡化海水。

（2）咸水淡化　咸水淡化典型工艺也是利用反渗透的比较多。工艺流程为：咸水自储水池经双料滤池过滤，加入次氯酸钠消毒，为延缓结晶速率加入六偏磷酸钠，经管状滤芯精密滤器过滤，进入不锈钢储罐，经反渗透、高压滤器和精密滤器过滤，即可进入清水箱贮存备用。经反渗透处理，二级以上处理所得的各级浓缩水可作为原料水继续使用。

（3）锅炉水脱盐　锅炉水含盐量大时，会形成水垢，腐蚀炉体和管道，蒸汽品质下降。

以地下水为原料的水处理工艺为：经水泵将地下水泵入双料滤池过滤，安装滤器，由高压泵送入反渗透装置，经阳离子交换柱软化、活性炭吸附，再经阴离子交换树脂柱处理。

（4）高纯水制备　电子工业产品在加工过程中，需用水清洗腐蚀性药品处理过的表面，对于大规模集成电路的加工而言，由于表面积太小，以致水中的微量的污染物也能使硅片表面附着大量的杂质，使电路钝化，因此，对水的质量要求很高。

高纯水的典型生产工艺为：自来水经双料滤床过滤，经电渗析、反渗透、混合离子交换柱床处理便可以得到合格的超纯水。

2. 在食品工业中的应用

膜分离技术在食品行业主要用于原料和产物的脱水。膜分离脱水具有能耗低、保留原有营养成分、简化工艺流程和操作步骤等特点。

（1）在乳品工业中的应用　在奶粉制造过程中，需将原料奶中的水分降低到所需的浓度后，才能喷雾干燥。如果采用超滤膜分离然后再蒸发脱水的工艺代替传统的蒸发工艺进行脱水处理，可降低大量的能耗。

（2）在酒类生产中的应用　膜分离用于酒类生产的主要目的是除去混浊漂浮物（酒花树脂、丹宁、蛋白质等）；除去或减少产生混浊的物质；除去酵母、乳酸菌等微生物；改善香味和提高透明度。

传统的啤酒巴氏杀菌过程能完全除去酵母和微生物，但不能保证100％无菌。而且较高温度的巴氏杀菌过程会损失啤酒中的有机芳香物质，影响啤酒的质量和口感。用微滤技术澄清啤酒、除去细菌，无需加热。所以生产的啤酒质量高、口感佳且成本便宜。

在扎啤生产过程中，传统工艺处理方法有两种，但其品质往往难以保证。一种是经硅藻土或纸板过滤，它的缺点是除菌不够彻底、保质期短，容易出现卫生问题。另一种是经高温瞬间灭菌，这种方法虽然延长了保质期，但实际上是一种熟啤酒。而且由于灭菌温度高，啤酒风味改变很大。

如果将传统过滤与膜分离有机结合使用，就可以兼得两种分离方法的优点。如在用硅藻土过滤之后使用无机微滤膜，由于无机膜具有耐高温、耐低温、耐高压反冲等特点，可使过滤在低温下进行，并且设备消毒可以用蒸汽。实验证明，经过无机微滤膜过滤的扎啤，基本上保持了鲜啤酒的风味；其浊度明显下降，一般可达0.5个浊度单位以下；细菌除去率接近100％；保质期可延长至20d以上。

反渗透膜分离技术可以用于制造低度啤酒或浓缩啤酒。可以把啤酒中的酒精含量从3.5％（质量分数）降低到0.1％（质量分数）；也可用反渗透复合膜浓缩啤酒。微滤技术还可用于回收啤酒釜底的发酵残液，使啤酒产量增加。

膜处理在其他种类酒的生产过程中应用也很普遍，效果比较明显。如采用膜处理会使葡萄酒、清酒、黄酒等更加清澈透明、除菌更彻底，降低酒精含量，更具有酒的香气和风味。

（3）在果汁加工方面的应用　膜分离在果汁加工中主要用于浓缩、澄清和除菌。应用于苹果汁、橘子汁、葡萄汁、柠檬汁的生产。这种浓缩技术可以使维生素C、氨基酸及香气成分的损失比真空蒸馏浓缩要少得多，在食用时加入适量的水，可得近于鲜榨汁的口味和营养成分。分离所用膜材料多为乙酸纤维素膜或中空纤维膜。

（二）在医药和医疗行业中的应用

采用膜分离技术可以除去水中的悬浮物、盐类、微生物、热原等物质，也可以利用膜的选择性透过的特性，将制剂或体液中的某些物质除去，或将某些营养物输送至体液中。因此，膜分离技术广泛用于医药和医疗行业。

（1）医药制剂中热原的去除　热原又称内毒素，多产生于革兰氏阴性细菌的细胞外壁，也就是细菌尸体的碎片。它是一种脂多糖物质。其分子量从几千到几万不等，根据产生它的细菌种类而定。在水溶液中，其分子量可为几十万到几百万不等。微量热原混入药剂注入人体血液后，导致严重发热，甚至引起死亡，因此，制剂和医用水中必须将热原物质去掉。

目前，热原去除常采用蒸馏、吸附和超滤三种方式。正如前述，超滤作为膜分离技术之一，在热原处理中也具备膜分离的优点。

（2）药物制备　在药物制备过程中，对热敏性组分及化学活性组分，可以选择对应性能的膜对产品进行选择性分离，除掉原料及副产物，达到产物分离的目的。这在化学药物和中药制剂方面有广泛应用。药物有效成分常采用超滤方法进行分离，超滤是应用"不对称"结构的高分子膜，将中药浸出液中不同分子量物质加以分离的新技术，中药药液基本属于胶体混悬液，其中有效成分的相对分子质量多在1000以下，而无效成分（鞣质、蛋白质、树脂、树胶、淀粉等）分子量较大，用膜分离方法可将中药液中不同大小分子量的成分加以分离，达到除去杂质、微粒、细菌、热原，保留有效成分，提高质量的目的。中药饮品及生物药剂的分离也有许多采用膜分离的实例。

（3）膜分离用于血液透析 当人肾脏出现问题后，人体血液中的有害物质难以正常排泄，电解质和其他有益物质难以吸收补充，血液成分比例失调，使病人患尿毒症，严重时会危及生命。血液透析主要解决排泄血液中有害物质并补充有益电解质等问题。

透析原理如图 7-5 所示，血液从动脉引出，经动脉壶和血泵进入透析器，从透析膜的一端进入，经透析从静脉流回血液系统。透析液从透析器中膜的另一面进入，流动方向与血液流动方向相反，从另一端以废液形式流出。在透析器内，血液中的有害物质通过膜进入透析液而得以净化，透析液中的有益电解质通过膜进入血液，使血液中的电解质得以补充。

（4）医药的缓释与控释 传统给药方式是间歇给药，即按照一定剂量，一次口服或注射，药物迅速溶解进入肌体，血液中的药物浓度变化呈下抛物线形，如图 7-18 所示。图 7-18(a) 为采用普通给药方式时药物在血液中的浓度变化，图 7-18(b) 为控制释放给药时药物在血液中的浓度变化。虚线区间为药物的有效浓度范围。由图可见，第一种给药方式可能导致血液中药物浓

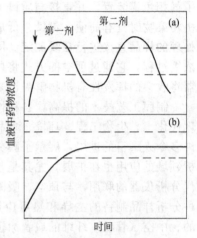

图 7-18 两种不同给药方式的对比

度高于或低于有效浓度范围，前者可能产生毒副作用，后者起不到治疗作用。而控释或缓释给药避免了药物浓度的脉冲式变化，药效明显高于传统的给药方式。尤其对于靶向给药而言，不但延长药效时间，而且对其他正常的器官伤害更小。

（三）膜分离在分析化学中的应用

膜分离不但应用于工业生产和医药卫生行业，在分析化学的样品前处理和在线联用中也有一定的应用。膜分离在分析中的应用主要是膜分离与色谱、质谱等联用。膜在挥发性有机物的分离和 GC 和 MS 分析样品制备中的应用研究较多，发展速度也比较快。至今，应用膜分离技术或者膜与其他分离技术的联用已经成功地完成了许多种类样品的分离和浓缩，包括各种气体和蒸气样品、多水和液体样品、某些固体样品等。膜分离技术不但可以应用于挥发性物质的分离和浓缩，而且可以应用于半挥发性或者不挥发性物质的分离和浓缩。目前，市场上已经有膜分离技术的产品，例如固相微萃取装置、膜直接引进装置、膜萃取-微捕集串联装置、膜-质谱联用仪器等。由于膜分离技术具有装置结构简单、操作程序方便、无须有机溶剂处理等特点，可与各种分析仪器直接连接，易于实现自动化操作和在线操作，因此膜

分离技术的应用涉及了分析领域中几乎所有的方面，并且取得了令人满意的结果。例如环境保护监测、生物分析、材料性能测定、工业卫生调查和评价、食品品质分析、医疗诊断、化妆品和香料组成分析、商品质量检验等行业。当然，膜分离技术与其他的分离技术一样，存在着某些不足，例如膜的强度比较弱、使用寿命较短、易于受到沾污而影响分离效率。尽管如此，膜分离技术与现代分析仪器的结合仍然可以完成大量的分析测试工作，成为当代最具竞争力的 GC 或 MS 分析样品制备技术之一。

迄今为止，由聚二甲基硅氧烷制成的膜材料用于各种样品中挥发性有机物的分离和浓缩是最成功的。聚二甲基硅氧烷膜分离模块装置分别与质谱、气相色谱、气相色谱-质谱联用，可测定很多挥发性有机物。

在 20 世纪 90 年代，已经出现了膜引进质谱技术产品，其中的膜分离模块取代了气相色谱装置，并直接与质谱的离子源连接。这样的结构在测定空气中挥发性有机污染物时具有简便、灵敏、低成本，几乎是实时测定等特点。可以将未做任何预处理的样品直接进行在线测定。固相微萃取（SPME）技术实际上也是一种膜分离浓缩过程，它通过顶空的方式将样品中挥发性有机物收集在膜上，然后经色谱进样器将收集的挥发性有机物解吸出来并通过毛细管气相色谱进行测定。

制膜工艺技术的提高，各种性能优异的新型膜材料不断推出，加速了膜分离与现代化工、生物工程、环境、食品等许多领域的结合，得到了广泛的应用并取得了许多令人瞩目的进展，展示了膜分离技术潜在的应用价值。同时，膜分离技术在分析领域的应用也在扩展，尤其是与气相色谱、质谱、液相色谱、流动注射分析等现代分析仪器的联用，与顶空、吸附、低温和微捕集等分离技术的联用，成为当前各种分析样品制备的主导和热点应用研究领域。所采用的膜主体形状有平（面）板的、中空（管状）纤维的或者涂覆在柱状表面的等。由膜组成的膜分离模块结构很简单，如图 7-19、图 7-20 所示。

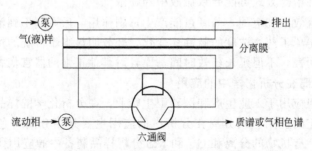

图 7-19 平面膜与流动注入分析在线联用结构示意图

可以将膜分离模块直接做成直插式的探头，与质谱的直接进样杆一样的形式；也可以做成夹状的或者套管状的，通过喷射分离器直接与质谱仪器连接或者直接与色谱仪器的进样口连接；也可以与吸附浓缩技术联用，在线地连接到色谱或者质谱仪器系统中，或者与顶空技术联用，采用离线方式进行色谱进样分析。膜分离技术与流动注射分析联用多采用在线的测定方式，直接应用于现场和过程分析。

采用聚二甲基硅氧烷膜材料分离气体或蒸气分子的传输机制是溶解-扩散过程。

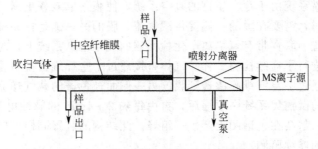

图 7-20 膜-喷射分离器-质谱结构简图

样品中有机物分子通过膜进行分离，通常需要经过如下 5 个步骤：

① 样品中的有机物分子通过扩散到达膜介质的一侧表面；

② 有机物分子被溶解并进入膜中；

③ 在膜中，被溶解的有机物分子形成浓度梯度并扩散通过膜；

④ 在膜的另一侧表面，有机物分子解吸成为蒸气；

⑤ 有机物蒸气分子渗透并脱离膜介质表面。

在气体和蒸气的分析检测中使用膜分离装置与色谱或质谱联用的分析技术的报道很多，在膜引进质谱系统中，膜的一侧直接暴露在质谱仪器的真空离子源中，膜的另一侧暴露在气体样品中，气体中的有机物分子通过膜扩散到离子源。板状膜在早期的膜分离模块装置中应用较多，如图 7-19 所示，板状膜分离装置与流动注射分析联用可在线测定各种现场样品中或者化工过程中的流体中挥发性有机物的组成及其含量。实验研究表明，管状膜或者中空纤维膜具有更好的几何形状，在单位体积中的表面积较大，目前大多数的膜分离装置中都采用这种形状的膜材料。如图 7-20 所示，中空纤维膜分离模块直接与质谱的分子喷射分离器连接，在进行样品分析时，样品经过膜和分离器两级分离，既消除了样品基体的干扰又消除了分析仪器中大流量载气的干扰。这种方式允许大体积样品的直接分析测定。图 7-21 是将膜分离模块直接做成直插式的探头结构，膜直接进入质谱的离子源。样品连续地通过膜分离装置，待测组分分子通过溶解-扩散过程，从膜的一侧到达另一侧，直接蒸发到质谱离子源内。这种结构的膜分离装置与离子阱质谱联用，能检测气体样品中 μg/L 级浓度的甲苯、四氯甲烷、三氟乙烷和苯等有机物。

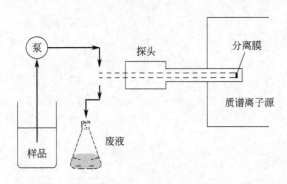

图 7-21 膜引进装置（直插式）结构示意图

膜引进质谱系统由于存在质谱的真空系统，使膜萃取效率更高，膜萃取与气相色谱系统联用时，需要在膜的一侧提供载气流，膜的另一侧是样品气流。有许多学者把膜萃取装置串联在带有氢焰离子化检测器的气相色谱系统上，对气体样品中的挥发性有机物进行了连续检测。样品气体直接通过中空纤维管排出管外，其中的挥发性有机物则通过中空纤维膜渗透到膜的另一侧而被色谱的载气逆流带走，然后在色谱分离柱前的微捕集系统中浓缩后，再由每隔 2～4min 的脉冲电流加热而解吸，每一次解吸产物都会在色谱图上产生一组峰。此结构的装置同样可应用于水样品中挥发性有机物的连续监测。

不同的膜材料对不同的物质具有特征的选择分离性质。聚二甲基硅氧烷膜对许多的极性有机化合物和苯系物具有选择分离作用，常用来分离样品中的挥发性有机物。聚四氟乙烯膜对某些半挥发性的物质具有选择分离作用。微孔膜也常用来分离某些较大的半挥发性分子。分离膜与其他分离技术联用是膜分离技术在分析化学领域中应用的发展趋势之一，例如膜分离技术与超临界流体技术的联用、膜分离技术与低温技术的联用等。这样可以扩展并解决某些低挥发性或者不挥发性物质的分离和浓缩问题。膜分离装置的结构设计也是膜分离技术应用的研究热点。将膜分离装置设计成能与各种分析仪器直接联用，特别是在现场解决各种有关的分析测试问题，可以大大加快分析速度、减少样品的贮存和运输等程序、提高分析测定的效率和降低分析测定费用，所有这些优点对用户和厂家都具有非常大的吸引力。近几年来，在美国匹兹堡分析化学和应用光谱学学术会议上可以发现许多关于膜分离技术在分析化学领域中的应用的论文以及与膜分离技术联用的分析仪器装置等。

在分析化学领域中，膜主要被用来进行各种样品的预处理，即将被测组分分离出来或将干扰组分分离除去，同时对微量组分进行富集浓缩。与传统样品处理技术相比，采用膜分离或膜与其他分离技术联用的方法处理样品，具有样品和溶剂用量少、操作简便、费用低廉、运行可靠、可在线联用等许多优点。由此可以比较出膜处理方法及其技术的优势。

第八章
泡沫浮选分离技术

第一节 概　述

　　泡沫浮选分离是以气泡作分离介质来浓集表面活性物质的一种分离技术。泡沫分离技术早在1962年就被用于矿物的浮选。现在这种方法除了用于矿物浮选之外，还广泛用于许多不溶性物质和可溶性物质的分离，如溶液中的金属阳离子、阴离子、蛋白质、染料等的分离浓缩。泡沫分离法的优点是设备比较简单，可以连续进行，一般在常温下操作。因此适用于热敏性及化学不稳定性物质的分离。它的最大优点在于对低浓度组分的分离特别有效，因此特别适用于溶液中低浓度组分的分离回收，这是很有意义的，因为许多有价值的物质常常以很低的浓度存在，在低浓度下，其他分离方法的分离效果往往很差。

　　当溶液中需要分离的溶质本身为表面活性组分时，利用惰性气体在溶液中形成的泡沫，即可将溶质富集到泡沫上，然后将这些泡沫收集起来，消泡后即可得到溶质含量比原料液高的泡沫液。长期以来，这种技术的应用只限于天然表面活性物质的分离，但是这种场合是为数不多的。后来发现溶液中的金属离子和某些表面活性物质所形成的络合物也能吸附到气液界面上，被泡沫所带走，这种表面活性物质一般称为发泡剂。通过适当地选择发泡剂和操作条件，可以将溶液中1.0×10^{-6} mol/L的贵金属和稀有金属离子分离出来，这样就扩大了泡沫分离技术的应用范围，使其能用于非表面活性物质的分离。再加上设备技术上渐趋成熟，促使这一技术成功地用于原子能工业、萃取冶金和工业废水的处理，并得到了迅速的发展。

　　泡沫是由被极薄的液膜所隔开的许多气泡组成的。当气体在含活性剂的水溶液中发泡时，首先在液体内部形成被包裹的气泡。在此瞬间，溶液中表面活性剂分子立即在气泡表面排成单分子膜，亲油基指向气泡内部，亲水基指向溶液，见图8-1，该气泡会借浮力上升，冲击溶液表面的单分子膜。在某种情况下，气泡也可从表面跳出。此时，在该气泡表面的水膜外层上，形成与上述单分子膜的分子排列完全相反的单分子膜，从而构成了较为稳定的双分子层气泡体，在气相空间形成接近于球体的单个气泡。许多气泡聚集成大小不同的球状气泡集合体，更多的集合体聚集在一起形成泡沫。

　　形成泡沫的气泡集合体包括两个部分：一是泡，两个或两个以上的气泡；二是泡与泡之间以少量液体构成的隔膜（液膜），即泡沫的骨架。

泡沫不是很稳定的体系，气泡与气泡之间仅以薄膜隔开，此隔膜也会因压力不均或间隙流的流失等原因而发生破裂，导致气泡间的合并，或由于小气泡的压力比大气泡高，故气体可以从小气泡通过液膜向大气泡扩散，导致大气泡变大，小气泡变小，以致消失。

泡沫的稳定性一般与溶质的化学性质和浓度、系统温度和泡沫单体大小、压力、溶液 pH 值有关。表面活性剂的浓度越是接近临界浓度，气泡越小，气泡的寿命越长。

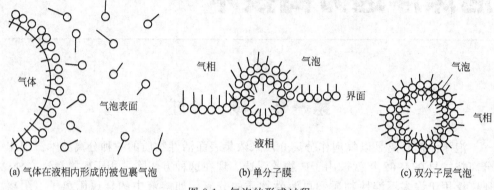

图 8-1　气泡的形成过程

—○ 表面活性剂分子；○ 亲水基；— 亲油基

泡沫浮选分离被应用在不同的领域，在每个领域里对这种方法有各自不同的称呼和解释，一般认为，凡是利用"泡"来进行物质分离的方法统称为泡沫吸附分离法，并提出了表 8-1 所示的分类法和应用对象。其中，无泡沫分离过程亦须鼓泡，但不一定形成泡沫层。其中溶剂浮选法又称浮选萃取法，它是在浮选溶液的表面加上比水轻的有机溶剂。在鼓气过程中，被分离物质随气泡上升，浮出水相，若该物质能溶于有机相，则溶于有机相中形成溶液，若该物质不溶于有机相，则附着于浮选槽壁上，或在水相和有机相之间形成第三相，从而达到浮选分离的目的。这种浮选方法可在浮选槽中鼓气浮选，亦可在分液漏斗中振荡浮选。泡沫分离一般又可分为泡沫分馏及泡沫浮选，前者用于分离溶解的物质，由于它的操作和设计在许多方面可以与精馏过程相类比，故称它为泡沫分馏或者泡沫精馏，但是许多资料中亦往往笼统地称它为泡沫分离。后者则主要用于分离不溶解的物质，而且按照被分离的对象是分子还是胶体、是大颗粒还是小颗粒又可分成若干类。

表 8-1　泡沫浮选分离分类及应用对象

泡沫浮选法分类			应用对象
泡沫吸附分离法	无泡沫吸附分离	溶剂浮选	目标组分溶于上层溶剂或形成第三相
		鼓泡分馏	分离可溶溶质
	泡沫分离	泡沫浮选（分离不溶解的溶质） 矿物浮选	捕集剂与硫化物矿石与脉石粒子作用生成疏水性物质而被浮选分离
		粗粒浮选	1～10mm 粒径共生矿中单质的分离
		微粒浮选	1μm～1mm 粒径共生矿中单质的分离
		沉淀浮选	与沉淀剂形成沉淀的溶质
		离子浮选	非表面活性物质的离子
		分子浮选	非表面活性物质的分子
		吸附胶体浮选	吸附于胶体粒子的溶质
		泡沫分馏（分离可溶解的溶质）	分离可溶的溶质

目前，泡沫浮选已经应用于许多元素的分离富集。已用于分离富集 Ag、As、Au、Be、Bi、Cd、Cu、Cr、F、Fe、Hf、Hg、In、Ir、Mn、Mo、Ni、Os、Pb、Pd、Pt、Rh、Ru、Sc、Se、Sn、Te、Ti、U、V、Zn、Zr 等元素。该法适用于从海水、河水、饮用水中分离富集痕量元素，也可用于岩石、矿石、金属和环境样品中微量元素的分离富集。对于痕量组分的分离，要求分离方法具有定量回收痕量组分、与基体元素分离完全、不污染样品、分离后有可选的定量方法等特点。浮选分离在满足上述要求的同时，还具有设备简单、操作容易、应用广泛等特性。

第二节　浮选装置和操作

浮选装置如图 8-2 所示，其中图 8-2(a) 所示装置最简单，浮选槽下部装置一烧结玻璃板（4 号或 5 号砂芯板）作为配气板。用这种装置时应先鼓入气体，然后加入试液，以免试液漏出。图 8-2(b) 是在量筒中插入鼓气管，其下端装一烧结玻璃板作配气板。在加入试液和试剂后鼓气数秒、数分钟乃至十余分钟，使沉淀与泡沫一齐浮起。如果在试液中加入少量甲醇、乙醇或丙酮（例如 1%），以减小试液的表面张力，不但产生的气泡直径很小（<0.5mm），而且较稳定，不会合并成大泡，于是形成稳定的泡沫层把沉淀托起，便于收集和分离沉淀。图 8-2(c) 则是整套的浮选装置。

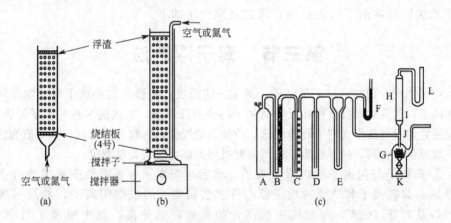

图 8-2　浮选装置

A—N₂ 钢瓶；B—玻璃棉管；C—气体钢瓶；D—缓冲瓶；E—流量计；F—压力计；G—点盘；
H—浮选器；I—烧结玻板；J—三孔活塞；K—玻璃钟罩；L—流量计

浮选完毕后进行采样。分离和收集沉淀（浮渣）又称采样，装置如图 8-3 所示。其中图 8-3(a) 是用抽气法收集沉淀于采样管中，除去母液，或者就用小匙刮取沉淀，沉淀中加入消泡剂乙醇以消除泡沫。溶沉淀于适当的溶剂中送去分析测定。有时沉淀牢固地黏着在浮选槽壁上不易取下，可在浮选槽内壁加一塑料套管，如图 8-3(b) 所示，图 8-3(c) 是把母液从浮选槽下部抽滤除去。

图 8-4(a) 是连续分离装置中的浮选槽，从槽下端鼓气，试液和试剂则从槽的下部引入，浮选后产生的沉淀和泡沫从顶部溢出，用一收集器接收，母液

从浮选槽上部流出。图 8-4(b) 则是一种连续分离的整套装置。利用这套装置可连续地进行分离富集，这种装置最适用于水的连续监测。

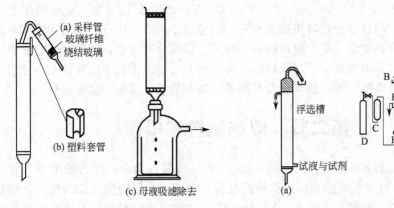

图 8-3 从母液分离浮渣与泡沫

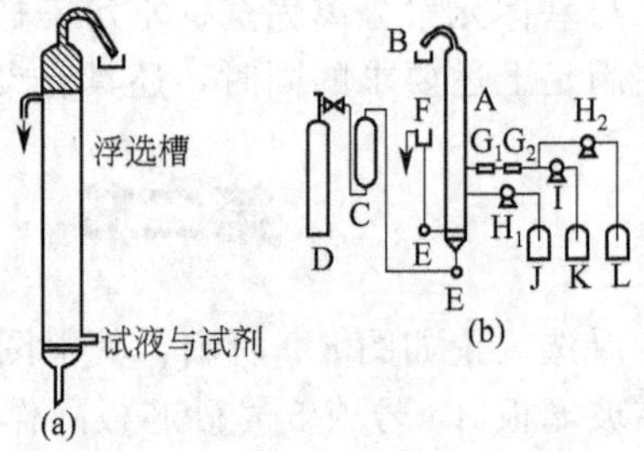

图 8-4 连续分离装置
A—浮选槽；B—沉淀泡沫收集器；C—流量计；
D—N$_2$ 铜瓶；E—三通开关；F—母液流出；
G$_1$，G$_2$—混合室；H$_1$，H$_2$—柱塞泵；I—隔膜泵；
J—表面活性剂贮槽；K—试液贮槽；L—试剂贮槽

泡沫浮选分离法按被分离痕量元素捕集方式的不同可分为离子浮选法、沉淀浮选法以及溶剂浮选法三种，现在分别介绍如下。

第三节 离子浮选法

将适当配合剂加入样品溶液中，调至一定酸度，使被分离的离子形成稳定的配合物离子，然后加入具有带相反电荷离子的表面活性剂，生成疏水性的离子缔合物，从而使它们附着在小气泡上而被浮选。若加入的配合剂为螯合显色剂，则与表面活性剂生成有色缔合物，经浮选溶于适当的有机溶剂即可进行光度测定。

① 阳离子与阴离子形成络阴离子，然后与阳离子表面活性剂形成缔合物而被浮选。如氯离子和硫氰根离子能与许多金属离子形成络阴离子，然后与氯化十六烷基吡啶（CPC）形成电中性缔合物而被浮选分离。其中氯离子与 20 种微量金属元素 （$4 \times 10^{-4} \sim 5 \times 10^{-4}$ mol/L） 形成氯络阴离子，然后与 CPC 形成电中性缔合物而被浮选。不同离子在不同酸度和氯离子浓度下稳定性不同，可以利用这一性质，将稳定性好的和不稳定的络阴离子通过浮选分离开来。如含 0.01mol/L Cl$^-$ 溶液中 Au(Ⅲ) 可与 Zn(Ⅱ)、Cd(Ⅱ)、Hg(Ⅱ) 分离；在含 0.5mol/L 的 Cl$^-$ 溶液中 Au(Ⅱ)、Hg(Ⅱ) 可与锌、镉分离。在该体系中可以被浮选的离子有 Fe(Ⅲ)、Cu(Ⅱ)、Zn(Ⅱ)、Ga(Ⅲ)、Cd(Ⅱ)、Sn(Ⅳ)、Sb(Ⅱ)、Hg(Ⅱ)、Tl(Ⅰ)、Tl(Ⅲ)、Pb(Ⅱ)、Bi(Ⅲ)，不能形成络阴离子或形成的络阴离子不稳定的离子无法用此法分离，如 Al(Ⅲ)、Ni(Ⅱ)、Cr(Ⅲ)、Tz(Ⅳ)、Mn(Ⅲ)、Co(Ⅱ)、Zr(Ⅳ) 和 In(Ⅲ) 等，从而可使两类离子分离。硫氰根离子与金属离子形成络阴离子的能力也较强，这种络阴离子同样可

与 CPC 形成电中性的缔合物而被浮选分离，酸度与硫氰根离子的浓度同样会影响到络阴离子的稳定性。这样可以通过控制酸度和络合剂浓度的方式，使某些离子形成络阴离子，而某些离子不形成络阴离子或形成的络阴离子不稳定，从而达到分离的目的。实验证明 Fe^{3+}、Ag^+、Cu^{2+}、Au^{3+}、Bi^{3+}、Cd^{2+}、Co^{2+} 和 Ni^{2+} 的浮选率为 92%～100%，而 Pb^{2+}、Mn^{2+}、Zn^{2+}、Ca^{2+}、Mg^{2+} 的浮选率低于 20% 或几乎不被浮选。

同样，草酸根、氰根、硫代硫酸根等离子也可以被用作配位基，与金属离子形成络阴离子，然后与季铵盐等阳离子表面活性剂形成电中性的缔合物而被浮选分离。

② 利用有机配位基团，与金属离子形成络离子，然后与具有带相反电荷离子的表面活性剂作用，形成电中性的缔合物被浮选分离。

这里可选择的有机配体有许多，如偶氮胂（Ⅲ）、二苯卡巴肼、丁基黄原酸钾、对氨基苯磺酸胺、邻二氮菲、3-(2-吡啶基)-5,6-二苯基-1,2,4-三吖嗪等。这些配位剂可与某些元素发生配位反应，形成可溶的带有电荷或中性的络合物，加入适当表面活性剂，可被离子浮选分离。如海水中含量为十亿万分之一的 U(Ⅵ)，在 pH 值为 3.5 时加入偶氮胂（Ⅲ）络合形成络阴离子，加入阳离子表面活性剂氯化十四烷基二甲苄基铵，缔合后于图 8-2(a) 所示的浮选槽中鼓气浮选，得浮渣，以 HNO_3 溶解和灰化，残留物用 HCl 溶解，用偶氮胂（Ⅲ）显色后以光度分析法测定铀，其结果与采用放射分析法测得的结果一致。再如水中微量铬的测定，Cr(Ⅵ) 在 0.1mol/L 的 H_2SO_4 溶液中，可与二苯卡巴肼 [DPCI, $CO(NH·NH·C_6H_5)_2$] 发生氧化还原反应后络合生成 Cr^{3+} 与二苯卡巴腙 (DPCO) 的络阳离子，加入阴离子表面活性剂十二烷基磺酸钠 (SDS)，形成疏水性离子缔合物而被浮选。取出浮渣，加正丁醇消泡后，溶解，稀释至一定体积后用分光光度法测定。Cr(Ⅵ) 的浮选亦可以在图 8-4 所示的装置中进行连续分离。向图 8-4 所示的浮选槽中按一定流速泵入已调节好的 0.1mol/L H_2SO_4 溶液、1%DPCI 溶液和表面活性剂溶液。浮选所得的沉淀和泡沫则从泡沫浮选槽顶部溢出，收集消泡后分析测定。离子浮选法选择性较好，为分离性质相似的元素开辟了新途径，典型示例见表 8-2。

表 8-2　离子浮选法典型示例

分离元素	表面活性剂	气体	要　点
Au(Ⅲ)	氯化十六烷基三甲铵 (CTAC)	氮气	0.01～3.1mol/L HCl, 0.01mol/L Cl^-; 与 Hg(Ⅱ)、Cd^{2+}、Zn^{2+} 分离
Au(Ⅲ)、Hg(Ⅱ)	CTAC	氮气	0.5mol/L Cl^-; 与 Cd^{2+}、Zn^{2+} 分离
Bi(Ⅲ)	CTAC、氯化十六烷基吡啶 (CPC)	氮气	0.35～2.0mol/L HCl(CTAC); 0.35～3.4 mol/L HCl(CPC), 回收率为 100%
Hg(Ⅱ)	CTAC、CPC	氮气	0.1～4.0mol/L NaCl; 20～100μg/g 汞, 回收率为 98%(CTAC)、95%(CPC)
Pb(Ⅱ)	CPC	氮气	pH=5～6, 从 $Na_2S_2O_3$ 中分离 89.9～100μg/g 铅, 回收率为 96%
Cu(Ⅱ)	氯化乙基十六烷基二甲基铵 (EHDAB)	空气	pH=6～11, 定量分离 $6×10^{-5}$mol/L 铜
PO_4^{3-}	EHEAB	氮气	pH=4.5, 连续泡沫分离, 回收率为 100%
Cu(Ⅱ)	α-硫代月桂酸钠	氮气	pH=7～11, 浮选率 95% 以上

第四节　沉淀浮选法

在试液中加入少量载体（或称捕集剂），再加入无机或有机沉淀剂，在载体沉淀的同时，将欲分离富集的微量、痕量元素共沉淀捕集。然后加入相比沉淀颗粒表面具有带相反电荷离子的表面活性剂，使表面活性剂离子的亲水基团在沉淀表面定向聚集而使沉淀憎水化。置于浮选槽中鼓气浮选，沉淀随着气泡上升浮选而富集，这样分离富集痕量、微量元素简便、快速，且可处理大体积溶液。沉淀浮选分离技术不必进行经典沉淀分离过滤和离心等繁琐操作。

按所用载体的不同，沉淀浮选又可分为氢氧化物沉淀浮选和有机试剂沉淀浮选两类。

一、氢氧化物沉淀浮选

Fe、Al、In、Bi、Ti 等金属的离子的氢氧化物常作为共沉淀载体，富集微量和痕量组分。由于这种富集所得的沉淀中载体元素较被富集组分含量大，故在痕量组分的后续测定中便会产生干扰。原子吸收分光光度法的应用解决了共存离子的干扰问题，也为这种富集方法的实际应用创造了条件。在氢氧化物沉淀浮选过程中，溶液的 pH 值的控制十分重要。它不但决定了溶液中的离子是否能够形成氢氧化物沉淀，也决定了形成的沉淀颗粒的表面电荷性质。例如当 pH<9.6 时，$Fe(OH)_3$ 沉淀颗粒表面带正电荷，浮选时应选用阴离子表面活性剂，当 pH>9.6 时，颗粒表面带负电荷，浮选时应用阳离子表面活性剂。如果溶液中有少量乙醇存在，pH 值为 9~10，则阴离子表面活性剂和阳离子表面活性剂均可用于浮选。这种情况也适用于其他氢氧化物沉淀浮选。下面介绍几种氢氧化物沉淀浮选的应用示例。

① 测定水样（河水或海水）中的微量 As(Ⅲ)、As(Ⅴ)、Sn(Ⅱ)、Sn(Ⅳ)、Se(Ⅳ)，先用氨水调节样品溶液的 pH 值在 9~9.5，加入载体 Fe^{3+}，再加入阴离子表面活性剂油酸钠或十二烷基磺酸钠的乙醇溶液，送气浮选。吸滤除去母液，加乙醇消泡，用 HNO_3 溶解沉淀后，进行原子吸收光谱分析。

② 水中微量的 Cr(Ⅲ)、Mn(Ⅱ)、Fe(Ⅱ)、Co^{2+}、Ni^{2+}、Cu(Ⅱ)、Zn^{2+}、Cd^{2+}、Pb^{2+} 的测定，可先用氨水调节 pH 值在 9~9.5，加入载体 Al^{3+}，再加油酸钠的乙醇溶液，送气浮选，分离母液后加乙醇消泡，用 HNO_3 溶解沉淀，即可用原子吸收光谱法测定，测定下限为 1ng/g，需时 50min。

③ $In(OH)_3$ 也是常用的沉淀载体，它可将试液中微克级的 Cr(Ⅲ)、Mn(Ⅱ)、Co^{2+}、Ni^{2+}、Cu(Ⅱ)、Cd^{2+}、Pb^{2+} 等金属离子分离富集。先用 NaOH 调节 pH 值在 9~9.5，加入载体 In^{3+}，加入油酸钠或十二烷基磺酸钠的乙醇溶液。送气浮选 3~5min，取出浮渣（沉淀和泡沫），用乙醇消泡并用 HCl 溶解，用原子吸收光谱测定。这种方法适用于河水或海水中的金属阳离子的测定。

④ $Bi(OH)_3$ 可沉淀浮选分离纯锌（99.999%）中的痕量铁和铅。其过程为，用 HNO_3 溶解试样，加水释至 100mL，加入 Bi^{3+} 溶液，再加入大量氨水使 $Zn(OH)_2$ 全部溶解，产生的 $Bi(OH)_3$ 共沉淀富集痕量的待测组分。加入油酸钠的乙醇溶液进行

浮选，沉淀消泡溶解后，用原子吸收光谱法测定。

⑤水中 Cd^{2+} 的含量很低时，无法直接测定。利用 Al、Ti(Ⅳ)、Fe(Ⅲ)、Zr(Ⅳ)、In、Bi 的氢氧化物作载体，以油酸钠为表面活性剂进行浮选，可将中 ng/g 级的 Cd 加以富集，回收率达到 97%。

⑥ 当用 $Fe(OH)_3$ 作载体进行沉淀浮选时，也可以不加表面活性剂，只加少许甲基溶纤剂($CH_3OCH_2CH_2OH$)，就可产生稳定的浮渣，不致停止通气沉淀又下降，而且所产生的泡沫较少，沉淀的收集更方便。使用这种方法可以回收 1L 水中 $0.2\sim2\mu g$ 的 Zn 和 Cu，回收率不低于 96%。不加表面活性剂，以 $Fe(OH)_3$ 为载体，用 NH_4Cl 调节溶液的 pH 值，加入石蜡的乙醇溶液，可将高纯锌中的微量 Sn(Ⅳ)浮选富集。

二、有机试剂沉淀浮选

某些疏水性有机沉淀剂难溶于水，但可溶于水和有机溶剂的混合液。当其遇到痕量金属离子时，便形成难溶化合物，有机试剂遇水也沉淀析出，于是共沉淀捕集微量元素。这种浮选方法与氢氧化物沉淀浮选法相比有如下特点：

① 可在酸性溶液中捕集微量元素，减少基体元素的干扰。例如微量 Co^{2+} 的富集，用 $Fe(OH)_3$ 沉淀浮选富集的 pH 值需在 8.5 以上，而用 1-亚硝基-2-萘酚共沉淀浮选法，在 pH 值为 2 以上即可将 Co^{2+} 回收完全。

② 有机试剂共沉淀浮选不必加表面活性剂。加入表面活性剂后产生较多泡沫，加入乙醇或乙醚消泡时，可使部分有机物沉淀溶解，使微量元素损失。

③ 当试液中加入有机试剂后如立刻送气浮选，大部分沉淀仍留在溶液中，浮选效果不好。如果在混合后搅拌一段时间，直径为 0.1mm 的沉淀颗粒可聚集为直径为 $1\sim2$mm 的絮状沉淀。又由于有机溶剂丙酮的存在，在沉淀表面和内部产生直径为 0.5mm 的小气泡，这时鼓气就能迅速浮选。

④ 浮选后所得沉淀中含有较多的有机试剂，有时需加以处理以破坏有机试剂（湿法灰化或干法灰化），然后才能测定。

有机试剂共沉淀浮选举数例如下：

① 高纯铅、锌中的痕量杂质 Ag 和 Cu 的分离和测定。称取 $2\sim5$g 试样，用硝酸溶解，稀释至 100mL，用氨水调节 pH＝1～5，加双硫腙的甲基溶纤剂溶液，Ag^+、Cu^{2+} 与双硫腙形成难溶化合物，但由于量少不会沉淀下来。在水溶液中双硫腙亦沉淀出来，形成共沉淀而将痕量组分捕集。搅拌 30min，送气浮选。沉淀分离后用 HNO_3 和丙酮溶解，用原子吸收光谱法测定 Ag 和 Cu。定量下限为 $0.04\mu g/g$，最终溶液中残留 Pb $4\sim5$mg、Zn 2mg，需时 90min。

② 海水中微量银的富集和钡的测定。取水样 3L，在 0.1mol/L HNO_3 酸性溶液中，加 2-巯基苯噻唑的丙酮溶液，搅拌 30min，Ag^+ 与 2-巯基苯噻唑生成难溶化合物，2-巯基苯噻唑也难溶于水，共沉淀析出，送气浮选。分离沉淀，溶于丙酮，蒸干后将有机沉淀湿法灰化，残渣溶于 HNO_3，用原子吸收光谱法测定，定量下限为 0.03ng/g，需时 4h。

第五节　溶剂浮选法

溶剂浮选法又称浮选萃取法，它是在浮选溶液的表面加上比水轻的有机溶剂。在鼓气过程中，被分离物质随气泡上升，浮出水相，若该物质能溶于有机相，则溶于有机相中形成溶液，若该物质不溶于有机相，则附着于浮选槽壁上，或在水相和有机相之间形成第三相，从而达到浮选分离的目的。这种浮选方法可在图 8-5 所示的浮选槽中鼓气浮选，亦可在分液漏斗中振荡浮选，分别举例说明之。

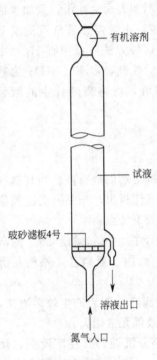

图 8-5　浮选槽

饮用水中痕量 Cu^{2+} 的测定。取水样，加入酒石酸和 EDTA，以络合掩蔽干扰离子；调节 pH 值为 6～6.4，加入乙二氨基二硫代甲酸钠（Na-DDTC），使之与 Cu^{2+} 形成螯合物，再加入异戊醇，通气浮选。Cu-DDTC 螯合物沉淀微粒随气泡上升，溶解于异戊醇中，分离溶剂层，就可以直接于溶剂相中用光度法测定 Cu^{2+}。又如以溶剂浮选光度法测定含量为 ng/g 的 Fe^{2+}，在 pH=2.5～3.5 时，以 3-(2-吡啶)-5,6-二苯基-1,2,4-三吖嗪（PDT）-Fe（Ⅱ）-十二烷基磺酸盐的离子对形式，将其浮选进入异戊醇中，分离后以光度法测定。浓缩系数为 100，浮选率约 97%，此法已用于海水中铁的测定。又如 Zn^{2+} 的浮选分离，先使 Zn^{2+} 与 SCN^- 络合生成络阴离子 $Zn(SCN)_3^-$，再加入碱性染料孔雀绿（MG^+），与络阴离子缔合成疏水性物质

$MG[Zn(SCN)_3]$。用甲苯作溶剂，通氮浮选进入溶剂相中，分离后即可用光度法测定。浓缩系数为 40，可用来分离、测定自来水中的痕量 Zn^{2+}。浓度为 μg/L 级的 Co^{2+} 和 Cu^{2+} 亦可用类似的方法分离、测定，浓缩系数与 Zn^{2+} 相似。又如痕量 I^- 的测定，可用饱和溴水氧化 I^- 为 IO_3^-，除去多余的溴。加入 KI，使之与 IO_3^- 反应生成 I_3^-。然后加入表面活性剂 CTMAB，与 I^- 形成疏水性的离子缔合物，送气浮选，离子缔合物随气泡上升而进入有机相苯中，分离有机相，用光度法测定 I_2。可测定 40～50μg/L 的 I_2，回收率在 90% 以上。

天然水中 PO_4^{3-} 的测定。先使 PO_4^{3-} 形成磷钼酸根离子，再与罗丹明 B 缔合，加入有机溶剂乙醚，振荡浮选。缔合物形成膜状的第三相，介于水相与乙醚相之间。分离弃去水相，用乙醚萃取多余的罗丹明 B，再以 HCl 反萃取后分离。加丙酮溶解离子对膜状物，用荧光分光光度法测定 PO_4^{3-}。可测定含量为 ng/g 数量级的 PO_4^{3-}，As（Ⅴ）有干扰，天然水中的其他离子包括 SiO_3^{2-} 不干扰。

SiO_3^{2-} 的测定。在硫酸溶液中 SiO_3^{2-} 与钼酸盐在沸水浴中反应生成硅钼酸盐，冷却后于分液漏斗中与孔雀绿（MG^+）反应。再加入有机溶剂异丁基甲基酮和环

己烷（1∶8），振荡浮选，在水相与有机相间形成第三相。弃去水相和有机相的一半，加丙酮溶解第三相，用光度法测定，摩尔吸光系数达 $4.2 \times 10^5 L/(mol \cdot cm)$，可测定纯水中的 SiO_3^{2-}。

溶剂浮选法分离与光度法测定直接结合，选择性和灵敏度都较高。

总之，浮选分离技术的应用领域比较广泛，但影响因素有许多，如溶液的 pH 值、溶液中的离子强度、表面活性剂的链长和浓度、气体流速和气泡大小都会影响浮选的效果。

参 考 文 献

[1] 邵令娴. 分离技术及复杂物质分析. 第2版. 北京：高等教育出版社，1994.

[2] 石影，訾言勤. 定量化学分离方法. 徐州：中国矿业大学出版社，2001.

[3] 杨根元. 实用仪器分析. 第3版. 北京：北京大学出版社，2001.

[4] 王立，汪正范. 色谱分析样品处理. 第2版. 北京：化学工业出版社，2006.

[5] 何丽一. 平面色谱方法及应用. 第2版. 北京：化学工业出版社，2005.

[6] 付若农. 色谱分析概论. 第2版. 北京：化学工业出版社，2005.

[7] 杭州大学化学系分析化学教研室编. 分析化学手册：第一分册. 第2版. 北京：化学工业出版社，1997.

[8] 张玉奎，张维兵，邹汉法. 分析化学手册：第六分册. 液相色谱分析. 北京：化学工业出版社，2000.

[9] Anderson Richard. Sample pretreatment and separation. New York：John Wiley & Sons Ltd (Import)，1987.

[10] Rubinson Kennety A. Rubinson Judith F. 现代仪器分析（影印版），Contemporary Instrumental Analysis. 北京：科学出版社，2003.

[11] 刘茉娥，陈欢林. 新型分离技术基础. 杭州：浙江大学出版社，1999.

[12] 《化学分离富集方法及应用》编委会. 化学分离富集方法及应用. 长沙：中南工业大学出版社，2001.

[13] 弗里茨 J S，格杰德 D T，波兰特 C. 离子色谱法. 北京：中国原子能出版社，1986.

[14] 牟世芬，刘克纳，丁晓静. 离子色谱方法及应用. 北京：化学工业出版社，2005.

[15] 朱明华. 仪器分析. 第3版. 北京：高等教育出版社，2001.

[16] 林炳承. 毛细管电泳导论. 北京：科学出版社，1996.

[17] 埃弗雷特斯 F M，等. 等速电泳. 北京：科学出版社，1984.

[18] 田丹碧. 仪器分析. 北京：化学工业出版社，2004.

[19] 董慧茹，等. 复杂物质剖析技术. 北京：化学工业出版社，2004.

[20] 郭尧君. 蛋白质电泳实验技术. 北京：科学出版社，1999.

[21] 肖新亮，古风才，赵桂英. 实用分析化学. 第2版. 天津：天津大学出版社，2003.

[22] 周同惠，等. 纸色谱和薄层色谱. 北京：科学出版社，1989.

[23] 邹汉法，张玉奎，卢佩章. 高效液相色谱法. 北京：科学出版社，1998.

[24] 郑领英，王学松. 膜技术. 北京：化学工业出版社，2001.

[25] 任建新. 膜分离技术及其应用. 北京：化学工业出版社，2005.

[26] 周本省. 工业水处理技术. 第2版. 北京：化学工业出版社，2002.

[27] 谢振伟，但德忠，赵燕，等. 超声波辅助萃取技术在样品预处理中的应用. 化学通报，2005，68：090.

[28] 武汉大学. 分析化学. 第4版. 北京：高等教育出版社，2000.

[29] 田亚平，等. 生化分离技术. 北京：化学工业出版社，2006.

[30] 张文清. 分离分析化学. 上海：华东理工大学出版社，2007.

[31] Mitra Somenath. Sample preparation techniques in analytical chemistry. New York：John Wiley & Sons Ltd (Import)，2003.